## 数学シリーズ

# 代数入門
—— 群と加群 ——

新装版

## 堀田良之 著

[編集委員会] 佐武一郎・村上信吾・高橋礼司

裳華房

# Introduction to Algebra
## Groups, Rings & Modules

by

Ryoshi Hotta Dr. Sc.

SHOKABO

TOKYO

JCOPY 〈出版者著作権管理機構 委託出版物〉

# 編 集 趣 旨

　最近の科学技術の目覚ましい発展，とりわけ情報産業の急速な成長にともない，もともとは世間から縁遠い存在であった数学が見直され，現代社会の各方面でその成果へ熱いまなざしが注がれている．こうした社会の需要に応じてここ十数年来，全国各地の国公私立の大学において数学に関連した学科の設置拡充が計られている．こうしてたいへん多くの学生諸君に近代数学を学ぶ道が開かれたことはまことに喜ばしい次第である．このシリーズは，おもにこうした学生諸君を対象として企画され，その良き教科書，参考書を提供することを目的として刊行されるものである．

　大学の数学専門教育は，ごく近年まではもっぱら数学の中等高等教育にたずさわる人びとの養成が目標であった．そこでは教育現場で必要な実用的知識を与えることよりも，近代数学の基本的な素材を教えて，数学の考え方を伝えることに主眼がおかれてきた．卒業生が教職のみならず，企業など広く実社会に進出するようになったいまも，この事情にはほとんど変りはない．数学を学んだ人たちに社会が求めているのは，その知識よりもその身につけた数学的精神ないし発想法だからである．しかし，数学の専門教育では相変らず講義の時間数は比較的に少なく，演習や参考書による自発的学習に期待する部分が多い．数学的精神を養うには各自の時間をかけた自習にまつところが大変に大きいのである．

　このシリーズはこうした現状を十分に考慮して編集された．各地の大学の理学部，教育学部などの数学教育のカリキュラムを参考にして，そこで一般的に取り上げられている科目に対応して巻が編まれている．各巻ではそれぞれの主題について，基本的事項に重点をおいた，平明な解説がなされている．高校までに受けた懇切な個別学習に馴れた人びとは，ともすれば大学での密度の高い講義に戸惑い，また近代数学の新しい視点や技法の理解に苦しみがちである．

このシリーズの各巻はこの溝を埋めるのに役立つであろう．また，シリーズを通して近代数学の一通りの基礎を得られた上でさらに大学院に進み現代数学の研究を目指すことも可能であろう．このシリーズが大学における数学専門教育に広く貢献することを願っている．

1986 年 9 月

編集委員会

佐 武 一 郎

村 上 信 吾

高 橋 礼 司

# は　じ　め　に

　代数学は，その起源である代数方程式の算法からもわかるように，数学的な諸問題を，演算法則の側面から抽象化して運用しやすい形に体系化するものであるといえよう．したがって，代数学は本来抽象的な性格をもつものであるが，一方その抽象化は，応用上の道具としての運用に適した形をとっていなければならない．

　本書では，その中で最も基本的である，群および環とその加群などの代数系を題材にとって，その基礎理論への入門を試みた．これらは，主として前世紀初めごろから顕わに意識され始め，おもに，整数論，代数関数論，不変式論，各種の幾何学の研究の中で培われてきた概念，方法であり，今世紀初頭ごろから，本書に述べるような形にまとめられたものである．

　本書の読者としては，おもに，2年次から3年前半にいたる数学科学生を念頭においているが，ほんの少しの集合論的概念を仮定すれば，線型代数学を一通り学んだ理工系学生ならば読みすすむことができると思う．このことも配慮した上で，本書の構成は次のような形をとった．

　まず，群，環，加群を通して，準同型定理を中心に幾つかの基礎的概念構成に馴染むことを1つの目的としながら，線型代数学の復習も兼ねて，単因子論を理解することを第1の目標にする．これが第2章までの内容である．

　第3章と第4章では，それぞれ，群および環上の加群について，標準的と思われる事柄を学んでゆく．ここでは，それぞれの代数系ごとに個性的な技法もいろいろ導入されてくるだろう．

　第5章では，通常3年次までの授業でとり上げられることはないと思うが，環と加群の基礎的な手法が，生き生きと活躍する現代的トピックの一端を鑑賞して戴きたいと思い，いわゆる $b$ 関数の存在を証明する．これはまた，整理された代数学の体系が，代数学固有の問題のみならず，広範囲の数理科学の問題

にいかに有効であるかという恰好の具体例でもあろうと思う.

　さらに詳しい紹介は，各章の扉を参照されたい.

　数学科学生が3年次までに学んで欲しい代数学の基礎的素養としては，これらの他に，可換環についてもう少しの事柄と，体の拡大，ガロアの理論など整数論に関連する事項があろう. これらについては，本シリーズでも続巻が予定されており，また他にも良書が多いので是非すすんで学習されたい.

　本書を教科書として用いる場合，2年次3年次前半と続いて，1年半あれば，第4章までの内容が大かた余裕をもって消化できると思う. 筆者の経験では，2年次後半から3年次前半の1年間の授業でも，第4章までの内容のうち，§26, 27あたりを省けばほぼカバーできる. 教官の判断で適宜の省略，追加を行って戴くことにより，多様の使用法があろうかと思う.

　最後に，本書の執筆をお薦め戴いた東北大学 佐武一郎教授をはじめ，本書の構成のうえ役だった数々の御助言を戴いたり，議論につき合って下さった，広島大学のかつての，および東北大学の現在の同僚諸氏に感謝致したい. また，裳華房の細木周治氏には，約束の期限を過ぎてもなかなか本書の執筆にとり掛れず，御迷惑をお掛けしたことをお詫びし，また，本書の作製にあたり多大の労力を惜しまれなかったことを感謝致したい.

　　1987年　夏　　仙台

　　　　　　　　　　　　　　　　　　　　　　　著　　者


（第2版への付記）　山形大学内田伏一教授を初め，第1版出版後早速いろいろ有益な御注意を下さった方々に感謝致したい.

**新装版への付記**　少数の誤植や不適切な表現の訂正を行なった他は旧版のままである. また文末の参考文献についても，その後新しく多くの良書が刊行されたが，挙げだすと際限がないので初版のままにした.

# 目　次

# **3** 群

# **4** 環と加群

# 5　ワイル代数とその加群

**余談**

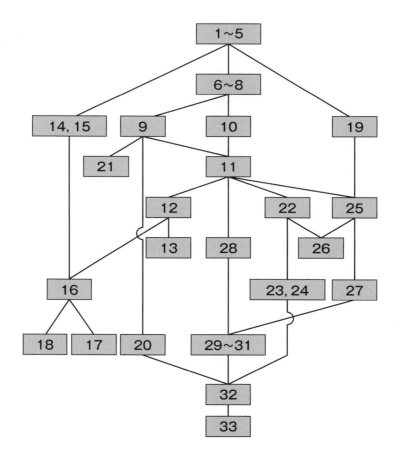

線は，比較的強い論理的関連を示すもので，
結ばれていない節同士でも，例や問，その他
に以前の節の事柄が登場することはままある．

# 記号と言葉づかい

集合に関する記号，用語等は，大むね慣用に従うが，書物によって多少の差異があるので，本書の用法をまとめておく．

集合 $X, Y$ について，$X \subset Y$ は，$x \in X \Longrightarrow x \in Y$ を意味し，したがって $X = Y$ となる可能性も含む．特に，$X$ が $Y$ の真部分集合であることを強調したいときは，$X \subsetneqq Y$ と記す．

$X \setminus Y$ は $X$ から $Y$ に属する元をとり除いた $X$ の部分集合 $\{x \in X \mid x \notin Y\}$ を表す．

集合 $X$ に対し，$\sharp X$ によって $X$ の**濃度**（元の個数）を表し，$2^X$ によって $X$ の**巾集合**（$X$ の部分集合全体のなす集合）を表す．$\varnothing$ は空集合を意味する．

集合 $X, Y$ の間の写像 $f : X \longrightarrow Y$ について，$y = f(x)$ $(x \in X, \ y \in Y)$ のとき，$x \longmapsto y$ とかく．$f$ の**像** $f(X) := \{f(x) \in Y \mid x \in X\}$ を $\mathrm{Im}\, f$ とかくことも多い．$Y$ の部分集合 $S \subset Y$ に対し，$S$ の逆像を

$$f^{-1}(S) := \{x \in X \mid f(x) \in S\}$$

と記す．

なお，一般に記号 $A := B$ は，左辺 $A$ を右辺 $B$ によって定義するとき用いる．$B =: A$ とかくこともある．

写像 $f : X \longrightarrow Y$ について，$\mathrm{Im}\, f = Y$ のとき $f$ を**全射**（または，**上への写像**）といい，$X \twoheadrightarrow Y$ とかく．また，$x, x' \in X$ について，$f(x) = f(x') \Longrightarrow x = x'$ のとき，$f$ を**単射**（または，**1 対 1 の写像**）といい，$X \hookrightarrow Y$ とかく．全射かつ単射のとき，**全単射**といい，$X \xrightarrow{\sim} Y$ とかく．また，$X$ と $Y$ との間に全

単射があるとき，$X \simeq Y$ ともかく．なお，記号 $\simeq, \cong$ は，さらに構造を考えた種々の代数系の同型を表すときにも用いるので，文脈によって判断されたい．

$X$ から $X$ 自身への**恒等写像**を $\mathrm{Id}_X$ とかく．すなわち，$\mathrm{Id}_X(x) = x \ (x \in X)$．

　なお，"$X$ のすべての元 $x \in X$ について，$x$ が性質 $P$ をみたす"という記述を，単に

$$x \text{ は } P \text{ をみたす} \quad (x \in X)$$

とかくことも多い．混乱の恐れがあるときは，特に

$$x \text{ は } P \text{ をみたす} \quad (\forall x \in X)$$

とかく．

　いくつかの集合の間に，写像が与えられていて，それが**可換図式**をなす（または，**可換**である）というのは，可能な写像の合成をすべて考えたとき，出発点と終点が同じならば同じ写像になることを意味する．例えば，

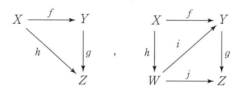

において，左図の場合は $h = g \circ f$ のとき，右図の場合は，$f = i \circ h$ かつ $j = g \circ i$ のとき，可換図式をなす．

　特定の集合の記号として，$\boldsymbol{N} \subset \boldsymbol{Z} \subset \boldsymbol{Q} \subset \boldsymbol{R} \subset \boldsymbol{C}$ によって，小さい順にそれぞれ，自然数，有理整数，有理数，実数，複素数全体のなす集合を表す．本書では，$0$ も自然数に込めて，$\boldsymbol{N} := \{0, 1, 2, \cdots\}$ と約束する．したがって，特に正の整数の集合を $\boldsymbol{N}_+ := \{1, 2, 3, \cdots\}$ とかく．

　**集合族** $X_i \ (i \in I)$ とは添字集合 $I$ によって印づけられた集合 $X_i$ が与えられていることである．このとき，**直積集合**を

$$\prod_{i \in I} X_i := \{ (x_i)_{i \in I} \mid x_i \in X_i \ (i \in I) \}$$

とかく．$I$ が有限集合，例えば，$I = \{1, 2, \cdots, n\}$ のときは，

$$X_1 \times X_2 \times \cdots \times X_n$$

ともかく.

　双対的に, **直和集合**を $\coprod_{i \in I} X_i$ とかく. これは, $\coprod_{i \in I} X_i = \bigcup_{i \in I} X_i$ で, $X_i \cap X_j = \varnothing$ $(i \neq j)$ をみたす集合である.

　直積集合については, 特に $I$ が無限集合のとき, 次を公理として設定する.

　**選択公理**　　　　$X_i \neq \varnothing$ $(i \in I)$ $\implies$ $\prod_{i \in I} X_i \neq \varnothing.$

　この公理に関連して, 本書でしばしば用いるものに, ツォルンの補題とよばれる命題がある. 詳しい議論は, 集合の教科書（[11] 第 3 章）に任せるが, 簡単にまとめておく.

　**（半）順序集合** $(X, \leq)$ において, $x_0 \in X$ が**極大元**（**極小元**）であるとは, $x_0 \leq x$ $(x \leq x_0)$ ならば $x = x_0$ となるときをいう. $X$ の部分集合 $Y \subset X$ について, $y \leq x_1$ $(\forall y \in Y)$ をみたす $x_1 \in X$ が存在するとき, $x_1$ を $Y$ の**上界**といい, このとき $Y$ は**上に有界**であるという. $X$ の空でないすべての全順序部分集合が上に有界のとき, $X$ を**帰納的**順序集合という.

　**ツォルンの補題**　　　帰納的順序集合は少なくとも 1 つの極大元をもつ.

　ツォルン（Zorn）の補題は選択公理と同値な命題であることが証明される. 本書では, しばしば, あるものの存在を証明するためにツォルンの補題を用いるが, これを公理と思ってもよいし, あるいはある種の儀式だと思って, しばらくの間は, その部分を黙認して先へ進んでも大きな差しつかえはないだろう. 気になってきたとき習得されたい.

　全順序集合 $(X, \leq)$ の空でない任意の部分集合 $Y$ が**最小元**をもつとき, すなわち, $y_0 \in Y$ で $y_0 \leq y$ $(\forall y \in Y)$ なるものが存在するとき, $X$ を**整列集合**という. 通常の大小関係に関して, $N, N_+, \{m \in Z \mid m \geq -30\}$ などは整列集合で, $Z, Q, R$ などはそうではない.

　すべての集合は, 適当な全順序を入れて整列集合にすることが出来る（**整列可能定理**）ことも選択公理と同値な命題であるが, 本書では, この形で表だって用いることはない.

# 1

# 代 数 系 の 基 礎

　数学の基礎を形つくるもののうち，特に演算法則に注
目して対象を抽象化したものが，代数系である．

　この章では，群，環，体などの基本的な代数系の定義
と，簡単な例，それらに共通する基礎的定理である準同
型定理の理解を目標とする．

　このためには，群においては，部分群，正規部分群，
剰余類，剰余群，環においては，イデアル，剰余環の概
念が肝要である．読者は，なるべく色々な例を座右に置
いてこれらの考え方に慣れ親しんで欲しい．

　最後の節で，次章の準備のためもあって，整数におけ
る素因数分解の拡張である素元分解の話をまじえながら，
可換環のイデアルについての簡単な議論を行う．これら
のことは，第4章でもっと本格的に論ずる．

# §1. 演 算

算数の歴史は，自然数どうしの足し算，掛け算に始まる．その歴史から発展した，数に対する認識は，様々な側面をもって数学全体に浸透しているが，その一端である演算法則を基にして発達したのが，現在の代数学である．

集合 $S$ の任意の 2 元 $x, y$ に対し，$S$ の元 $xy$ が唯一つ定められているとき，$S$ は**演算**をもつという．いい換えれば，$S$ の演算とは，$S$ の直積集合 $S \times S$ から $S$ への 1 つの写像

$$S \times S \longrightarrow S \qquad ((x, y) \longmapsto xy)$$

のことである．元 $xy$ を単に $x$ と $y$ の**積**といおう．もっと一般に，$n$ 個の元 $x_1, x_2, \cdots, x_n \in S$ に対して定まる演算 $x_1 x_2 \cdots x_n \in S$ も考えたいときは，区別して上のようなものは**2 項演算**という．本書では，大むね 2 項演算しか考えない．

演算をもつ集合を総称して**代数系**という．この本の目的は，長い数学の歴史の中で自然に発生し，育まれてきたいくつかの代数系のうち，基礎的でかつ応用上大切なものの取り扱いに習熟することである．

一般に自然な代数系は，整数の集合における足し算，掛け算のように，数種類の演算をもち，それらが一定の関連法則をみたしているものが多いが，抽象的思考の訓練のため，まず，唯一つの演算をもつものを考えてみよう．

演算をもつ集合 $S$ が公理

**結合法則**　　$(xy)z = x(yz)$ 　　$(x, y, z \in S)$

をみたすとき，$S$ を**半群**という．ここで，$(xy)z$ とは，まず積 $xy$ をとって，次にその元に右から $z$ による演算を施したものである．

半群 $S$ において，多数の元 $x_1, x_2, \cdots, x_n$ の積 $(\cdots((x_1 x_2)x_3)\cdots)x_n$ などは，結合法則により，どの順序に積をとっても同じだから，単に $x_1 x_2 \cdots x_n$ とかく．

さらに，次の公理を考える．

**単位元の存在**　　$S$ の元 $e$ で，すべての $x \in S$ に対して

$$ex = xe = x$$

となるものが存在する.

この元 $e$ を $S$ の**単位元**という.

**命題 1.1**　半群において，単位元は存在すれば唯一つである.

[証明]　$e, e'$ を単位元とする. 単位元の公理において，$x = e'$ とおいて，$e'e = e'$. 一方 $e'$ も単位元であるから，$x = e$ とおいて，$e'e = e$. ゆえに $e = e'e = e'$.　□

単位元をもつ半群を**モノイド**という.

**例 1.1**　$N$ を自然数全体の集合（0 を含む）とする. 足し算 $+$ について，$N$ は 0 を単位元とするモノイドである. $N_+$ を正の自然数の集合とすると，$N_+$ は $+$ については半群であるが，$N, N_+$ ともに掛け算については，1 を単位元とするモノイドである.

半群 $S$ の演算が公理

　　**交換法則**　　　　$xy = yx$　　　　$(x, y \in S)$

をみたすとき，$S$ は**可換**であるといい，そうでないとき**非可換**という.

**例 1.2**　$n$ 次元実正方行列全体 $M_n(\boldsymbol{R})$ は行列の足し算（加法）については零行列を単位元とする可換なモノイドであるが，行列の掛け算（乗法）については，単位行列を単位元とする非可換な（$n \geq 2$ のとき）モノイドである.

**問 1.1**　モノイド $M$ において，1 つの元 $x$ の $n$ 個の積 $x \cdots x$ を $x^n$ とかくと，指数法則

$$x^n x^m = x^{n+m}　　　　(n, m \in \boldsymbol{N})$$

が成り立つ $(x^0 := e)$.

# §2. 群

唯一つの演算をもつ代数系で，自然界に最も多く見られ，数学的な取り扱い
も深くできるものの第一に次に述べる群がある.

モノイド $M$ の単位元を $e$ とする. $x \in M$ に対して

$$xx' = x'x = e$$

をみたす元 $x'$ を $x$ の**逆元**という.

**命題 2.1** モノイドにおいて，逆元は存在すれば唯一つである.

［証明］ $x', x''$ を $x$ の逆元とすると

$$x' = x'e = x'(xx'') = (x'x)x'' = ex'' = x''. \qquad \square$$

モノイドにおいて，逆元が存在すれば唯一つであるから $x$ の逆元を $x^{-1}$ とか
く. 明らかに，$(x^{-1})^{-1} = x$ である. 任意の元が逆元をもつようなモノイドを
**群**という.

これは先に述べたように数学にとって大切な代数系であるので，定義を復習
する.

集合 $G$ が群であるとは，演算

$$G \times G \longrightarrow G \qquad ((x, y) \longmapsto xy)$$

が定義されていて，次の公理をみたすときをいう.

(1) **結合法則**： $(xy)z = x(yz) \qquad (x, y, z \in G)$.

(2) **単位元**： ある元 $e$ が存在して

$$xe = ex = x \qquad (x \in G).$$

(3) **逆 元**： 各元 $x \in G$ に対して，逆元 $x^{-1} \in G$ が存在して，

$$xx^{-1} = x^{-1}x = e.$$

群 $G$ がさらに交換法則 $xy = yx$ $(x, y \in G)$ をみたすとき $G$ を**アーベル**
(Abel) **群**（または**可換群**）という. 群 $G$ の集合としての濃度 $\sharp G$ が有限であ
るか，無限であるかに従って，それぞれ，**有限群**，**無限群**といい，その濃度 $\sharp G$

のことを，群論では，$G$ の**位数**という．また，$G$ がアーベル群のとき，$G$ の積演算記号 $xy$ を

$$xy = x + y$$

とかき，単位元を $e = 0$，$x$ の逆元を $x^{-1} = -x$ とかくとき，$G$ を慣用上，**加法群**といおう．加法群という言葉は，したがって単なる記法上の用法である．

　有理整数全体の集合 $\boldsymbol{Z}$ は足し算 $+$ に関して加法群である．これは自然数が足し算についてなすモノイド $(\boldsymbol{N}, +)$ を拡張して得られる最小の群であり，さらに，正の整数全体 $\boldsymbol{N}_+$ が掛け算についてなすモノイドを拡張して得られる最小の群が，正の有理数全体 $\boldsymbol{Q}_+$ ととらえられる．
　一方，モノイド $M$ が与えられたとき，

$$M^{\times} := \{x \in M \mid x は M の中に逆元 x^{-1} をもつ\}$$

とおくと，$M^{\times}$ は明らかに $M$ の演算で群をなす．$M^{\times}$ の元を $M$ の**単元**（ユニット）といい，$M^{\times}$ を $M$ の**単元群**という．

**例 2.1**　$\boldsymbol{Z}$ を掛け算についてのモノイドと考えるとき，$\boldsymbol{Z}^{\times} = \{\pm 1\}$（位数 2 の群）．

**問 2.1**　$M_n(\boldsymbol{R})$ は足し算については加法群であるが，掛け算についてのモノイドと考えると，

$$M_n(\boldsymbol{R})^{\times} = GL_n(\boldsymbol{R}).$$

ただし，$GL_n(\boldsymbol{R})$ は $n$ 次正則行列全体のなす集合とする．$GL_n(\boldsymbol{R})$ を実数体 $\boldsymbol{R}$ 上の **$n$ 次一般線型群**という．

**例 2.2**　集合 $X$ から $X$ 自身への写像全体のなす集合を $M(X)$ とかく．$M(X)$ は写像の合成を積とする演算でモノイドをなす．単位元は恒等写像 $\mathrm{Id}_X$ である．このとき

$$S(X) := M(X)^{\times}$$

とおくと，$S(X)$ は $X$ から $X$ への全単射全体のなす群である．逆元は逆写像

である.

**例 2.3**  例 2.2 において, $X$ が有限集合で $n = \sharp X$ のとき,

$$S_n := S(X)$$

とかいて, $S_n$ を **$n$ 次対称群**という. $X$ の元に番号をつけて, その元を数字と同一視することにより,

$$X = \{1, 2, \cdots, n\}$$

とする. このとき $\sigma \in S_n$ に対して,

$$\begin{pmatrix} 1 & 2 & \cdots & i & \cdots & n \\ \sigma(1) & \sigma(2) & \cdots & \sigma(i) & \cdots & \sigma(n) \end{pmatrix}$$

と記して, 元 $\sigma$ と同一視する習慣がある (**置換記法**). $\sigma$ が全単射であることは, $\sigma(i) \neq \sigma(j)$ $(i \neq j)$ を意味する.

この置換記法での積を

$$\begin{pmatrix} 1 & 2 & \cdots & n \\ \sigma(1) & \sigma(2) & \cdots & \sigma(n) \end{pmatrix}\begin{pmatrix} 1 & 2 & \cdots & n \\ \tau(1) & \tau(2) & \cdots & \tau(n) \end{pmatrix} = \begin{pmatrix} 1 & 2 & \cdots & n \\ \rho(1) & \rho(2) & \cdots & \rho(n) \end{pmatrix}$$

とすると, $\rho(i) = (\sigma \circ \tau)(i)$ $(1 \leq i \leq n)$ となる (書物によっては, $\rho(i) = (\tau \circ \sigma)(i)$ と定義する流儀もあるので注意されたい).

**問 2.2**  $S_n$ の位数は $n!$ である. また, $n \geq 3$ のとき $S_n$ は非可換群である.

古典代数学では, 対称式, 交代式, 行列式等の扱いに際して, 対称群の働きは重要である. さらに, 代数方程式の巾根による可解性等, ガロア (Galois) 理論においても対称群の性質が本質的であり, 有限群の母としてのそれ自身の美しい固有の世界をもっている (ワイル (Weyl)). この意味で, 対称群は有限群の単なる初等的な例としてではなく, 審美上も, 応用上もその具体的な計算に慣れておくことが望ましい.

**問 2.3**  (i)  対称群 $S_n$ の元 $\tau$ で, 特定の $i \neq j$ に対して, $\tau(i) = j$, $\tau(j) = i$, $\tau(k) = k$ $(k \neq i, j)$ なるものを**互換**といい, $(i, j)$ とかく.

$S_n$ の任意の元は, いくつかの互換の積でかけることを示せ.

(ii)　対称群 $S_n$ の中で，次の $n-1$ 個の互換を考える．

$$\tau_1 = (1,2), \qquad \tau_2 = (2,3), \qquad \cdots, \qquad \tau_{n-1} = (n-1, n).$$

$S_n$ の任意の元はこれら $\tau_1, \tau_2, \cdots, \tau_{n-1}$ の重複をゆるした積でかけることを示せ（アミダクジの原理）．

# §3.　部分群と準同型

群 $G$ の部分集合 $H$ が**部分群**であるとは，$H$ が単位元 $e$ を含み，$G$ の演算で再び群になっているときをいう．したがって，

(1)　　　　　　　　　　　$x, y \in H \implies xy \in H,$

(2)　　　　　　　　　　　$x \in H \implies x^{-1} \in H$

をみたさなければならない．

逆に，群 $G$ の空でない部分集合 $H$ が，(1), (2) をみたせば，$x \in H$ に対して，(2) より $x^{-1} \in H$，したがって，(1) によって $e = xx^{-1} \in H$ となり，$H$ は部分群になる．さらに簡単な条件として，次がいえる．

**命題 3.1**　群 $G$ の空でない部分集合 $H$ が部分群であるためには

$$x, y \in H \implies xy^{-1} \in H$$

が必要十分である．

[**証明**]　$H$ が部分群ならば，$x, y \in H$ に対して，(2) によって $y^{-1} \in H$，したがって (1) によって $xy^{-1} \in H$．

逆に，命題の条件をみたす空でない部分集合 $H$ を考える．$x \in H$ に対し，条件から，$e = xx^{-1} \in H$，したがって $H$ は単位元を含む．したがって，$x^{-1} = ex^{-1} \in H$，すなわち $H$ は $x$ の逆元を含む．これから，$x, y \in H$ ならば，まず，$y^{-1} \in H$ が成り立ち，条件から $xy = x(y^{-1})^{-1} \in H$ となり，$H$ は積で閉じている．よって，命題の条件をみたす $H$ は，上の条件 (1), (2) をみたす．　□

群 $G$ の単位元だけから成る部分集合 $\{e\}$（**単位群**）と $G$ 自身は，明らかに部

分群である．これらを**自明**な部分群という．また，$G$ の $G$ 以外の部分群を**真部分群**という．

**例 3.1**   有理整数の加法群 $Z$ の部分集合で，固定した整数 $n \in Z$ のすべての倍数のなす部分集合を $nZ$ とかくと，$nZ$ は $Z$ の部分群である．

**問 3.1**   次の各々の部分集合は部分群になるか．
1)  $N \subset Z$.
2)  $p_1, \cdots, p_n$ を素数とするとき，有理数の加法群の中で，分母の素因数が高々，$p_1, \cdots, p_n$ になるような分数全体のなす部分集合．
3)  一般線型群 $GL_n(\boldsymbol{R})$ の次の部分集合．
$$T_n := \{\text{上 3 角行列}\},$$
$$D_n := \{\text{対角行列}\},$$
$$Z_n := \{A \in GL_n(\boldsymbol{R}) \mid A \text{ のすべての成分は整数}\},$$
$$GL_n(\boldsymbol{Z}) := \{A \in Z_n \mid \det A = \pm 1\}.$$

## 生成系，生成元，巡回群

群 $G$ の部分集合 $S$ が与えられたとき，$S$ の元，およびその逆元からの有限個の積となる $G$ の元のなす部分集合を $\langle S \rangle$ とかく．このとき，$\langle S \rangle$ は $G$ の部分群になる．実際，$\langle S \rangle$ の元は，
$$x_1^{\varepsilon_1} x_2^{\varepsilon_2} \cdots x_n^{\varepsilon_n} \qquad (x_i \in S, \ \varepsilon_i = \pm 1)$$
の形をしており，その逆元は，
$$x_n^{-\varepsilon_n} x_{n-1}^{-\varepsilon_{n-1}} \cdots x_1^{-\varepsilon_1}$$
となりやはり $\langle S \rangle$ に属し，そのようなものの積も明らかにまた $\langle S \rangle$ に属する．この部分群 $H := \langle S \rangle$ を $S$ が**生成する**部分群といい，$S$ を $H$ の**生成系**，$S$ の元を $H$ の**生成元**という．

$S$ が生成する部分群 $\langle S \rangle$ については，等式
$$\langle S \rangle = \bigcap_{S \subset G' : G \text{ の部分群}} G'$$
が成り立つので，$\langle S \rangle$ を，$S$ を含む最小の $G$ の部分群と定義してもよい．

問 2.3 は, $n$ 次対称群 $S_n$ の生成系として, 互換の集合, あるいはもっと小さく, $\{\tau_1, \tau_2, \cdots, \tau_{n-1}\}$ がとれることをいっている.

唯一つの元で生成される群を**巡回群**という. 加法群 $\boldsymbol{Z}$ は 1 で生成される無限巡回群である.

いま, $G = \langle g \rangle$ を $g$ を生成元とする巡回群とする. このとき写像

$$(*) \qquad f : \boldsymbol{Z} \longrightarrow G \qquad (f(n) = g^n \ (n \in \boldsymbol{Z}))$$

を考えると, $f$ は $G$ が巡回群であるから全射である. 問 1.1 により, "指数法則"

$$\begin{aligned} f(n + m) &= f(n)f(m), \\ f(-n) &= f(n)^{-1}, \end{aligned} \qquad (n, m \in \boldsymbol{Z})$$

が成り立つ. 明らかに, $G$ はアーベル群である.

$f$ が単射であれば, $f$ は全単射である. そこで, いま $f$ は単射ではないと仮定する. このとき, 少なくとも 2 つの相異なる $n, m$ に対して $f(n) = f(m)$. そこで, $n > m$ とすると, $f(n - m) = f(n)f(m)^{-1} = g^0 = e$ が成立する. したがって, ある自然数 $n_0 \ (= n - m) > 0$ に対して $f(n_0) = g^{n_0} = e$ となる. このような自然数のうち最小のものを, 改めて $n_0$ とおこう.

さて, 任意の整数 $n \in \boldsymbol{Z}$ に対して, 剰余の定理（余り式割り算）から,

$$n = qn_0 + r \qquad (0 \le r < n_0)$$

なる $q, r \in \boldsymbol{Z}$ が一意的に定まる. したがって,

$$f(n) = f(n_0)^q f(r) = e^q f(r) = f(r) = g^r$$

となり, $G$ の任意の元は, $g^r \ (0 \le r < n_0)$ とかかれる. すなわち,

$$G = \{g^r \mid 0 \le r < n_0\}.$$

さらに, $G$ の位数 $\sharp G$ は $n_0$ に等しい. 実際, $g^{r_1} = g^{r_2} \ (0 \le r_2 < r_1 < n_0)$ とすると, $g^{r_1 - r_2} = g^{r_1}(g^{r_2})^{-1} = e$ となり, $0 < r_1 - r_2 < n_0$ だから, $n_0$ の最小性に反する.

一般に群 $G$ の元 $x$ について, $x^{n_0} = e$ となる最小の自然数 $n_0$ を**元 $x$ の位数**という. もし, そのような自然数 $n_0$ が存在しないときは, $x$ の位数は無限であるという. 上に議論したことをまとめると, 次を得る.

**命題3.2** i)　無限巡回群は指数写像（＊）によって，有理整数の加法群 $Z$ と 1：1 に対応する（後に定義する言葉で "同型" という）．

ii)　有限巡回群の位数は，生成元の位数に等しい．

## 準 同 型

上の指数写像（＊）のような性質をもつものを一般化して，群の間の次のような写像を考える．

2つの群 $G, G'$ に対して，写像

$$f : G \longrightarrow G'$$

が性質

$$f(xy) = f(x)f(y) \qquad (x, y \in G)$$

をみたすとき，$f$ を $G$ から $G'$ への（**群**）**準同型**（**写像**）という．さらに，$f$ が全（単）射のとき，$f$ を**全（単）準同型**といい，特に $f$ が全単射のとき，$f$ を**同型**という．2つの群 $G, G'$ の間に同型写像が存在するとき，$G$ と $G'$ は**同型**であるといい，

$$G \simeq G'$$

とかく．

**命題3.3** i)　$f : G \longrightarrow G'$ が準同型ならば，

$$f(x^{-1}) = f(x)^{-1}, \quad f(e) = e'.$$

ただし，$e, e'$ はそれぞれ $G, G'$ の単位元である．

ii)　準同型写像 $f$ が同型写像であれば，逆写像 $f^{-1} : G' \longrightarrow G$ も同型写像である．

[**証明**] i)　$e^2 = e$ だから，$f(e)^2 = f(e^2) = f(e)$，両辺に $f(e)^{-1}$ を掛けると

$$f(e) = f(e)^{-1}f(e)^2 = f(e)^{-1}f(e) = e'.$$

次に，$x \in G$ に対して，$xx^{-1} = e$ に準同型 $f$ を施して，

$$f(x)f(x^{-1}) = f(xx^{-1}) = f(e) = e'.$$

ゆえに，

$$f(x^{-1}) = f(x)^{-1}e' = f(x)^{-1}.$$

ii)　当り前.　□

　一般に代数系のみならず，ある構造をもつ数学的対象の間に，その構造を保つ写像を考えつつ議論をすすめるのが抽象数学の基本である．例えば，位相空間における連続写像がそうであり，我が群においてはいま定義した準同型写像がそうである．以後，本書でも，新しく代数系が導入されるたびに，対応する準同型を考えるであろう．このような思考方法を一般化した枠組みとして，**圏**（**カテゴリー**）という概念があり，そこでは準同型は単に**射**とよばれる.

　**例3.2**　群 $G$ と，その元 $x \in G$ に対し，
$$f : \boldsymbol{Z} \longrightarrow G \qquad (f(n) := x^n)$$
は加法群 $\boldsymbol{Z}$ から $G$ への準同型である．$G$ が巡回群で，$x$ がその生成元ならば，$f$ は全射であり，さらに $G$ が無限巡回群ならば，$f$ は同型である.

　**例3.3**　一般線型群 $GL_n(\boldsymbol{R})$ に対して，
$$\det : GL_n(\boldsymbol{R}) \longrightarrow \boldsymbol{R}^{\times}$$
は実数の乗法群 $\boldsymbol{R}^{\times} := \boldsymbol{R} \setminus \{0\}$ の上への準同型である．ただし，$\det x$ は $x$ の行列式.

　**例3.4**　$n$ 次対称群 $S_n$ の元 $\sigma$ に対し，$\mathrm{sgn}\,\sigma$ をその符号とする．すなわち，$n$ 変数の差積
$$\Delta(X_1, X_2, \cdots, X_n) := \prod_{1 \leq i < j \leq n} (X_i - X_j)$$
に対し，
$$\Delta(X_{\sigma(1)}, X_{\sigma(2)}, \cdots, X_{\sigma(n)}) = \mathrm{sgn}\,\sigma \cdot \Delta(X_1, X_2, \cdots, X_n)$$
$(\mathrm{sgn}\,\sigma = \pm 1)$ である．このとき
$$\mathrm{sgn} : S_n \longrightarrow \{\pm 1\}$$
は，$S_n$ から位数 2 の群 $\{\pm 1\}$ の上への準同型である.

　**問3.2**　$\sigma \in S_n$ が偶（奇）数個の互換の積でかけるとき，$\mathrm{sgn}\,\sigma = 1$（$-1$）である.

それぞれの場合，$\sigma$ を**偶（奇）置換**という．

**例3.5**　$G$ を群とする．$g \in G$ に対して，$G$ から $G$ 自身への写像

$$l_g : G \longrightarrow G \qquad (l_g(x) = gx \ (x \in G))$$

を考える．このとき，$l_g$ は $G$ から $G$ への全単射で，

$$f : G \longrightarrow S(G) \qquad (f(g) = l_g)$$

は $G$ から例 2.2 の群 $S(G)$ の中への単準同型である．

実際，$l_g(x) = l_g(y) \ (x, y \in G)$ ならば，$gx = gy$ だから，$g^{-1}$ を左から掛けて，$x = y$．したがって，$l_g$ は単射．また，任意の $x \in G$ に対して，$l_g(g^{-1}x) = x$ ゆえ，$l_g$ は全射．ゆえに，$f(g) = l_g \in S(G) \ (g \in G)$．次に，

$$(l_g \circ l_{g'})(x) = l_g(l_{g'}(x)) = g(g'x) = (gg')x = l_{gg'}(x).$$

したがって，$f(gg') = l_{gg'} = l_g \circ l_{g'} = f(g)f(g')$ が成り立ち，$f$ は $G$ から $S(G)$ への準同型となる．$f$ が単射であることも同様に確かめられる．

特に，$G$ が位数 $n$ の有限群ならば，$S(G) \simeq S_n$ だから，上の準同型写像 $f$ で $g \in G$ と $f(g) \in S_n$ とを同一視することによって，有限群 $G$ は対称群 $S_n$ の部分群と見なせる（対称群は有限群の母である！）．

## 核，正規部分群

**命題3.4**　群準同型 $f : G \longrightarrow G'$ に対して，$f$ の像 $f(G) = \operatorname{Im} f$ は $G'$ の部分群である．さらに，$G'$ の単位元を $e'$ とするとき，

$$\operatorname{Ker} f := \{x \in G \mid f(x) = e'\}$$

は，$G$ の各元 $g$ に対して

$$g(\operatorname{Ker} f)g^{-1} = \operatorname{Ker} f$$

をみたす $G$ の部分群である．ただし，

$$g(\operatorname{Ker} f)g^{-1} := \{gxg^{-1} \mid x \in \operatorname{Ker} f\}.$$

[証明]　$f(x), f(y) \in f(G)$ とすると，命題 3.3，i）によって，

$$f(x)f(y)^{-1} = f(x)f(y^{-1}) = f(xy^{-1}) \in f(G).$$

ゆえに，命題 3.1 によって $f(G)$ は $G'$ の部分群である．

$x, y \in \operatorname{Ker} f$ とする，すなわち $f(x) = f(y) = e'$．このとき，

$$f(xy^{-1}) = f(x)f(y^{-1}) = f(x)f(y)^{-1} = e'(e')^{-1} = e'.$$

ゆえに，$xy^{-1} \in \mathrm{Ker}\, f$ となり，$\mathrm{Ker}\, f$ は $G$ の部分群である．さらに，$g \in G$，$x \in \mathrm{Ker}\, f$ に対しても同様に，

$$f(gxg^{-1}) = f(g)f(x)f(g)^{-1} = f(g)f(g)^{-1} = e'.$$

したがって，$gxg^{-1} \in \mathrm{Ker}\, f$，すなわち $g(\mathrm{Ker}\, f)g^{-1} \subset \mathrm{Ker}\, f$．逆に，$g^{-1}xg \in \mathrm{Ker}\, f$ でもあるから，$x \in g(\mathrm{Ker}\, f)g^{-1}$，すなわち $\mathrm{Ker}\, f \subset g(\mathrm{Ker}\, f)g^{-1}$．ゆえに，

$$g(\mathrm{Ker}\, f)g^{-1} = \mathrm{Ker}\, f. \qquad \square$$

命題 3.4 の部分群 $\mathrm{Ker}\, f$ のことを準同型 $f$ の**核**という．また，$G$ の部分群 $H$ が

$$H = gHg^{-1} := \{ghg^{-1} \mid h \in H\} \qquad (g \in G)$$

をみたすとき，$H$ を $G$ の**正規**部分群という．$H$ が $G$ の正規部分群であるとき，

$$H \lhd G \qquad (\text{または，} G \rhd H)$$

とかくこともある．命題 3.4 の証明の最後の部分と同じ論法で，$H \lhd G$ であるためには，任意の $g \in G$ について $gHg^{-1} \subset H$ であればよい．

命題 3.4 は，準同型の核は正規部分群になることを主張している．次節でみるように，ある意味でこの逆も成り立つ．

次の事実は良く用いられる．

**命題 3.5** 群準同型 $f : G \longrightarrow G'$ が単射であるためには，$\mathrm{Ker}\, f = \{e\}$ が必要十分である．

[**証明**] $f$ が単射ならば $\mathrm{Ker}\, f = f^{-1}(e') \ni e$ は唯一つの元から成るから明らかに $\mathrm{Ker}\, f = \{e\}$．

逆に $\mathrm{Ker}\, f = \{e\}$ とする．$x, y \in G$ に対して $f(x) = f(y)$ とすると，

$$e = f(x)f(y)^{-1} = f(xy^{-1}).$$

したがって，$xy^{-1} \in \mathrm{Ker}\, f = \{e\}$，すなわち $xy^{-1} = e$．ゆえに $x = y$．$\quad \square$

## §4. 剰余類と剰余群

集合$S$における**関係** $\sim$ とは，$S$の任意の2元$x, y$に対し，$x \sim y$であるか（$x$は$y$と関係がある），または，$x \nsim y$（$x$は$y$と関係がない）のいずれか一方が確定していることである．直積集合$S \times S$を使えば，$S \times S$の部分集合$R$が1つ定められていることと同じである．すなわち，

$$R = \{(x, y) \in S \times S \mid x \sim y\}.$$

関係 $\sim$ が**同値関係**であるとは，$\sim$ が次の公理をみたすときをいう．

i)    $x \sim x$,

ii)   $x \sim y \implies y \sim x$,   $(x, y, z \in S)$

iii)  $x \sim y, \ y \sim z \implies x \sim z$.

日常世界での例えでいえば，全校生の集合$S$の中で，同じ学年，同じクラス，同じ性，等々はいずれも同値関係になっている（大学の場合ではそうでないことも起り得るようであるが）．

**例 4.1**  $f : S \longrightarrow T$を2つの集合の間の写像とする．$x, y \in S$に対して，

$$x \sim y \iff f(x) = f(y)$$

と定義すると $\sim$ は同値関係である．

集合$S$に同値関係 $\sim$ が定義されているとき，各$x \in S$に対して$S$の部分集合

$$C(x) := \{y \in S \mid x \sim y\}$$

を，$x$が定める**同値類**という．単に，$S$の部分集合$C \subset S$が同値類であるとは，ある$x \in S$に対して，$C = C(x)$となるときをいう．同値類$C$に属する1つの元を$C$の**代表元**ともいう．$x$は$C(x)$の代表元である．$C$が同値類ならば，$y \in C$に対して$C = C(y)$である．

例 4.1 において，$C(x) = f^{-1}(f(x))$であり，同値類はある$t \in f(S)$に対する**ファイバー** $f^{-1}(t)$に等しい．

**命題 4.1** 集合 $S$ に同値関係 $\sim$ が与えられているとき，2つの同値類 $C, C'$ に対して，

$$C \cap C' = \varnothing \qquad \text{かまたは} \qquad C = C'$$

のいずれか一方のみが成り立つ．したがって，$S$ は同値類の直和として，

$$S = \coprod_{C : 同値類} C$$

とかける．この直和分解を $S$ の $\sim$ による**同値類別**という．

逆に，集合 $S$ がある部分集合族の直和にかけるとき，それを同値類別とする同値関係が唯一つ定まる．

[**証明**] $C \cap C' \neq \varnothing$ とする．このとき，$x \in C \cap C'$ に対して，$C, C'$ ともに同値類だから，$C = C(x) = C'$，すなわち，$C, C'$ ともに同じ元 $x$ を代表元とする同値類である．$S$ が同値類の直和にかけることはこれより明らかである．

逆に，$S$ の部分集合族 $\mathscr{E} \subset 2^S$ ($:= S$ の部分集合全体のなす集合（巾集合））に対して，

$$S = \coprod_{C \in \mathscr{E}} C$$

となるとき，

$$x \sim y \iff \text{ある } C \in \mathscr{E} \text{ に対して } x, y \in C$$

と定義すると $\sim$ は同値関係になり，その同値類別が上の直和分解になることは明らかであろう．$\square$

$S$ に同値関係 $\sim$ が与えられたとき，新しい集合

$$S/\!\sim \; := \{C(x) \in 2^S \mid x \in S\} \subset 2^S$$

を定義する．$S/\!\sim$ を同値関係 $\sim$ による**商集合**という．商集合は，$\sim$ による各同値類を元とする巾集合 $2^S$ の部分集合である．

商集合を考える操作は，思考のもう一段階の抽象化を行うことであって，前の例でいえば，ある小学校の全校生徒の集合を $S$ とし，同値関係 $\sim$ を同じ学年に属することと定義すれば，商集合は 6 元から成る集合 $\{1, 2, \cdots, 6\}$ という "学年" を元とする（抽象化した）集合である．

$S$ から商集合 $S/\!\sim$ への写像

$$p : S \longrightarrow S/\sim \qquad (x \longmapsto C(x))$$

は全射で，$p$ の各ファイバーが同値類である．この全射 $p$ を（**自然な**）**射影**という．ここで $S$ の部分集合 $X$ について，$p|X : X \longrightarrow S/\sim$ が全単射になるとき，$X$ を商集合 $S/\sim$ の**完全代表系**という．

例 4.1 においては，$f(x) \longleftrightarrow C(x)$ という対応で，$f(S) \simeq S/\sim$ と見なせ，このとき，射影 $p$ は，

$$S \xrightarrow{f} f(S) \simeq S/\sim$$

のことである．

**例 4.2**　平面 $\boldsymbol{R}^2$ 上の 2 点 P, Q に対し，P = Q か，または，P, Q を通る直線が $x$ 軸と 45° の角をなすとき P $\sim$ Q と定義すると，$\sim$ は同値関係である．この同値関係において，1 つの同値類は，直線

$$L_a := \{(x, y) \in \boldsymbol{R}^2 \mid y = x + a\} \qquad (a \in \boldsymbol{R})$$

となり，

$$\boldsymbol{R}^2 = \coprod_{a \in \boldsymbol{R}} L_a$$

が同値類別である．商集合 $\boldsymbol{R}^2/\sim$ は，対応

$$\boldsymbol{R}^2/\sim \ni L_a \longmapsto a \in \boldsymbol{R}$$

によって実数の集合 $\boldsymbol{R}$ と 1:1 に対応し，

$$p : \boldsymbol{R}^2 \longrightarrow \boldsymbol{R} \simeq \boldsymbol{R}^2/\sim$$

を点 P $\in \boldsymbol{R}^2$ に対し，P を通る $x$ 軸と 45° の角をなす直線と $y$ 軸との交点の $y$ 座標 $p(\mathrm{P})$ を対応させる写像とすると，$p$ が商集合への射影と思える．

同値類別，商集合の概念は，基礎数学すべての中で頻繁に用いられるので，習熟されるよう努められたい．以下，われわれは，まず群の構造を調べるなかで，この概念に親しもう．

## 剰余類，剰余集合，剰余群

群の話にもどろう．いま，群 $G$ とその部分群 $H$ を 1 つ固定する．このとき，$G$ の元 $x, y$ に対して，関係 $\sim$ を

$$x \sim y \iff x^{-1}y \in H$$

と定めると，$\sim$ は $G$ の同値関係を与える．実際，$x \sim x$ は $x^{-1}x = e \in H$ から明らか．$x \sim y$ ならば，$x^{-1}y \in H$．したがって逆元をとると $y^{-1}x = (x^{-1}y)^{-1} \in H$ だから，$y \sim x$．$x \sim y$，$y \sim z$ のとき，$x^{-1}y, y^{-1}z \in H$ ゆえ，$x^{-1}z = (x^{-1}y)(y^{-1}z) \in H$ となり，$x \sim z$．

この部分群 $H$ による同値関係において，$x \in G$ の定める同値類は

$$C(x) = \{y \in G \mid x^{-1}y \in H\}$$

である．ところが，$x^{-1}y \in H$ ということは，ある $h \in H$ に対して $y = xh$ であることを意味するから，$G$ の部分集合を

$$xH := \{xh \in G \mid h \in H\}$$

と定義すると，$C(x) = xH$ となる．このような，$x$ が代表元となる同値類 $xH$ のことを，群論では，$H$ による**左剰余類**という．したがって，$H$ による左剰余類全体の集合が，関係 $\sim$ による商集合 $G/\sim$ である．この商集合を $G/H$ とかいて，$G$ の $H$ による**左剰余集合**，または，記号どおり単に，$G$ を $H$ で**右から割った集合**（または**空間**）ともいう．

**問 4.1** 上の代りに，$x \underset{r}{\sim} y$ を $xy^{-1} \in H$ と定義しても，$\underset{r}{\sim}$ は同値関係になり，$x \in G$ が代表元となる同値類は

$$Hx := \{hx \mid h \in H\}$$

である（**右剰余類**という）．この同値関係 $\underset{r}{\sim}$ による商集合 $G/\underset{r}{\sim}$ を $H\backslash G$ とかく．

$G$ の部分群 $H$ に対し，左剰余集合 $G/H$ の濃度を $(G:H)$ とかき，$H$ の $G$ における**指数**という．対応 $G/H \ni xH \longmapsto Hx^{-1} \in H\backslash G$ は全単射であることが確かめられるので，右剰余集合で考えても同じである．特に単位群 $e = \{e\}$ の $G$ における指数 $(G:e)$ は $G$ の位数に等しい．

**命題 4.2** 群 $G$ の 2 つの部分群 $H \supset K$ に対し，

$$(G:H)(H:K) = (G:K).$$

特に $K = \{e\}$ とすると，

$$(G:H)\sharp H = \sharp G.$$

[証明]　各剰余集合 $G/H, H/K$ の代表元をとって剰余類別

$$G = \coprod_{i\in I} x_i H, \qquad H = \coprod_{j\in J} y_j K$$

を考える．このとき

$$G = \coprod_{(i,j)\in I\times J} x_i y_j K$$

が $G$ の $K$ に関する剰余類別を与えることが容易にわかる．$\sharp I = (G:H)$, $\sharp J = (H:K)$ ゆえ，命題の主張が導かれる．　□

**系 4.1**　有限群 $G$ において，部分群の位数，指数，および $G$ の元の位数はともに $G$ の位数の約数である．

[証明]　部分群の位数と指数については，命題の 2 番目の等式から明らか．$G$ の元 $x$ の位数は，命題 3.2 から，$x$ が生成する巡回群 $\langle x\rangle$ の位数に等しいから前半の主張から明らか．　□

系 4.1 から次のことがわかる．素数位数の群 $G$ を考える．$G$ の部分群の位数は 1 か $\sharp G$ のみであるから $G$ は自明な部分群以外含まない．したがって，$e \neq x \in G$ をとり，$x$ が生成する巡回部分群 $\langle x\rangle$ は $G$ に一致する．すなわち，$G$ は巡回群になる．

さて，$G$ がアーベル群ならば，左右の剰余類は一致する．非可換群でも，特別な部分群に対しては同じ事情が起る．

**命題 4.3**　$G$ の部分群 $H$ に対して，$H$ の左右の剰余類が必ず一致するためには，$H$ が正規部分群であることが必要十分である．

[証明]　左右の剰余類が一致する，すなわち，任意の $x \in G$ に対して，ある $y \in G$ が存在して $xH = Hy$ となるとする．このとき $x \in Hy$ だから $Hx = Hy$ が成り立つ．したがって $xH = Hx$ となり，これは $xHx^{-1} = H$ を導く．ゆえに $H \lhd G$．

逆に $H \lhd G$ ならば $xHx^{-1} = H$ $(x \in G)$ ゆえ，$xH = Hx$ がすべての $x \in G$ に対して成り立つ．　□

正規部分群 $H \lhd G$ に対しては，剰余集合 $G/H = H \backslash G$ が再び自然に群の構造をもつ，という著しい性質がある．以下それを説明しよう．$G/H$ の各元は剰余類 $xH$ $(x \in G)$ である．いま，$G/H$ の 2 つの元 $xH, yH$ に対し，演算 $G/H \times G/H \longrightarrow G/H$ として，

$(*)$　　　　　　　$(xH)(yH) := xyH$　　　　　$(x, y \in G)$

と定めたい．まず，この定義がうまくいっていること，すなわち，見かけ上だけではなく実際の意味をもつことを確かめなければならない．具体的には，$(*)$ が剰余類の代表元のとり方によらず確定することをいわなければならない．すなわち，

$(**)$　　　$xH = x'H,\ yH = y'H \implies xyH = x'y'H$

をいわなければならない．

よって $(**)$ を確かめよう．条件からある $h, h' \in H$ が存在して，$x = x'h,\ y = y'h'$ とかける．したがって，$xy = x'hy'h'$．ところが $H \lhd G$ だから $(y')^{-1}hy' \in H$．したがって，上式の右辺を変形して

$$xy = x'hy'h' = x'y'((y')^{-1}hy')h' \in x'y'H$$

を得る．これは，$xyH = x'y'H$ を意味しており $(**)$ がいえた．

$H$ が正規でなければ $(**)$ は成り立たず，したがって，$(*)$ と定義しても写像として無意味であることに注意されたい．以下，新しい演算を定義する際，このように"定義がうまくいっている"（well-defined）かどうかチェックする作業がしばしば要求される．

**命題 4.4**　$H$ が $G$ の正規部分群ならば，剰余集合 $G/H$ は演算 $(*)$ により再び群をなす．このとき自然な射影

$$p : G \longrightarrow G/H \qquad (p(x) = xH)$$

は全準同型となり，その核 $\mathrm{Ker}\, p$ は $H$ に一致する．

**[証明]**　演算 $(*)$ がうまく定義されることはすでに検証した．あとはほとんど自明である．$G/H$ の単位元は $H = eH$，$xH$ の逆元としては $x^{-1}H$ をとればよい．　□

正規部分群 $H$ による剰余集合 $G/H$ がなす群を $G$ の $H$ による **剰余群**（または**商群**）という.

**問 4.2**  無限巡回群 $\mathbf{Z}$ とその部分群
$$n\mathbf{Z} := \{nm \mid m \in \mathbf{Z}\}$$
に対し, $n \neq 0$ のとき剰余群 $\mathbf{Z}/n\mathbf{Z}$ は位数 $|n|$ の有限巡回群である.

**問 4.3**  $\mathbf{R}^2 = \{(x, y) \mid x, y \in \mathbf{R}\}$ を $(x, y) + (x', y') = (x + x', y + y')$ によって加法群と見なす. このとき $H := \{(x, x) \in \mathbf{R}^2 \mid x \in \mathbf{R}\}$ は部分群であり, 例 4.2 の同値関係 $\sim$ に対し, $\mathbf{R}^2/H = \mathbf{R}^2/\!\sim$ となることを確かめ, 群としての同型 $\mathbf{R}^2/H \simeq \mathbf{R}$ を示せ.


# §5.   準同型定理

命題 3.4 によって群準同型写像の核は正規部分群であり, 逆に命題 4.4 によって, 群の正規部分群はある準同型写像の核になっていることを知った. これらのことを統合したものが, 以下に述べる準同型定理で, 群論のみならず, 大方の代数系の取り扱いの基礎になるものである. 実質的な証明はすでにすんでいるので, いきなり本筋に入ろう.

**定理 5.1**  （準同型定理） $f: G \longrightarrow G'$ を群準同型とする. このとき, 次が成り立つ.

i)   $f$ の核 $\operatorname{Ker} f$ による $G$ の剰余群 $G/\operatorname{Ker} f$ は, 写像
$$G/\operatorname{Ker} f \ni x \operatorname{Ker} f \ \longmapsto \ f(x) \in \operatorname{Im} f = f(G)$$
によって, $f$ の像のなす $G'$ の部分群 $\operatorname{Im} f$ と同型である.

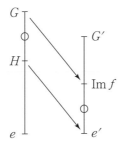

ii) $H \triangleleft G$ でかつ $H \subset \mathrm{Ker}\, f$ ならば，図式

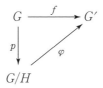

を可換にする（$f = \varphi \circ p$）準同型 $\varphi$ が唯一つ存在する．

[**証明**] ii) から示そう．写像 $\varphi: G/H \longrightarrow G'$ を $\varphi(xH) := f(x) \in G'$ $(x \in G)$ と定義したい．剰余群の構成（命題 4.4 の前）でやったように，この定義がうまくいっていることをまず示さねばならない．すなわち，$xH = yH \Longrightarrow f(x) = f(y)$ をいう．$xH = yH$ ならば $x^{-1}y \in H$ ゆえ，$f(x^{-1}y) \in f(H) \subset f(\mathrm{Ker}\, f) = \{e\}$．ゆえに $f(x)^{-1}f(y) = f(x^{-1}y) = e$，すなわち $f(x) = f(y)$ となり写像 $\varphi$ の定義が正しいことが示された．あと，$\varphi$ が準同型であること，$f = \varphi \circ p$ をみたすことは，自動的に導かれる．

i) を ii) から導こう．$H = \mathrm{Ker}\, f$ とおくと $H$ は ii) の条件をみたしているから $\varphi(x\,\mathrm{Ker}\, f) = f(x)$ $(x \in G)$ は $G/\mathrm{Ker}\, f$ から $\mathrm{Im}\, f$ への全準同型である．したがって $\varphi$ が単射であることを示せばよい．ところが，

$$\mathrm{Ker}\, \varphi := \{x\,\mathrm{Ker}\, f \mid f(x) = e\} = \{\mathrm{Ker}\, f\}$$

ゆえ，$\mathrm{Ker}\, \varphi$ は $G/\mathrm{Ker}\, f$ の単位元 $\mathrm{Ker}\, f$ のみから成り，命題 3.5 によって $\varphi$ は単射である． ☐

定理 5.1 において応用上は i) の事実を認識していれば十分と思われるが，ii) のようなスタイルのいい方が時に運用しやすいこともあって，抽象数学に対す

る慣れを養う意図でこういってみた (いわゆる "普遍写像性質", 第4章§20参照). このようないい方が受けつけ難い読者は, i) の証明を本文に従わず直接勝手に考えてみられたい. 命題3.4, 4.4 からほとんど明らかなことがわかろう.

**例5.1**　例3.3の準同型 $\det : GL_n(\boldsymbol{R}) \longrightarrow \boldsymbol{R}^\times$ において,
$$\mathrm{Ker}(\det) = \{x \in GL_n(\boldsymbol{R}) \mid \det x = 1\}$$
を**特殊線型群**といい, $SL_n(\boldsymbol{R})$ と記す. このとき,
$$GL_n(\boldsymbol{R})/SL_n(\boldsymbol{R}) \simeq \boldsymbol{R}^\times.$$

**例5.2**　例3.4の準同型 $\mathrm{sgn} : S_n \longrightarrow \{\pm 1\}$ において,
$$\mathrm{Ker}(\mathrm{sgn}) = \{\sigma \in S_n \mid \mathrm{sgn}\,\sigma = 1\}$$
を **$n$ 次交代群**といい, $A_n$ と記す. このとき,
$$S_n/A_n \simeq \{\pm 1\}.$$
$A_n$ は $n$ 次の偶置換全体から成る $S_n$ の正規部分群である.

**問5.1**　$\sigma \in S_n$ に対して, **置換行列** $P(\sigma) = (a_{ij}) \in GL_n(\boldsymbol{R})$ を $a_{ij} := \delta_{i\sigma(j)}$ $(1 \le i, j \le n)$ によって定義すると, $P : S_n \longrightarrow GL_n(\boldsymbol{R})$ は単準同型で, $\det P(\sigma) = \mathrm{sgn}\,\sigma$ となることを示せ.

準同型定理から導かれる次の定理は, **同型定理**といわれることもあり, 部分群が種々登場する場面でしばしば用いられる.

**定理5.2**　i)　$f : G \longrightarrow G'$ を全準同型, $H' \lhd G'$ とする. このとき, $H'$ の逆像 $f^{-1}(H')$ はまた $G$ の正規部分群で, 同型
$$G/f^{-1}(H') \simeq G'/H' \qquad (xf^{-1}(H') \longmapsto f(x)H')$$
が成り立つ.

ii)　群 $G$ の2つの部分群 $H, N$ について, $N \lhd G$ とする. このとき,
$$HN := \{hn \in G \mid h \in H,\ n \in N\}$$
はまた $G$ の部分群で, $N \lhd HN$, $H \cap N \lhd H$ となり, 同型

$$H/H \cap N \simeq HN/N \quad (h(H \cap N) \longmapsto hN)$$

が成り立つ.

[**証明**] i) $f$ と自然な射影 $p: G' \longrightarrow G'/H'$ を合成して, 準同型

$$p \circ f : G \longrightarrow G'/H'$$

を考える. このとき定義から $\mathrm{Ker}(p \circ f) = f^{-1}(H')$ となり, 定理 5.1, i) から i) が従う.

ii) まず $HN$ が部分群になることをみよう. このためには, $h_1 n_1, h_2 n_2 \in HN$ に対して $h_1 n_1 (h_2 n_2)^{-1} \in HN$ をいえばよい. ところが

$$h_1 n_1 (h_2 n_2)^{-1} = h_1 n_1 n_2^{-1} h_2^{-1} = (h_1 h_2^{-1})(h_2 (n_1 n_2^{-1}) h_2^{-1})$$

において, $h_1 h_2^{-1} \in H$, $n_1 n_2^{-1} \in N$, また $N$ の正規性から $h_2 (n_1 n_2^{-1}) h_2^{-1} \in N$ であり, 上式の右辺は $HN$ に属する. したがって $HN$ は $G$ の部分群である. $N \lhd HN$, $H \cap N \lhd H$ は $N \lhd G$ から明らかである.

そこで, 写像

$$f : H \longrightarrow HN/N$$

を $f(h) := hN \ (h \in H)$ と定義する. このとき $f$ は全準同型になる. $f$ が全射であることは定義から明らか. 準同型であることは, $f(h_1 h_2) = h_1 h_2 N = (h_1 N)(h_2 N) = f(h_1)f(h_2)$ だから良い. ところが, $f$ の核は

$$\mathrm{Ker}\, f := \{h \in H \mid f(h) = N\} = H \cap N.$$

ゆえに, 定理 5.1 から, 同型

$$H/H \cap N \simeq HN/N$$

を得る. □

## 群 の 直 積

群の族 $G_i \ (i \in I)$ が与えられたとき, 直積集合

$$G := \prod_{i \in I} G_i := \{(x_i)_{i \in I} \mid x_i \in G_i\}$$

に演算

$$(x_i)_{i \in I}(y_i)_{i \in I} := (x_i y_i)_{i \in I}$$

を定義すると，$G$ は単位元を $e = (e_i)_{i \in I}$（$e_i$ は $G_i$ の単位元），逆元を $(x_i)_{i \in I}^{-1} = (x_i^{-1})_{i \in I}$ とする群になることが容易に検証できる．この群 $\prod\limits_{i \in I} G_i$ を $\{G_i\}_{i \in I}$ の**直積**（**群**）という．群の公理から，各添字 $i \in I$ に対して，単位元 $e_i \in G_i$ が唯一つ定められているので，選択公理を用いることなしに，$e = (e_i)_{i \in I} \in \prod\limits_{i \in I} G_i \neq \emptyset$ が従っていることにも注意しておこう．

特に，有限個の群 $G_1, G_2, \cdots, G_n$ に対しては，

$$\prod_{i=1}^{n} G_i = G_1 \times G_2 \times \cdots \times G_n$$

とかくことも集合論の記法と同じである．

各添字 $j \in I$ に対して，直積群 $\prod\limits_{i \in I} G_i$ の部分集合

$$\bar{G}_j := \{(x_i)_{i \in I} \mid x_i = e_i \ (i \neq j)\} \subset \prod_{i \in I} G_i$$

を考えると，$\bar{G}_j \lhd \prod\limits_{i \in I} G_i$ となり，同型

$$G_j \simeq \bar{G}_j$$

$(x \longmapsto (x_i)_{i \in I}, \ x_j = x, \ x_i = e_i \ (i \neq j))$ によって $G_j$ を $\bar{G}_j$ と同一視することにより，$G_j$ は $\prod\limits_{i \in I} G_i$ の正規部分群と見なせる．各 $G_i$ を**直積因子**という．

また，$j$ 因子への射影

$$p_j : \prod_{i \in I} G_i \longrightarrow G_j \qquad (p_j((x_i)_{i \in I}) = x_j)$$

は全準同型で，その核は

$$\mathrm{Ker}\, p_j = \{(x_i)_{i \in I} \mid x_j = e_j\} \simeq \prod_{i \neq j} G_i$$

となる．

さらに，各 $G_i$ $(i \in I)$ が加法群のときは，直積群の部分群

$$G' := \left\{ (x_i)_{i \in I} \in \prod_{i \in I} G_i \ \middle|\ 有限個の\ i\ を除いて\ x_i = 0_i \right\}$$

をとり出して（$G'$ が部分群になることをチェックせよ），特に，$G'$ を加法群 $\{G_i\}_{i \in I}$ の**直和**（**群**）といい，

$$G' = \bigoplus_{i \in I} G_i$$

とかく（$\coprod_{i \in I} G_i$ とかく流儀もある）．したがって，有限個の加法群 $G_1, G_2, \cdots, G_n$ については，直積群と直和群は一致する．本書では触れないが，ここでの直積，直和の使いわけは，実は，カテゴリー論でのそれに従うようにしてある．

**例 5.3** $n$ 次対称群 $S_n$ の部分群 $H$ を
$$H := \{\sigma \in S_n \mid 1 \leq \sigma(i) \leq k \ (1 \leq i \leq k)\}$$
と定義すると，同型
$$H \simeq S_k \times S_{n-k}$$
が成り立つ．実際，$\sigma \in H$ に対して，$(\sigma_1, \sigma_2) \in S_k \times S_{n-k}$ を，$\sigma_1 := \sigma \mid \{1, 2, \cdots, k\}$，$\sigma_2(j) := \sigma(j + k) - k \ (1 \leq j \leq n - k)$ として対応させればよい．


# §6. 環 と 体

　しばらく，唯一つの演算をもつ代数系の重要な例として，群について考えてきた．そして，準同型定理という構造定理を得た．しかし，小学校以来馴染んできた数や多項式，ベクトル，行列等のなす体系は，加法（足し算），乗法（掛け算），場合によっては除法（割り算）等の複合した演算をそなえており，それらが一体となって，種々の結果をもたらしていることを経験している．

　この節では，そのような体系を抽象化したものとして，環と体をとりあげてみよう．特に環は，それに付随する加群（モジュール）の概念と相まって，単に"代数"と別名がつくほど数学における代数的手法の中心をなしている．この傾向は，現代になるほどに，代数幾何，代数解析などの考え方に顕わになっている．

　加法群 $R$ が，さらに乗法
$$R \times R \longrightarrow R \qquad ((x, y) \longmapsto xy)$$
をもち，この乗法に関してモノイドになっているとする．（乗法モノイドの単位元 $e$ を $1$ とかく．）この加法，乗法，2 つの演算に関して，次の**分配法則**が成

り立つとき，$R$ を**環**という．

$$x(y + z) = xy + xz, \quad (y + z)x = yx + zx \quad (x, y, z \in R).$$

環 $R$ においては，加法群の単位元 $0$ について

$$0x = x0 = 0 \quad (x \in R)$$

が成り立つ．実際，$0x = (0 + 0)x = 0x + 0x$，ゆえに，両辺から $0x$ を引いて，$0x = 0$.

したがって，もし $1 = 0$ ならば，$x = 1x = 0x = 0$ となり，環 $R$ は $0$ のみから成る自明な環（**零環**）となる．

環 $R$ が乗法に関して可換

$$xy = yx \quad (x, y \in R)$$

のとき，$R$ を**可換環**という．

**問 6.1** $(-1)x = x(-1) = -x$ を示せ.

**例 6.1** 有理整数全体 $\mathbf{Z}$ は通常の $+, \times$ に関して可換環になる（**有理整数環**）.

**例 6.2** 可換環 $R$ が与えられたとき，文字 $X$ を**不定元**（または，**変数**）とする **$R$ 係数の多項式**とは，

$$p(X) = a_n X^n + a_{n-1} X^{n-1} + \cdots + a_1 X + a_0$$

$$= \sum_{i=0}^{n} a_i X^i \quad (a_i \in R)$$

なる形のものである（$n \in N$）．$a_i \neq 0$ となる最大の $i$ を多項式 $p(X)$ の**次数**といい，$\deg p(X) = i$ とかく．多項式の間に通常の同一視，

$$0X^i = 0, \quad 0X^3 + 1X^2 + 0X + 0 = X^2$$

等を行い，特にすべての係数 $a_i$ が $0$ のとき単に $0$ とかき，便宜上 $\deg 0 = -\infty$ と定義する．

多項式どうしの和（加法），積（乗法）を

$$\sum_{i=0}^{m} a_i X^i + \sum_{j=0}^{n} b_j X^j = \sum_{i=0}^{\mathrm{Max}(m, n)} (a_i + b_i)X^i,$$

$$\left(\sum_{i=0}^{m} a_i X^i\right)\left(\sum_{j=0}^{n} b_j X^j\right) = \sum_{k=0}^{m+n} c_k X^k,$$

ただし，$\mathrm{Max}(m, n)$ は $m, n$ の大きい方の数，$c_k$ は

$$c_k := \sum_{i+j=k} a_i b_j$$

と定義すると，$X$ を不定元とする $R$ 係数の多項式全体の集合は可換環をなす．この可換環を $R[X]$ とかき，$R$ 上の（$X$ を不定元とする）**1 変数多項式環**という．

さらに，$n$ 個の文字 $X_1, X_2, \cdots, X_n$ に対して，帰納的に，$R[X_1]$，$R[X_1]$ 上の $X_2$ を不定元とする多項式環 $(R[X_1])[X_2] = R[X_1, X_2]$，$\cdots$，$R[X_1, X_2, \cdots, X_{n-1}]$ 上の $X_n$ を不定元とする多項式環

$$R[X_1, X_2, \cdots, X_n] := (R[X_1, X_2, \cdots, X_{n-1}])[X_n]$$

が定義される．$R[X_1, X_2, \cdots, X_n]$ を $R$ 上の **$n$ 変数多項式環**，その元を **$R$ 係数 $n$ 変数多項式**という．$n$ 変数多項式は，整理すると

$$\sum_{0 \le i_1, i_2, \cdots, i_n} a_{i_1 i_2 \cdots i_n} X_1^{i_1} X_2^{i_2} \cdots X_n^{i_n}$$

とかける（$a_{i_1 i_2 \cdots i_n} \in R$ で和は有限和）．

**例 6.3** 環 $R$ が与えられたとき，$M_n(R)$ を $R$ の元を成分にもつ $n$ 次正方行列全体の集合とし，行列の加法，乗法を通常のように定義する．すなわち，$(a_{ij}), (b_{ij}) \in M_n(R)$ $(a_{ij}, b_{ij} \in R)$ に対して，

$$(a_{ij}) + (b_{ij}) = (a_{ij} + b_{ij}),$$

$$(a_{ij})(b_{ij}) = \left(\sum_{k=1}^{n} a_{ik} b_{kj}\right)$$

と定義すると，$M_n(R)$ はまた環であり，一般に $n \ge 2$ のとき非可換である（**$R$ 上の $n$ 次全行列環**）．

**問 6.2** 可換環 $R$ 上の全行列環 $M_n(R)$ の乗法モノイドに関する単元群について

$$GL_n(R) := M_n(R)^\times = \{A \in M_n(R) \mid \det A \in R^\times\}.$$

## 体

環 $R$ において，0 以外の元が存在し，それらがすべて乗法に関する逆元をもつとき $R$ を**体**という．いい換えれば，乗法モノイドとしての $R$ の単元群を $R^{\times}$ とするとき，$R^{\times} = R \setminus \{0\} \neq \emptyset$ ならば，$R$ を体という．通常**可換体**（乗法に関して可換）を単に体といい，非可換体まで考えるときは，**可除環**とか**斜体**ということが多い．本書でもこのよび方に従って，単に体といえば，可換体を指すことにする．

**例 6.4**　有理数全体 $\boldsymbol{Q}$，実数全体 $\boldsymbol{R}$，複素数全体 $\boldsymbol{C}$ は（可換）体である．

　非可換体の最も簡単なものとして，**ハミルトン（Hamilton）の 4 元数体 $\boldsymbol{H}$** がある．これは複素数を拡張して，

$$a + bi + cj + dk \qquad (a, b, c, d \in \boldsymbol{R})$$

という形の元を考え，加法は $\boldsymbol{R}$ 上の（$1, i, j, k$ を基底とする）4 次元ベクトル空間としてのものを考え，乗法は，

$$i^2 = j^2 = k^2 = -1$$

$$jk = -kj = i, \quad ki = -ik = j, \quad ij = -ji = k$$

という規則で定義したものである．

**問 6.3**　$\boldsymbol{H}$ は非可換体になることを確かめよ．

　環 $R$ の元 $x$ が**左零因子**であるとは，

$$xy = 0$$

となる $y \neq 0$ が存在するときをいう（$R \neq \{0\}$ と仮定）．**右零因子**も乗法を逆にして同様に定義される．可換環においては，当然のことながら左右の区別はない．可換環 $R \neq \{0\}$ が 0 以外の零因子をもたないとき，$R$ を**整域**という．

**問 6.4**　$\boldsymbol{Z}$ や体は整域である．

**問 6.5**　$R$ が整域ならば，$R$ 上の多項式環もまた整域である．

**問 6.6**　整域 $R$ 上の多項式の次数について，

$$\deg(p(X) + q(X)) \le \operatorname{Max}(\deg p(X), \deg q(X))$$
$$\deg(p(X)q(X)) = \deg p(X) + \deg q(X)$$

となる. ただし, $\deg 0 = -\infty$, $-\infty < n \in \boldsymbol{Z}$, $n + (-\infty) = -\infty$, $(-\infty) + (-\infty)$ $= -\infty$ 等と約束する.

　群における部分群の類似として, 環においては部分環が次のように定義される. 環 $R$ の部分集合 $S$ が加法に関して部分群であり, 乗法の単位元 1 を含み, 乗法に関して閉じている ($x, y \in S \Longrightarrow xy \in S$) とき, $S$ を $R$ の**部分環**という. このとき, $S$ は $R$ の加法, 乗法に関して再び環になる.

　しかし, 群における正規部分群の役割を果すものとしては, 演算の複合性を考慮して, さらに独自の働きをするイデアルを考えなければならない.

# §7.　環準同型とイデアル

　2つの環 $R$ と $R'$ の間の写像 $f : R \longrightarrow R'$ が,

(1) 　　　$f(x + y) = f(x) + f(y)$,

(2) 　　　$f(xy) = f(x)f(y)$ 　　　($x, y \in R$),

(3) 　　　$f(1) = 1'$ 　　　($1 \in R$, $1' \in R'$ は乗法単位元)

をみたすとき, $f$ を (**環**) **準同型** (**写像**) という. 群の場合と同様に, $f$ が全単射のとき $f$ を (**環**) **同型**といい, 2つの環 $R$ と $R'$ との間に環同型写像があるとき, $R$ と $R'$ とは**同型**といい,

$$R \simeq R'$$

とかく.

　定義 (1), (2) は自然であろうが, 議論を円滑にすすめるため, 通常 (3) も仮定する. 群においては $f(0) = 0'$ が (1) から自動的に従うが, (3) は (1), (2) からは従わないことに注意しておく.

　例えば, 任意の環 $R$ と, 自然数 $n \in \boldsymbol{N}$ に対して,

$$n1 := 1 + 1 + \cdots + 1 \qquad (n \text{ 個, } 01 := 0)$$

と定め, 有理整数環 $\mathbf{Z}$ からの写像

$$\mathbf{Z} \ni n \longmapsto (\operatorname{sgn} n) |n| 1 =: n1 \in R$$

を考えると, これは $\mathbf{Z}$ から $R$ への環準同型である ($\operatorname{sgn} n$ は $n$ の符号).

さて, 環準同型 $f : R \longrightarrow R'$ が与えられたとき, その加法群準同型としての核

$$\operatorname{Ker} f := \{x \in R \mid f(x) = 0\}$$

は, 当然 $R$ の部分加法群であるが, さらに次の性質をもつ:

$$a \in R, \ x \in \operatorname{Ker} f \implies xa, \ ax \in \operatorname{Ker} f.$$

実際, $f(xa) = f(x)f(a) = 0f(a) = 0$ であり, $ax$ についても同様である. この性質をとり出して, 次のようにイデアルを定義する.

環 $R$ の部分集合 $I \subset R$ が, 次の 2 つの条件

(1) $\qquad\qquad x, y \in I \implies x + y \in I,$

(2) $\qquad\qquad x \in I, \ a \in R \implies ax \in I$

をみたすとき, $I$ を $R$ の**左イデアル**という. (2) の代りに (1) と

(2)′ $\qquad\qquad x \in I, \ a \in R \implies xa \in I$

をみたすときには, $I$ を $R$ の**右イデアル**という. 左かつ右イデアルになるとき**両側イデアル**という.

すでに見たように, 環準同型の核は両側イデアルになる. また, (1), (2) の条件から, $x \in I$ ならば, $(-1) \in R$ ゆえ, (2) によって $(-1)x = -x$ (問 6.1), したがって, $-x \in I$ となり, 左イデアル $I$ は $R$ の部分加法群である (右イデアルも同様).

**例 7.1** 有理整数環 $\mathbf{Z}$ の部分加法群 $n\mathbf{Z} := \{nm \mid m \in \mathbf{Z}\}$ は $\mathbf{Z}$ のイデアルである.

**例 7.2** 全行列環 $M_n(R)$ において, 第 $i$ 列目以外の成分は 0 になる行列から成る部分集合

$$I_i := \left\{ \begin{pmatrix} & \overset{\overset{i}{\smile}}{*} & \\ 0 & \vdots & 0 \\ & * & \end{pmatrix} \in M_n(R) \right\}$$

は，$M_n(R)$ の左イデアルである.

**問7.1**　例7.2において，第 $i$ 行目以外の成分は $0$ になる行列から成る部分集合はどうなるか？

**問7.2**　$I, J$ を環 $R$ の左（右，両側）イデアルとする．このとき

(i)　$I \cap J$ および $I + J := \{x + y \mid x \in I,\ y \in J\}$ もまた $R$ の左（右，両側）イデアルである.

(ii)　$IJ := \left\{ \sum_{\text{有限和}} x_i y_i \,\middle|\, x_i \in I,\ y_i \in J \right\}$ もまた $R$ の左（右，両側）イデアルになり，$IJ \subset J$（$IJ \subset I$, $IJ \subset I \cap J$）.

環 $R$ の左（右）イデアル $I$ について
$$I = R \iff 1 \in I$$
である．実際，$1 \in I$ ならば，任意の $a \in R$ に対して $a = a1 (= 1a) \in I$ だから．このことから，$R$ 自身（両側イデアル）を $R$ の**単位イデアル**という．単位イデアルと零イデアル $0 = \{0\}$ とを $R$ の**自明なイデアル**という.

**命題7.1**　環 $R$ が可除環（体）であるためには，$1 \neq 0$ であり，かつ $R$ が自明でない左イデアルをもたないことが必要十分である.

[証明]　$R$ を可除環とする，すなわち $R^\times = R \setminus \{0\} \neq \varnothing$．$I$ を $R$ の $0$ でない左イデアルとすると，$I \cap R^\times \neq \varnothing$，したがって $a \in I \cap R^\times$ とすると，$a^{-1} \in R$ ゆえ，$1 = a^{-1}a \in I$．ゆえに，$I = R$.

逆に，環 $R$ が自明でない左イデアルをもたないとする．このとき，$x \in R \setminus \{0\}$ とすると，左イデアル $Rx := \{ax \mid a \in R\}$ は $0$ でないから $R$ に一致する．すなわち，$Rx = R$．したがって，$yx = 1$ となる $y \in R$ が存在する．$1 \neq 0$ ゆえ，$y \neq 0$．したがって，再び同じ論法により，$z \in R$ で，$zy = 1$ なるものが存在する．このとき，

$$z = z1 = z(yx) = (zy)x = 1x = x.$$

ゆえに，$yx = xy = 1$ となり，$x \in R^{\times}$. よって，$R^{\times} = R \setminus \{0\}$ がいえ，$R$ は可除環になる.　□

環 $R$ の部分集合 $S$ に対して，

$$RS := \left\{ \sum_{有限和} a_i x_i \,\middle|\, a_i \in R, \ x_i \in S \right\}$$

は明らかに $S$ を含む最小の左イデアルになる．この $RS$ を **$S$ が生成する左イデアル**といい，$S$ を左イデアル $RS$ の**生成系**，$S$ の元を**生成元**という．同様に，$S$ が生成する右イデアル $SR$，両側イデアル $RSR$ も定義される.

$S$ が有限集合 $S = \{x_1, x_2, \cdots, x_n\}$ のときは，

$$RS = \sum_{i=1}^{n} Rx_i = Rx_1 + Rx_2 + \cdots + Rx_n$$

ともかき，さらに $R$ が可換のときは $RS = SR = RSR$ を $(x_1, x_2, \cdots, x_n)$ とかくことも多い．また，唯一つの元で生成されるイデアルを**単項イデアル**という.

## 単項イデアル環

さて，有理整数環 $\boldsymbol{Z}$ の勝手なイデアル $I$ を考えよう．$I \neq 0$ とすると，$I$ は $0$ でない整数 $n$ を含み，部分加法群であることから，$-n$ も含む．したがって，$I$ は必ず正の整数を含む．$I \neq 0$ が含む最小の正の整数を $n_0$ とする．このとき，

$$I = \boldsymbol{Z} n_0 = (n_0)$$

すなわち，$I$ は $n_0$ で生成される単項イデアルになる．実際，巡回群のところで使った論法と同じであるが，$m \in I$ に対して，$m = q n_0 + r \ (0 \leq r < n_0)$ とすると，$r = m - q n_0 \in I$．よって，$n_0$ の最小性から $r = 0$，すなわち $m = q n_0 \in \boldsymbol{Z} n_0$.

このように，任意のイデアルが単項になる可換環 $R$ を**単項イデアル環**という．$R$ がさらに整域ならば，**単項イデアル整域**という．単項イデアル環は，特殊ではあるが，最も基本的で，取り扱い易い環の例である.

$\boldsymbol{Z}$ が単項イデアル整域であることの証明に用いた，剰余の法則が成立する整

域を一般に**ユークリッド**（Euclid）**整域**という．すなわち，整域 $R$ が次の性質をもつ整列集合 $(N, <)$ への関数

$$| \cdot | : R \longrightarrow N$$

を備えているものをいう．

(i)　$x \neq 0$ ならば，$|x| > |0|$.

(ii)　$x \neq 0$ ならば，任意の $y \in R$ に対して，

$$y = qx + r, \quad |r| < |x|$$

をみたす $q, r \in R$ が存在する．

**例 7.3**　$\boldsymbol{Z}$ は通常の絶対値 $|\cdot|$（$N = \boldsymbol{N}$）によりユークリッド整域である．

**例 7.4**　体 $K$ 上の 1 変数多項式整域 $K[X]$ は次数 deg（$N = \boldsymbol{N} \cup \{-\infty\}$, $\deg 0 = -\infty$）によりユークリッド整域である．実際，$p(X) \neq 0$ と，$h(X) \in K[X]$ に対して，$\deg h(X) < \deg p(X)$ ならば，

$$h(X) = 0p(X) + h(X)$$

となり，条件をみたす．$m = \deg h(X) \geq \deg p(X) = n$ のとき，適当な $c \in K$ を選べば，

$$\deg(h(X) - cX^{m-n}p(X)) < m$$

とできる．この操作を繰り返せば，

$$\deg r(X) < n, \qquad r(X) = h(X) - q(X)p(X)$$

となる $q(X) \in K[X]$ を得ることができ，条件をみたす．

$\boldsymbol{Z}$ のときとほとんど同様の論法で，次の命題を得る．

**命題 7.2**　ユークリッド整域は単項イデアル整域である．

**[証明]**　$R$ をユークリッド整域とし，イデアル $I \neq 0$ をとる．このとき，整列集合の定義から，

$$\emptyset \neq \{|x| \in N \mid 0 \neq x \in I\} \subset N$$

には最小元 $|x_0|$（$0 \neq x_0 \in I$）が存在する．このとき，任意の $x \in I$ に対して，剰余の法則 (ii) から，

$$x = dx_0 + r, \quad |r| < |x_0|$$

となる $d, r \in R$ が存在する. ところが, $r = x - dx_0 \in I$ と $|x_0|$ の最小性から, $r = 0$ でなければならない. すなわち, $x = dx_0 \in Rx_0$. ゆえに $I = Rx_0$.　□

単項イデアル整域であるがユークリッド整域にはならないものもある.

古典整数論から, 次の記号を援用する. 環 $R$ のイデアル $I$ が与えられたとき, 元 $x, y \in R$ について,

$$x \equiv y \mod I \iff x - y \in I.$$

さらに, $R$ が可換で, 単項イデアル $Ra$ について, $x \equiv y \mod Ra$ のとき,

$$x \equiv y \mod a$$

とかくこともある. さらにこの場合, 整除の記号 $|$ を

$$a \,|\, x \iff x \equiv 0 \mod a \iff x \in Ra$$

の意味で使うこともある. 勿論, $\not\equiv, \nmid$ などは $\equiv, |$ の否定を意味する.

**問 7.3** 整数 $m, n$ について次を示せ.

(i)
$$n \,|\, m \iff (m) \subset (n),$$
$$(m) = (n) \iff m = \pm n.$$

(ii) $(m) + (n) = (d)$, $(m) \cap (n) = (l)$ とすると, $d, l$ はそれぞれ $m, n$ の最大公約数, 最小公倍数である.


# §8.　剰余環と環準同型定理

正規部分群に対して, 剰余群が構成されたように, 環の両側イデアルに対して, 剰余環が構成される.

環 $R$ の両側イデアル $I$ が1つ与えられているとする. $I$ は加法群としての $R$ の部分群であるから剰余加法群 $R/I$ が考えられる. すなわち, 剰余類を加法的に

$$\bar{x} := x + I \qquad (x \in R)$$

とかくとき, $R/I := \{\bar{x} = x + I \mid x \in R\}$ は, 演算

$$\bar{x} + \bar{y} := \overline{x + y} \qquad (\bar{x}, \bar{y} \in R/I)$$

によって, 再び加法群になる. さらに, $I$ が両側イデアルであることから, 乗法を

$(*)$ $\qquad\qquad\qquad\qquad \bar{x}\bar{y} := \overline{xy}$

で定義することができ, この加法, 乗法によって $R/I$ は再び環になることを示そう.

今回も, 最も大切なことは, $(*)$ がうまく定義されているということである. すなわち, $x_1, x_2, y_1, y_2 \in R$ に対して, $\bar{x}_1 = \bar{x}_2$, $\bar{y}_1 = \bar{y}_2$ ならば

$$\overline{x_1 y_1} = \overline{x_2 y_2}$$

を示さねばならない. そこで, $\bar{x}_1 = \bar{x}_2$ とすると, $x_1 - x_2 \in I$ だから, $a = x_1 - x_2 \in I$. 同様に, $\bar{y}_1 = \bar{y}_2$ から, $b = y_1 - y_2 \in I$. したがって, 展開式

$$x_1 y_1 = (x_2 + a)(y_2 + b) = x_2 y_2 + a y_2 + x_2 b + ab$$

において, $a y_2, x_2 b, ab \in I$. よって $x_1 y_1 - x_2 y_2 \in I$ となり $\overline{x_1 y_1} = \overline{x_2 y_2}$ がいえた. ゆえに, 定義式 $(*)$ は $R/I$ の中で意味をもつ. あと, この乗法に対して, 分配法則が成立することは, $R$ の分配法則から自動的に従う.

このようにして得られた新しい環 $R/I$ を, $R$ の両側イデアル $I$ による**剰余環**という. $R/I$ の $0$ 元は $\bar{0} = I$, 乗法に関する単位元は $\bar{1} = 1 + I$ である.

**注意** $I$ が単に片側イデアル, 例えば, 左イデアルでしかないとき, 乗法 $(*)$ は意味をもたない. しかし, 加法群 $R/I$ には左から, 環 $R$ が自然に作用して, 左 $R$ 加群とよばれる構造をもつ (後述).

環 $R$ から剰余環 $R/I$ への自然な射影

$$p : R \longrightarrow R/I \qquad (p(x) = \bar{x} = x + I)$$

は環準同型になっている. これは, 定義から明らかであろう. 群の準同型定理の類似として, 次の定理が成立する.

**定理 8.1** (環準同型定理) $f : R \longrightarrow R'$ を環準同型とすると, $\mathrm{Im}\, f$ は $R'$ の部分環で, 両側イデアル $\mathrm{Ker}\, f$ に関する $R$ の剰余環 $R/\mathrm{Ker}\, f$ に対して, 自

然な同型

$$\bar{f} : R/\mathrm{Ker}\, f \simeq \mathrm{Im}\, f \qquad (\bar{f}(\bar{x}) = f(x))$$

が成り立つ.

[証明]　写像 $\bar{f}$ が意味をもち，加法群の同型を与えていることは群準同型定理 5.1 で保証されている．よって，あと

$$\bar{f}(\bar{x}\bar{y}) = f(x)f(y), \qquad \bar{f}(\bar{1}) = 1' \qquad (x, y \in R)$$

を検証すればよい．剰余環の乗法の定義（＊）から，$\bar{x}\bar{y} = \overline{xy}$ だから，

$$\bar{f}(\bar{x}\bar{y}) = \bar{f}(\overline{xy}) = f(x)f(y).$$

$\bar{f}(\bar{1}) = 1'$ も $f(1) = 1'$ から明らか.　□

**系 8.1**　(i)　$R'$ を $R$ の部分環，$I$ を $R$ の両側イデアルとすると，$R' + I :=$ $\{x + a \mid x \in R', \ a \in I\}$ は $I$ を含む $R$ の部分環で，自然な同型

$$R'/R' \cap I \simeq (R' + I)/I$$

が成り立つ.

(ii)　$f : R \longrightarrow R'$ を環準同型とし，$I'$ を $R'$ の両側イデアルとする．このとき，自然な同型

$$R/f^{-1}(I') \simeq \mathrm{Im}\, f/(\mathrm{Im}\, f) \cap I'$$

が成り立つ.

[証明]　(i)　$R' + I$ が乗法的に閉じていることは，

$$(x + a)(y + b) = xy + ay + xb + ab \qquad (x, y \in R', \ a, b \in I)$$

において，$ay + xb + ab \in I$ だからよい．群の場合と同様に，自然な準同型

$$\varphi : R' \longrightarrow (R' + I)/I \qquad (\varphi(x) = \bar{x})$$

を考えると，$\varphi$ は全準同型で，$\mathrm{Ker}\, \varphi = R' \cap I$ だから，定理 8.1 から主張が従う.

(ii)　自然な射影 $p : R' \longrightarrow R'/I'$ と $f$ の合成

$$p \circ f : R \longrightarrow R'/I'$$

を考える．このとき，

$$\mathrm{Ker}\, p \circ f = f^{-1}(I'),$$
$$\mathrm{Im}\, p \circ f = (\mathrm{Im}\, f + I')/I' \subset R'/I'.$$

(i) から，$(\mathrm{Im}\, f + I')/I' \simeq \mathrm{Im}\, f/(\mathrm{Im}\, f) \cap I'$ ゆえ，定理 8.1 から

$$R/f^{-1}(I') = R/\mathrm{Ker}\, p \circ f \simeq \mathrm{Im}\, p \circ f \simeq \mathrm{Im}\, f/(\mathrm{Im}\, f) \cap I'. \qquad \square$$

**例 8.1** $\boldsymbol{Z}$ から任意の環 $R$ への環準同型 $f(n) = n1$ $(n \in \boldsymbol{Z})$ に対して，$\mathrm{Ker}\, f \subset \boldsymbol{Z}$ は単項イデアルだから，唯一つ自然数 $n \in \boldsymbol{N}$ が定まって $\mathrm{Ker}\, f = \boldsymbol{Z}n$ となる．したがって，定理 8.1 から，$R$ は部分環 $\boldsymbol{Z}/\mathrm{Ker}\, f = \boldsymbol{Z}/\boldsymbol{Z}n$ を含む．この $n$ を環 $R$ の**標数**という．整域の標数は下の例からわかるように，0 か素数である．

**例 8.2** 自然数 $n \in \boldsymbol{N}$ について，
$$\boldsymbol{Z}/\boldsymbol{Z}n \text{ が整域} \iff n \text{ は 0 か素数}.$$
また，$p$ が素数ならば $\boldsymbol{Z}/\boldsymbol{Z}p$ は体である．

実際，$\boldsymbol{Z}/\boldsymbol{Z}n$ が整域ならば，0 以外の零因子をもたない．これは，$x, y \in \boldsymbol{Z}$ について，
$$xy \equiv 0, \ x \not\equiv 0 \mod n \implies y \equiv 0 \mod n$$
を意味する．これはまた，次と同値である．
$$n \mid xy, \ n \nmid x \implies n \mid y \qquad (x, y \in \boldsymbol{Z}).$$
したがって，$n \neq 0$ ならば，$n$ は素数でなければならない．

次に，$p$ が素数ならば，$\boldsymbol{Z}/\boldsymbol{Z}p$ は体になることを示そう．$\bar{x} \in \boldsymbol{Z}/\boldsymbol{Z}p$ について $\bar{x} \neq 0$ とは，$p \nmid x$ ということである．したがって，$p$ と $x$ の最大公約数は 1 で，問 7.3 (ii) から，$1 \in \boldsymbol{Z}p + \boldsymbol{Z}x$，すなわち，$ap + bx = 1$ なる $a, b \in \boldsymbol{Z}$ が存在する．これは，合同式
$$bx \equiv 1 \mod p$$
を意味し，$\bar{b}\bar{x} = \bar{1}$ が $\boldsymbol{Z}/\boldsymbol{Z}p$ で成り立つ．よって，$\bar{x}$ は逆元 $\bar{b}$ をもち，$\boldsymbol{Z}/\boldsymbol{Z}p$ は体である．

**問 8.1** 剰余環 $\boldsymbol{Z}/\boldsymbol{Z}n$ の乗法についての単元群 $(\boldsymbol{Z}/\boldsymbol{Z}n)^{\times}$ の位数を $\varphi(n)$ とかき，**オイラー**（Euler）**関数**という．$m \in \boldsymbol{Z}$ が代表する剰余類 $\bar{m} := m + \boldsymbol{Z}n \in \boldsymbol{Z}/\boldsymbol{Z}n$ が単元であるためには，$m$ と $n$ が互いに素であることが必要十分であることを示せ（このとき $\bar{m}$ を mod $n$ の**既約剰余類**という）．したがって，$m$ と $n$ が互いに素ならば，
$$m^{\varphi(n)} \equiv 1 \mod n$$

が成り立つ.

## $A$ 代 数

2つの環 $A, R$ の間に環準同型

$$f: A \longrightarrow R$$

が与えられ, それを固定して考えるとき, 特に, $R$ を $A$ 上の (結合的) 代数 (または単に, $A$ 代数) といい, $f$ をその構造射という. 通常は, $A$ が可換環で, $f(A)$ の元がすべての $R$ の元と可換である場合を考えることが多い. (この場合, $A$ 上の多元環ともいう.) $A$ を $R$ の係数環という.

任意の環は $\boldsymbol{Z}$ 上の代数であり, 可換環 $A$ 上の多項式環 $A[X_1, X_2, \cdots, X_n]$ は $A$ 上の可換代数である.

$R$ が $A$ 代数ならば, $R$ は環 $A/\operatorname{Ker} f \simeq \operatorname{Im} f$ を部分環として含んでいる. $R$ の部分集合 $S$ について, $\operatorname{Im} f$ と $S$ を含む $R$ の最小の部分環のことを, $S$ が生成する $R$ の $A$ 部分代数といい, $A[S]$ とかく. $S = \{x_1, x_2, \cdots\}$ のとき, $A[S] = A[x_1, x_2, \cdots]$ 等ともかく. $A[S] = R$ のとき, $S$ を $A$ 代数 $R$ の生成系といい, その元を生成元という. $A$ 代数 $R$ の生成系として有限集合がとれるとき, $A$ 代数 $R$ は $A$ 上有限生成という.

**例 8.3** $n$ 変数多項式環 $R = A[X_1, X_2, \cdots, X_n]$ において, 不定元 $X_1, X_2, \cdots, X_n$ は $A$ 代数 $R$ の生成元である. 特に, $R$ は $A$ 上有限生成な代数である.

2つの $A$ 代数 $R, R'$ に対して, 環準同型 $\varphi: R \longrightarrow R'$ が $A$ 準同型であるとは, それぞれの構造射 $f, f'$ に対して, $f' = \varphi \circ f$ が成り立つときをいう. $\varphi$ が同型ならば $A$ 同型という. また, 構造射 $f: A \longrightarrow R$ によって $A$ の元 $a$ を $R$ の元と思って, $f(a) = a$ とかくことがある.

**命題 8.1** 可換環 $A$ 上の有限生成な可換代数 $R$ は, 適当な多項式環 $A[X_1, X_2, \cdots, X_n]$ とそのイデアル $I$ をとれば, 剰余環 $A[X_1, X_2, \cdots, X_n]/I$ に $A$ 同型で

ある.

[証明]　$A$ 代数 $R$ の有限個の生成元を $x_1, x_2, \cdots, x_n$ とする. $R$ は可換環であるから, 写像

$$\varphi : A[X_1, X_2, \cdots, X_n] \longrightarrow R$$

を

$$\varphi\left(\sum_{i_1, i_2, \cdots, i_n} a_{i_1 i_2 \cdots i_n} X_1{}^{i_1} X_2{}^{i_2} \cdots X_n{}^{i_n}\right) = \sum_{i_1, i_2, \cdots, i_n} a_{i_1 i_2 \cdots i_n} x_1{}^{i_1} x_2{}^{i_2} \cdots x_n{}^{i_n}$$

($f(a) = a \in R$ $(a \in A)$ と同一視) と定義すると, $\varphi$ は $A$ 準同型で, $R = A[x_1, x_2, \cdots, x_n]$ だから, さらに全射である. したがって, $I = \mathrm{Ker}\,\varphi$ とおくと, 定理 8.1 から命題の主張が導かれる. □

命題 8.1 によって, 可換代数において, 多項式環がもつ普遍性が理解されるであろう. もっと一般に, 有限生成という条件を落しても, 無限個の不定元をもつ多項式環を考えれば, 同じことが成り立つ. すなわち, 集合 $I$ と, 可換環 $A$ に対し, 形式

$$\sum_{i_1, i_2, \cdots, i_k \in I} a_{n_{i_1} n_{i_2} \cdots n_{i_k}} X_{i_1}{}^{n_{i_1}} X_{i_2}{}^{n_{i_2}} \cdots X_{i_k}{}^{n_{i_k}}$$

を考える. ここに, $a_{n_{i_1} n_{i_2} \cdots n_{i_k}} \in A$, $n_{i_j} \in \mathbf{N}$, 和は有限和で, 多項式としての同一視, すなわち, $X_i X_j = X_j X_i$ $(i, j \in I)$, $0 X_{i_1}{}^{n_{i_1}} X_{i_2}{}^{n_{i_2}} \cdots X_{i_k}{}^{n_{i_k}} = 0$ 等を行う. このような, 不定元を $\{X_i\}_{i \in I}$ から選んだ多項式全体は $A$ 上の可換環をなし, これを $A[X_i]_{i \in I}$ とかき, やはり (一般に無限変数の) $A$ 上の多項式環という. このとき, 命題 8.1 の拡張は次のようになる.

**問 8.2**　可換環 $A$ 上の可換代数 $R$ は, 適当な多項式環 $A[X_i]_{i \in I}$ とそのイデアル $J$ をとれば, 剰余環 $A[X_i]_{i \in I}/J$ に $A$ 同型である.

# §9.　可換環のイデアル

次章のための準備と, イデアルに慣れ親しむため, 可換環の場合初歩的な議

論を行う.

まず, 素数の概念をイデアル論的に拡張した素イデアルを考えよう. 可換環 $R$ のイデアル $P$ が **素イデアル** であるとは, $P \neq R$ $(\Longleftrightarrow 1 \notin P)$ であって,

$$xy \in P \implies x \in P \quad \text{または} \quad y \in P$$

が成り立つときをいう. 特に, $P$ が単項イデアル $Rp$ のとき, これは, $p \notin R^{\times}$ で,

$$p \mid xy \implies p \mid x \quad \text{または} \quad p \mid y$$

を意味し, 有理整数環 $\mathbf{Z}$ において, $p$ が素数のとき, $\mathbf{Z}p$ は素イデアルである.

例 8.2 を一般化して, 次が成り立つ.

**命題 9.1** 可換環 $R$ において, $P$ が素イデアルであるためには, 剰余環 $R/P$ が整域であることが必要十分である.

[証明] $P$ を素イデアルとする. $x \in R$ の剰余類を $\bar{x} = x + P \in R/P$ とおく. このとき, $\bar{x}, \bar{y} \in R/P (\neq 0)$ に対して, $\bar{x}\bar{y} = 0$ ならば, $\overline{xy} = \bar{x}\bar{y} = 0$, すなわち $xy \in P$. したがって, $x \in P$ または $y \in P$, すなわち, $\bar{x} = 0$ または $\bar{y} = 0$. ゆえに $R/P$ は整域である.

逆に, イデアル $P$ に対して $R/P$ が整域とすると, $R \neq P$ で, $xy \in P \Longrightarrow \bar{x}\bar{y} = \overline{xy} = 0 \Longrightarrow \bar{x} = 0$ または $\bar{y} = 0 \Longrightarrow x \in P$ または $y \in P$. よって, $P$ は素イデアルである. □

単位イデアルでないイデアルのうち, 包含関係で極大なものを **極大イデアル** という. 次の定理は, また素イデアルの存在をも保証している.

**定理 9.1** 0 でない可換環 $R$ において,

(i) $M$ が極大イデアル $\Longleftrightarrow$ $R/M$ が体.

(ii) 極大イデアルは素イデアルである.

(iii) イデアル $I \neq R$ に対して, $I$ を含む極大イデアルが存在する.

[証明] (i) 命題 7.1 より, $R/M$ が体であることと, $R/M$ が自明でないイデアルをもたないことは同値である. ところが, 自然な射影 $\pi : R \longrightarrow R/M$ によって,

$\{R/M$ のイデアル$\} \ni \bar{I} \longmapsto \pi^{-1}(\bar{I}) = I \in \{M$ を含む $R$ のイデアル$\}$ は全単射である
から, $R/M$ が自明でないイデアルをもたぬことと, $M$ が $R$ の極大イデアルであるこ
とは同値である.

(ii) 命題 9.1 と (i) から明らかである.

(iii) ツォルンの補題 ("記号と言葉づかい") を用いる. まず, 集合族

$$\mathcal{J} := \{J \subsetneq R \mid J \text{ は } I \text{ を含むイデアル}\}$$

を考え, 包含関係 $\subset$ を順序 $\leq$ とみなして $\mathcal{J}$ を順序集合と思う. このとき, $\mathcal{J}$ が帰納
的順序集合であることをいえば, ツォルンの補題によって $\mathcal{J}$ には極大元が存在するこ
とが保証され, $\mathcal{J}$ の極大元はすなわち $I$ を含む極大イデアルであるから主張が示され
る. そこで, $\mathcal{J}$ が帰納的であることを示そう. これは, $\mathcal{J}$ の増大列

$(*)$ $\qquad \{J_\alpha\}_{\alpha \in A}$ $\qquad (J_\alpha \subset J_\beta$ または $J_\beta \subset J_\alpha$ $(\alpha, \beta \in A))$

が上界をもつことを意味する. $J_\infty := \bigcup_{\alpha \in A} J_\alpha$ とおくと容易に $J_\infty$ はイデアルであること
が確かめられ, $J_\infty \supset I$. もし, $1 \in J_\infty$ とするとある $\alpha$ について $1 \in J_\alpha$ となるから,
$J_\alpha \in \mathcal{J}$ に矛盾する. したがって, $J_\infty \in \mathcal{J}$, すなわち, $J_\infty$ は増大列 $(*)$ の上界を与え
る. よって順序集合 $\mathcal{J}$ は帰納的であることが示され, 定理の主張がいえた. □

例 8.2 により, $\mathbf{Z}$ の極大イデアルは $\mathbf{Z}p$ ($p$ : 素数) であり, 素イデアルはこ
の他に $0$ のみである. この状況は一般に単項イデアル整域でも成立する.

**命題 9.2** 単項イデアル整域 $R$ の $0$ でない素イデアルは極大イデアルであ
る.

[証明] $Rp \neq 0$ を $R$ の素イデアルとする. いま, $Rp \subsetneq Ra$ なるイデアルをとる.
このとき, $p = ab$ なる $b \in R$ があり, $Rp$ が素イデアルだから, $ab \in Rp$ より, $a \in$
$Rp$ または $b \in Rp$ が成り立つ. ところが $Rp \neq Ra$ ゆえ, $a \notin Rp$. したがって, $b \in$
$Rp$, すなわち, $b = cp$ なる $c \in R$ が存在する. $p = ab$ に代入すれば, $p = acp$. $p \neq$
$0$ で, $R$ は整域だから, $ac = 1$, すなわち, $a \in R^\times$. ゆえに $Ra = R$ となり, $Rp$ は極
大イデアルであることが示された. □

## 素元分解整域

整数の素因数分解の概念を拡張しよう．整域 $R$ の元 $p \neq 0$ について，$Rp$ が素イデアルのとき，$p$ を**素元**という．

一方，$R$ の単元でない元 $a \neq 0$ について，$a = bc$ $(b, c \in R)$ ならば，必ず $b$ または $c$ が単元（$\in R^\times$）になるとき $a$ を**既約元**という．有理整数環 $\mathbf{Z}$ の場合，どちらの概念も同値であるが，一般の整域ではそうではない．すなわち，次の命題の逆は成り立たない．

**命題 9.3**　整域において，素元は既約元である．

［**証明**］　$p$ を整域 $R$ の素元とし，$p = ab$ とする．$p$ が素元であるから，$p \mid ab$ は，$p \mid a$ または $p \mid b$ を導く．いま $p \mid a$ とすると $a = cp$ $(c \in R)$．ゆえに，$p = pcb$．$p \neq 0$ だから $cb = 1$，すなわち $b \in R^\times$．よって $p$ は既約元である．　□

整域 $R$ において，$0$ でない任意の元が，単元でなければ，素元の積にかけるとき $R$ を**素元分解整域**（または**一意分解整域**）という．

**命題 9.4**　（素元分解の一意性）　整域 $R$ において，$1$ つの元の素元分解は一意的である．すなわち，

$$p_1 p_2 \cdots p_r = q_1 q_2 \cdots q_s \qquad (p_i, q_j \text{ は素元})$$

とすると，$r = s$ で，番号をつけ替えることにより，単元倍を除いて $p_i = q_i$ となる．

［**証明**］　仮定から，素元 $p_1$ について $q_1 q_2 \cdots q_s \in Rp_1$．このとき，ある $q_i$ について $q_i \in Rp_1$ となる．実際，$Rp_1$ は素イデアルであるから，$q_1 \notin Rp_1$ ならば $q_2 \cdots q_s \in Rp_1$，$q_2 \notin Rp_1$ ならば $q_3 \cdots q_s \in Rp_1$，$\cdots$ となり主張が従う．番号をつけ替えて，$q_1 \in Rp_1$ と仮定する．このとき，$q_1 = ap_1$ $(a \in R)$ とすると，命題 9.3 によって，$q_1$ は既約元で，$p_1 \notin R^\times$ だから $a \in R^\times$．すなわち，単元倍を除いて $q_1 = p_1$ がいえた．したがって，単元倍を除いて $p_2 \cdots p_r = q_2 \cdots q_s$ が導かれ，以下同様の論法で，$r = s$，$p_i = q_i$ が従う．　□

**問 9. 1** 素元分解整域においては，既約元は素元である．

命題 9.4 によって素元分解整域においては，単元でない $a \neq 0$ は素元（したがって既約元）の積に一意的に分解するが，逆もいえる．

**命題 9. 5** 整域 $R$ が素元分解整域であるためには，任意の単元でない元 $a \neq 0$ が，単元倍を除いて一意的に既約元の積にかけることが必要十分である．

[証明] 必要であることはすでに示した．十分であることをいうには，条件をみたせば，既約元が素元になることを示せばよい．

$0 \neq a \notin R^{\times}$ を $R$ の既約元とし，イデアル $Ra$ を考える．$xy \in Ra$ とすると，$a \mid xy$. いま，$x = x_1 x_2 \cdots x_r$, $y = y_1 y_2 \cdots y_s$ をそれぞれ $x, y$ の既約元 $x_i, y_j$ への分解とすると，$a \mid x_1 x_2 \cdots x_r y_1 y_2 \cdots y_s$. ところが既約元への分解の一意性から，既約元 $a$ はある $x_i$ または $y_j$ に単元倍を除いて等しくならねばならない．よって，例えば $a = x_i$ とすると，$x = x_1 x_2 \cdots \overset{i}{a} \cdots x_r \in Ra$ となり，これは，$Ra$ が素イデアル，すなわち，$a$ が素元であることを意味している． □

**定理 9. 2** 単項イデアル整域は素元分解整域である．

[証明] $a \neq 0$ を $R$ の単元でない元とする．すなわち，$0 \neq Ra \neq R$. 定理 9.1 (iii) から，$Ra$ を含む極大イデアル $Rp_1 \supset Ra$ がとれる．このとき，定理 9.1 (ii) より，$p_1$ は素元である．したがって，$a = p_1 a_1$ とかいたとき，$a_1 \in R^{\times}$ ならば，定理は示されたことになる．

$a_1 \notin R^{\times}$ とすると，$p_1 \notin R^{\times}$ だから，$Ra \subsetneqq Ra_1 \subsetneqq R$. $Ra_1$ に前と同じ論法を適用することにより，$a = p_1 p_2 a_2$ となる素元 $p_2$ をみつけることが出来る．以下同様にして，素元 $p_1, p_2, \cdots, p_i$ を $a = p_1 p_2 \cdots p_i a_i$ ($a_i \in R$) ととったとき，$a_i \notin R^{\times}$ ならば，イデアルの増大列

$$Ra_1 \subsetneqq Ra_2 \subsetneqq \cdots \subsetneqq Ra_i \subsetneqq \cdots$$

がとれる．そこで，$I = \bigcup_{i=1}^{\infty} Ra_i$ を考えると，これは $R$ のイデアルである．$I = Rb$ とすると，ある $a_r$ に対して $b \in Ra_r$. したがって，

$$Ra_r = Ra_{r+1} = \cdots = Rb$$

が成り立つ. このことは, $a = p_1 p_2 \cdots p_r a_r$ において, $a_r \in R^\times$ でなければならないことを意味している. よって, $a$ は素元の積にかけた.  □

後で (§21) 示すように, 素元分解整域の他の重要な例として, 体上の多変数多項式環がある.

## 環の直積, 中国式剰余定理

環の族 $R_i$ ($i \in I$) が与えられたときに, 加法群としての直積群 $\prod_{i \in I} R_i$ に乗法を

$$(x_i)_{i \in I}(y_i)_{i \in I} := (x_i y_i)_{i \in I} \qquad (x_i, y_i \in R_i)$$

と定義することにより, $\prod_{i \in I} R_i$ は環になる. 乗法の単位元は $(1_i)_{i \in I}$ ($1_i$ は $R_i$ の単位元) である. この環 $\prod_{i \in I} R_i$ を**直積環**という. 直積群の場合と同様に, 射影

$$p_j : \prod_{i \in I} R_i \longrightarrow R_j \qquad (p_j((x_i)_{i \in I}) := x_j)$$

は環準同型である. また, $I$ が有限集合のとき, 直積環を

$$R_1 \times R_2 \times \cdots \times R_n$$

等とかく習慣も同じである.

さて, 単項イデアルにおいては,

$$Rx \subset Ry \iff y \mid x$$

であるから, 単項イデアル整域において, $Ra + Rb = Rd$ なる $d$ (単元倍を除いて定まる) は, $a$ と $b$ の**最大公約元**である. したがって, $Ra + Rb = R$ のとき, $a$ と $b$ は単元でない共通因子をもたない. このことを拡張して, 一般の可換環 $R$ において, 2つのイデアル $I, J$ が

$$I + J = R$$

をみたすとき, $I$ と $J$ は**互いに素である**という.

**定理9.3** $I_1, I_2, \cdots, I_n$ を可換環 $R$ のどの2つも互いに素なイデアルとする. このとき,

(i)　　　$\displaystyle\bigcap_{i=1}^{n} I_i = I_1 I_2 \cdots I_n.$

(ii)　　　$\displaystyle R/\bigcap_{i=1}^{n} I_i \simeq R/I_1 \times R/I_2 \times \cdots \times R/I_n.$

[証明]　$n$ に関する帰納法を用いる.

(i)　$n=2$ のとき, $I_1 I_2 \subset I_1 \cap I_2$ はいつでも成り立つから, $I_1 \cap I_2 \subset I_1 I_2$ を示せばよい. $I_1 + I_2 = R$ ゆえ, $1 = x_1 + x_2$ となる $x_i \in I_i$ が存在する. したがって, 任意の $a \in I_1 \cap I_2$ に対して, $a = ax_1 + ax_2$ とかけ, $ax_i \in I_1 I_2$ $(i = 1, 2)$ だから, $a \in I_1 I_2.$

$n > 2$ のとき, まず, $I_1$ と $I_2 \cdots I_n$ は互いに素であることを見よう. $I_1$ と $I_i$ $(i \geq 2)$ は互いに素だから, 各 $i \geq 2$ に対して, $x_1^{(i)} + x_i = 1$ となる $x_1^{(i)} \in I_1$, $x_i \in I_i$ が存在する. これらの積をとると,

$$x_1^{(2)} \cdots x_1^{(n)} + x_2 x_1^{(3)} \cdots x_1^{(n)} + \cdots + x_2 x_3 \cdots x_n = 1$$

となり, 最後の項 $x_2 x_3 \cdots x_n$ 以外の左辺の項は必ず $x_1^{(i)} \in I_1$ を含んでいるから $I_1$ に属する. したがって, それらの和を $z \in I_1$ とかけば, $z + x_2 x_3 \cdots x_n = 1$ となり, $I_1 + I_2 I_3 \cdots I_n = R$ が示される.

このことから, 帰納法と $n = 2$ の場合を用いて,

$$I_1 I_2 \cdots I_n = I_1 \cap (I_2 \cdots I_n) = \bigcap_{i=1}^{n} I_i$$

が導かれる.

(ii)　まず, $n = 2$ のとき, 準同型写像

$$f : R \longrightarrow R/I_1 \times R/I_2 \qquad (f(x) = (p_1(x), p_2(x)))$$

($p_i : R \longrightarrow R/I_i$ は自然な射影) を考えると, 定義から $\operatorname{Ker} f = I_1 \cap I_2.$ したがって, $f$ が全射であることを示せばよい.

$I_1$ と $I_2$ は互いに素だから, $1 = x_1 + x_2$ $(x_i \in I_i)$ とする. そこで, 任意の 2 元 $a, b \in R$ に対して, $c := bx_1 + ax_2$ とおくと,

$$c \equiv ax_2 = a(1 - x_1) \equiv a \qquad \operatorname{mod} I_1,$$
$$c \equiv bx_1 = b(1 - x_2) \equiv b \qquad \operatorname{mod} I_2$$

となり,

$$f(c) = (p_1(a), p_2(b)).$$

ゆえに, $f$ は全射である.

$n > 2$ のとき, (i) の証明から, $I_1$ と $I_2 \cdots I_n = \displaystyle\bigcap_{i=2}^{n} I_i$ は互いに素. したがって, $n = 2$

の場合から,

$$R/\bigcap_{i=1}^{n} I_i \simeq R/I_1 \times R/\bigcap_{i=2}^{n} I_i.$$

よって帰納法を用いれば, 主張が証明される.  □

**系 9.1**  $R$ が単項イデアル整域のとき,

$$a = p_1{}^{n_1} p_2{}^{n_2} \cdots p_r{}^{n_r} \qquad (Rp_i \neq Rp_j \ (i \neq j))$$

を素元分解とすると, 剰余環の直積環への分解

$$R/Ra \simeq R/Rp_1{}^{n_1} \times R/Rp_2{}^{n_2} \times \cdots \times R/Rp_r{}^{n_r}$$

が得られる.

[証明]  $p_i{}^{n_i}$ と $p_j{}^{n_j}$ は $i \neq j$ のとき互いに素だから, 定理 9.3 より明らか.  □

定理 9.3 は通常 Chinese remainder theorem (中国式剰余定理) とよばれている. 古代中国で, 暦の研究者が, $R = \boldsymbol{Z}$ の場合この事実を知っていたという.


## ネ タ ー 環

後ほどもっと一般的に詳しく論ずるが, 次章のためにネーター環について簡単に触れておく. 単項イデアル環の拡張として, 任意のイデアルが有限生成であるような可換環を (可換) **ネーター** (Noether) **環**という.

**命題 9.6**  可換環 $R$ について次は同値である.

(i)  $R$ はネーター環.

(ii)  $R$ のイデアルの増大列

$$I_1 \subset I_2 \subset \cdots \subset I_i \subset \cdots$$

は止まる. すなわち, ある $n$ があって,

$$I_n = I_{n+1} = \cdots.$$

(iii)  $R$ のイデアルから成る空でない集合族は, 包含関係に関して極大元をもつ.

[証明]  (i) $\Longrightarrow$ (ii). 列 $I_1 \subset I_2 \subset \cdots$ に対して, $I := \bigcup_{i=1}^{\infty} I_i$ とおくと, $I$ もまた $R$ の

イデアルである．したがって，$I$ は有限生成，$I = Rx_1 + Rx_2 + \cdots + Rx_r$．このとき，十分大きな $n$ に対して $x_i \in I_n$ $(1 \leq i \leq r)$ となる．$x_1, \cdots, x_r$ は $I$ の生成元であったから，$I \subset I_n$．これは $I_n = I_i$ $(i \geq n)$ を意味する．

(ii) $\Longrightarrow$ (iii)．$\mathcal{I}$ を $R$ のイデアルから成る空でない集合とする．$\mathcal{I}$ が極大元をもたないとすると，任意の $I_1 \in \mathcal{I}$ に対して，$I_1 \subsetneqq I_2 \in \mathcal{I}$ が存在する．以下同様にして，真の無限列

$$I_1 \subsetneqq I_2 \subsetneqq \cdots \subsetneqq I_i \subsetneqq \cdots$$

が $\mathcal{I}$ のなかにとれる．これは，(ii) の仮定に反する．

(iii) $\Longrightarrow$ (i)．$I$ を $R$ のイデアルとし，$\mathcal{I}$ を $I$ の有限部分集合が生成する $R$ のイデアル全体の集合とする．$0 \in \mathcal{I}$ ゆえ $\mathcal{I} \neq \emptyset$．条件から $\mathcal{I}$ は極大元 $I_0$ をもつ．もし $I_0 \neq I$ とすると，$x \in I \setminus I_0$ に対して，$I_0 \subsetneqq I_0 + Rx \in \mathcal{I}$ となり $I_0$ の極大性に反する．ゆえに $I_0 = I \in \mathcal{I}$．$\mathcal{I}$ の元は有限生成イデアルだから (i) がいえた．$\qquad \square$

**注意** 条件 (ii) は**昇鎖条件**，(iii) は**極大条件**とよばれる．(ii) と (iii) の同値性は，単に順序集合における命題である．

単項イデアル環は定義によってネーター環であるが，ネーター環の方がずっと一般的で，特に，ネーター環上の有限生成可換代数はまたネーター環である（ヒルベルト（Hilbert）の基底定理，§25)．

&#x223F;&#x223F;&#x223F;&#x223F;&#x223F;&#x223F;&#x223F;&#x223F;&#x223F;&#x223F;&#x223F;&#x223F; **イ デ ア ル** &#x223F;&#x223F;&#x223F;&#x223F;&#x223F;&#x223F;&#x223F;&#x223F;&#x223F;&#x223F;&#x223F;&#x223F;

イデアルという命名は，フェルマー（Fermat）の予想（大定理？）に取り組んだクンマー（Kummer）の"理想数"に因む．したがって，その発祥は，いわゆる代数的整数論であった．19 世紀中葉に出版されたディリクレ（Dirichlet）の"整数論講義"のデデキント（Dedekind）による"補遺"の中に，加群（module）の概念と合せて，ほぼ現在の形が見られる．

代数方程式

$$X^n + a_1 X^{n-1} + \cdots + a_n = 0 \qquad (a_i \in \boldsymbol{Q})$$

の根となる複素数を代数的といい，特に $a_i \in \boldsymbol{Z}$ $(1 \leq i \leq n)$ のとき代数的整

数という．例えば，$m \in \mathbf{Z}$ が平方因子をもたぬとき，2次体 $\mathbf{Q}(\sqrt{m}) := \{a + b\sqrt{m} \mid a, b \in \mathbf{Q}\}$ の代数的整数のなす部分環は，

$$\mathfrak{o}(m) := \{a + b\omega \mid a, b \in \mathbf{Z}\},$$

ただし，$\omega := (1 + \sqrt{m})/2 \ (m \equiv 1 \bmod 4)$，$\sqrt{m} \ (m \equiv 2, 3 \bmod 4)$，とかけることが知られている．$\mathfrak{o}(m)$ が単項イデアル整域ならば素元分解整域にもなっており，単数（＝単元）についての知識はさておいて，これらの代数的整数の乗法的構造の取り扱いに，あえてイデアルの必要性はない．ところが，例えば，$\mathfrak{o}(m)$ が単項イデアル整域になるような $m < 0$ は，$-m = 1, 2, 3, 7, 11, 19, 43, 67, 163$ のわずか 9 つしかないことが知られており（ガウス（Gauss）が予言し，1966 年になって初めてベイカー（Baker）とスターク（Stark）によって証明された），素元分解もそれ以外では成立しない．

　イデアルの発生の動機はこのあたりにあったわけで，事実，初めに述べたデデキントによる主要な定理は，有限次代数的整数環（$\mathfrak{o}(m)$ の一般化）においては，任意のイデアルが素イデアルの積に一意的に分解することを主張している．すなわち，数をイデアルにまで拡張して考えれば“素元”分解の一意性が成り立つというわけである．

　整数論に発生したイデアルの概念が，いまや，数学のいたる所に登場する諸々の環の理解に欠かせないものになっているのは歴史の妙である．

ᔟᔟᔟᔟᔟᔟᔟᔟᔟᔟᔟᔟᔟᔟᔟᔟᔟᔟᔟᔟᔟᔟᔟᔟᔟᔟᔟᔟᔟᔟᔟᔟᔟᔟᔟ

# 問　題

**1.** 複素数の乗法群 $\mathbf{C}^{\times}$ は，$\mathbf{C}^{\times} \ni z \longmapsto (|z|, z/|z|) \in \mathbf{R}_{+} \times \mathbf{T}$ によって，正の実数のなす乗法群 $\mathbf{R}_{+}$ と 1 次元トーラス $\mathbf{T} := \{z \in \mathbf{C}^{\times} \mid |z| = 1\}$ の直積群に同型である．

**2.** 次の群同型を示せ．
$$\mathbf{C}/\mathbf{Z}^2 \simeq \mathbf{T} \times \mathbf{T}, \quad \mathbf{C}^{\times}/\langle a \rangle \simeq \mathbf{C}/\mathbf{Z}^2 \quad (a \neq 1, 0 \text{ は実数}).$$

**3.** 半群 $S$ において，任意の元 $x$ について $ex = x$ をみたす $e$（**左単位元**）が存在し，

$x'x = e$ をみたす $x'$（**左逆元**）が存在するならば，$S$ は群である．

**4.** 群 $G$ の空でない有限部分集合 $H$ の任意の 2 元 $x, y \in H$ について $xy \in H$ が成り立てば，$H$ は $G$ の部分群である．

**5.** 群 $G$ の指数 2 の部分群は正規部分群である．

**6.** (i) 群 $G$ の 2 つの部分群 $H, K$ について $G = HK$ とする．このとき，任意の $x \in G$ に対して $xHx^{-1} = kHk^{-1}$ なる $k \in K$ が存在する．

(ii) $H$ が $G$ の真部分群ならば，$G \neq (xHx^{-1})H$ $(x \in G)$．

**7.** 群 $G$ が指数有限の真部分群をもてば，指数有限の真の正規部分群をもつ．

**8.** $n$ 次対称群 $S_n$ の部分群 $S_{n-1}$（$n$ 番目の文字を動かさない元から成る）は極大部分群である．

**9.** オイラー関数 $\varphi(n)$ について，次を示せ．

(i) $n = \sum\limits_{m|n} \varphi(m)$．

(ii) $n = p_1{}^{r_1} \cdots p_k{}^{r_k}$ を素因数分解 $(p_i \neq p_j \ (i \neq j))$ とすると，
$$\varphi(n) = \varphi(p_1{}^{r_1}) \cdots \varphi(p_k{}^{r_k}).$$

(iii) 素数 $p$ に対して $\quad \varphi(p^r) = p^{r-1}(p-1)$．

**10.** 可換環 $R$ の単位イデアルでないすべてのイデアルが素イデアルならば，$R$ は体である．

**11.** 有限整域は体である．

**12.** $K$ を無限体とすると，$K$ 上の多項式環 $K[X]$ について，写像 $K[X] \ni f(X) \longmapsto f \in M(K)$ は単射である．ただし，$M(K)$ は $K$ から $K$ 自身への写像全体のなす集合で，$f$ は $f(X)$ を多項式関数 $K \ni a \longmapsto f(a) \in K$ と見なしたものである．

**13.** $\mathbf{Z}[\sqrt{-1}] := \{m + n\sqrt{-1} \in \mathbf{C} \mid m, n \in \mathbf{Z}\}$ は $\mathbf{C}$ の部分環である（**ガウスの整数環**）．このとき，

(i) $\mathbf{Z}[\sqrt{-1}]^\times$ を求めよ．

(ii) $N(m + n\sqrt{-1}) := m^2 + n^2 \in \mathbf{N}$ とおくと，$N$ によって $\mathbf{Z}[\sqrt{-1}]$ はユークリッド整域になる．

(iii) $\mathbf{Z}[\sqrt{-1}]$ において，$1 + \sqrt{-1}$, 3, $2 + \sqrt{-1}$ は素元である．それぞれの剰余体の元数を求めよ．

**14.** （**アイゼンシュタイン**（Eisenstein）**の既約性判定条件**）　$R$ を素元分解整域，$p \neq 0$ を $R$ の素元とする．$R$ 上の多項式

$$f(X) = X^n + a_1 X^{n-1} + \cdots + a_n$$

について，$a_i \equiv 0 \bmod p \; (1 \leq i \leq n)$ かつ $a_n \not\equiv 0 \bmod p^2$ ならば，$f(X) \in R[X]$ は既約多項式である．

# 2

# 線型代数再論

　ベクトル空間において，スカラー積を環にまで許した代数系を環上の加群という．加群の理論は，一般にはおのおのの環に応じて複雑な諸相をもっているが，この章では，ベクトル空間論とほとんど平行に話がすすむ部分のみとり上げる．自由加群がちょうどベクトル空間の対応物である．

　この章の目標は§12 単項イデアル整域上の単因子論である．前章で導入した準同型定理の運用と，単項イデアル整域についての簡単な知識，および環上の加群という考え方と相まった行列の初等変形によって，単項イデアル整域上の有限生成加群の型が美事に具体的な形に決定される過程を味わって戴きたい．

　この定理から，群論で最も大切な定理の1つ，アーベル群の基本定理と，線型代数の最終定理，ジョルダン（Jordan）標準形が直ちに導かれる．

# §10.  環上の加群

環 $R$ 上の**左加群**（または，単に**左 $R$ 加群**）$M$ とは，まず $M$ は加法群であって，$R$ の $M$ への作用

$$R \times M \longrightarrow M \qquad ((a,x) \longmapsto ax \ (a \in R, \ x \in M))$$

が定められていて，次の公理をみたすものをいう．

(1) $\quad 1x = x$,

(2) $\quad a(bx) = (ab)x$,

(3) $\quad (a + b)x = ax + bx$, $\qquad (a,b \in R, \ x,y \in M)$

(4) $\quad a(x + y) = ax + ay$.

特に環 $R$ が体のとき，これはベクトル空間とよばれるものであった．$R$ の $M$ への作用が**スカラー積**にあたる．

$R$ が非可換環のとき，上の公理 (2) と，次の

(2)′ $\quad a(bx) = (ba)x \qquad (a,b \in R, \ x \in M)$

は異なる．(2) の代りに，(2)′ をみたすものを**右** $R$ 加群という．右 $R$ 加群の場合は，$R$ の $M$ への作用を

$$xa := ax \qquad (a \in R, \ x \in M)$$

と右側からかく方が，(2)′ は

(2)′ $\quad (xa)b = x(ab) \qquad (a,b \in R, \ x \in M)$

となって見易いからである．

$R$ が可換環の場合は，(2) と (2)′ は同じであるから，左右の区別はなくなり，単に $R$ 加群という．

以下，記述を簡単にするため，主に左 $R$ 加群のみを考える．自動的な修正を施せば，右加群についての結果が得られる．

ベクトル空間の場合と同様，公理から直ちに次が導かれる．

**問 10.1** $M$ を左 $R$ 加群とすると，

$$a0 = 0, \quad 0x = 0, \quad (-a)x = -ax, \qquad (a \in R, \ x \in M).$$

環 $R$ 上の左加群の族 $M_i$ $(i \in I)$ に対して, 直積群 (§5) $\prod_{i \in I} M_i$ に $R$ の左からの作用を,

$$a(x_i)_{i \in I} := (ax_i)_{i \in I} \qquad (a \in R)$$

によって定義すると, $\prod_{i \in I} M_i$ は再び左 $R$ 加群になる. また, このとき, 加法群の直和

$$\bigoplus_{i \in I} M_i := \left\{ (x_i)_{i \in I} \in \prod_{i \in I} M_i \,\middle|\, \text{有限個の } i \text{ を除いて } x_i = 0 \right\}$$

も $R$ の作用で閉じており, 左 $R$ 加群をなす (後でいう部分 $R$ 加群). $\prod_{i \in I} M_i$ を左 $R$ 加群の**直積**, $\bigoplus_{i \in I} M_i$ を左 $R$ 加群の**直和**という. 勿論 $I$ が有限集合のときは, どちらも一致する.

**例 10.1** 任意の加法群 $G$ は

$$nx = (\mathrm{sgn}\, n)(x + \cdots + x) \qquad (|n| \text{ 個の和}),\, (n \in \mathbf{Z})$$

によって $\mathbf{Z}$ 加群である.

**例 10.2** 環 $R$ 自身 $R$ の左からの乗法によって左 $R$ 加群と見なせる. $n$ 個の $R$ の直和

$$R^n := R \oplus \cdots \oplus R \qquad (n \text{ 個})$$

のなす左 $R$ 加群は, 数ベクトル空間の概念の拡張である. このような加群は自由加群とよばれ, 後で更に詳しく考察する.

**例 10.3** 可換環 $R$ 上の 1 変数多項式環 $R[X]$ は, $R$ 加群としては, $R$ の可算個の直和と見なせる.

## 準同型, 部分加群, 剰余加群

環 $R$ を固定して考える. 2 つの左 $R$ 加群 $M, N$ に対し, 写像

$$f : M \longrightarrow N$$

が **$R$ 準同型** (または, **$R$ 線型**) とは,

$$f(ax + by) = af(x) + bf(y) \qquad (a, b \in R,\ x, y \in M)$$

をみたすときをいう．ベクトル空間における線型写像にあたる．$R$ 準同型が全単射のとき，**$R$ 同型**という．

左 $R$ 加群 $M$ の部分集合 $N$ が**部分 $R$ 加群**であるとは，$N$ が加法群として $M$ の部分群であり，$R$ の作用で閉じている $(a \in R,\ x \in N \Longrightarrow ax \in N)$ ときをいう．ベクトル空間における線型部分空間にあたる．

$M$ の部分 $R$ 加群 $N$ が与えられたとき，加法群としての剰余群 $M/N$ には自然に $R$ の左作用が次のように定義され，再び左 $R$ 加群になる．

剰余類 $x + N \in M/N$ と $a \in R$ に対して，

$$(*) \qquad\qquad a(x + N) := ax + N$$

とおくと，この定義は剰余類の代表元のとり方によらない．すなわち，$x + N = y + N$ ならば，$x - y \in N$．したがって，$N$ が部分 $R$ 加群であることから，$a(x - y) \in N$．よって，$ax - ay \in N$，すなわち，$ax + N = ay + N$．ゆえに（*）は意味をもち，環 $R$ の $M/N$ への作用が定義された．この作用によって $M/N$ が再び左 $R$ 加群をなすことは容易にチェックされる．この左 $R$ 加群 $M/N$ を $M$ の $N$ による**剰余加群**という．

**例 10.4**　環 $R$ を左 $R$ 加群と見なしたとき，$R$ の部分 $R$ 加群とは左イデアルのことに他ならない．したがって，一般に左イデアル $I$ に対しては，剰余加法群 $R/I$ は左 $R$ 加群の構造をもつ．

さて，加群においても，次の準同型定理が成立することは，読者にとっていまやほとんど明らかであろう．

**定理 10.1**　$f : M \longrightarrow N$ を左 $R$ 加群の間の $R$ 準同型とする．このとき核 $\mathrm{Ker}\, f, \mathrm{Im}\, f$ は，それぞれ $M, N$ の部分 $R$ 加群で，自然な写像

$$\bar{f} : M/\mathrm{Ker}\, f \simeq \mathrm{Im}\, f \qquad (\bar{f}(x + \mathrm{Ker}\, f) = f(x),\ x \in M)$$

は左 $R$ 加群の $R$ 同型を与える．

[**証明**]　$\mathrm{Ker}\, f$ が $M$ の部分 $R$ 加群になることは，

$$x \in \mathrm{Ker}\, f,\ a \in R \implies f(ax) = af(x) = a0 = 0 \implies ax \in \mathrm{Ker}\, f$$

から明らか，$\mathrm{Im}\,f$ についても同様．$\bar{f}$ は群の準同型定理により，加法群の同型を与え
ているから，$R$ 準同型であることを見ればよい．これも剰余加群への $R$ の作用の定義
（＊）から明らか．　□

## 生 成 系

　左 $R$ 加群 $M$ の部分集合 $S$ に対し，$RS$ によって，$S$ を含む $M$ の最小の部分
$R$ 加群を表す．$RS$ を $S$ が**生成する**部分 $R$ 加群という．特に，$RS = M$ のとき
$S$ を $M$ の**生成系**，$S$ の元を**生成元**という．

$$RS = \left\{ \sum_{\text{有限和}} a_i x_i \,\middle|\, a_i \in R,\ x_i \in S \right\}$$

となることは容易に見られる．$S$ が有限集合 $\{x_1, x_2, \cdots, x_n\}$ のときは，イデアル
の場合と同様，

$$RS = \sum_{i=1}^{n} Rx_i$$

ともかく．また，$M$ の部分 $R$ 加群の族 $N_i\ (i \in I)$ に対しては，$RN_i \subset N_i$ だか
ら，

$$R\left(\bigcup_{i \in I} N_i\right) = \sum_{i \in I} N_i$$

ともかく．

　**問 10.2**　左 $R$ 加群 $M$ が 1 つの元 $u \in M$ で生成される（$M = Ru$）とき，

$$\mathrm{Ann}\,u := \{a \in R \mid au = 0\}$$

とおくと，$\mathrm{Ann}\,u$ は $R$ の左イデアル（$u \in M$ の**零化イデアル**という）で，左 $R$ 加群と
して $R$ 同型

$$R/\mathrm{Ann}\,u \simeq M$$

が成立する．

# §11.　自由加群

ベクトル空間の場合と同様に，左 $R$ 加群の元 $x_1, x_2, \cdots, x_n$ について，$a_i \in R$
$(1 \leq i \leq n)$ に対して

$$\sum_{i=1}^{n} a_i x_i = 0 \implies a_i = 0 \qquad (1 \leq i \leq n)$$

が成り立つとき，$x_1, x_2, \cdots, x_n$ は $R$ 上 **1 次独立**という．さらに，$M$ の無限部分
集合 $S$ について，$S$ の任意の有限部分集合が 1 次独立のとき，$S$ を **1 次独立な
集合**という．

左 $R$ 加群 $M$ が 1 次独立な生成系 $B$ をもつとき，$M$ を **$R$ 自由加群**といい，$B$
を（**自由**）**基底**という．

**命題 11.1**　$M$ を基底 $B = \{x_i \mid i \in I\}$ をもつ左 $R$ 自由加群とする．
$$R^{\oplus I} := \{(a_i)_{i \in I} \mid a_i \in R \text{ は有限個を除いて } a_i = 0\}$$
を左 $R$ 加群 $R$ の $I$ だけの直和加群とすると，

$$R^{\oplus I} \simeq M \qquad ((a_i)_{i \in I} \longmapsto \sum_{i \in I} a_i x_i)$$

は $R$ 同型である．

[**証明**]　$(a_i)_{i \in I} \in R^{\oplus I}$ に対して，$f((a_i)_{i \in I}) := \sum_{i \in I} a_i x_i$ は有限和（有限個の $i$ を除いて
$a_i = 0$）だから意味をもち，$M$ の元を定義する．$f$ が $R$ 準同型であることは，直和
$R^{\oplus I}$ の定義から明らか．$B$ が $M$ の生成系であることは，$f$ が全射であることを意味
する．よって，$f$ が単射であることを示せばよい．ところが，$B$ は 1 次独立であるか
ら，$\sum_{i \in I} a_i x_i = 0$ ならば，$a_i = 0 \ (i \in I)$，すなわち $\mathrm{Ker}\, f = \{0\}$ であり，$f$ は単射．　□

さて，ベクトル空間論で，次は基本定理であった．復習の意味も込めて，証
明しよう．

**定理 11.1**　体 $K$ 上の加群（ベクトル空間）は自由加群であり，その基底の
濃度は一定である．

[証明] まず, 基底の存在を, ツォルンの補題を用いて示す. $K$ 上のベクトル空間 $V$ を考える. $V = 0$ のときは問題ないので, $V \neq 0$ とする. $V$ の部分集合の族

$$\mathscr{S} := \{ S \subset V \mid S \text{ は } K \text{ 上 1 次独立} \}$$

を考えると, $x \neq 0$ ならば $\{x\} \in \mathscr{S}$ ゆえ, $\mathscr{S} \neq \varnothing$. $\mathscr{S}$ を包含関係によって順序集合と見なしたとき, 帰納的であることを示そう. 実際, $\{S_\alpha\}_{\alpha \in A}$ $(S_\alpha \subset S_\beta \text{ か } S_\beta \subset S_\alpha)$ を $\mathscr{S}$ の全順序部分集合とする. このとき $S_\infty := \bigcup_{\alpha \in A} S_\alpha$ は 1 次独立な集合である. なぜなら, $S_\infty$ の任意の有限部分集合 $S' \subset S_\infty$ に対し, ある $\alpha$ を選べば, $S' \subset S_\alpha$ であり, $S_\alpha$ の 1 次独立性から, $S'$ も 1 次独立. よって $S_\infty$ も 1 次独立であり, $S_\infty \in \mathscr{S}$. したがって $S_\infty$ は列 $\{S_\alpha\}$ の上界を与え, $\mathscr{S}$ は帰納的である.

よって, ツォルンの補題により $\mathscr{S}$ に極大元 $B$ が存在する. $B$ は 1 次独立だから, $B$ が $V$ の生成系になることを示せば, $B$ は $V$ の $K$ 上の基底になる. いま $B$ が生成する部分加群 $KB$ について $KB \neq V$ と仮定する. $x \in V \smallsetminus KB$ に対して, $B \cup \{x\} \in \mathscr{S}$ とすると, $B$ の極大性に反するから $B \cup \{x\} \notin \mathscr{S}$, すなわち, $B \cup \{x\}$ は 1 次独立でない. したがって, すべてが 0 ではない $a, a_1, \cdots, a_n \in K$ があって, $x_1, \cdots, x_n \in B$ に対して

$$\sum_{i=1}^{n} a_i x_i + a x = 0.$$

もしここで $a = 0$ とすると, $x_1, x_2, \cdots, x_n$ は 1 次独立でないことになって仮定に反するゆえ $a \neq 0$. $K$ は体であるから,

$$x = -a^{-1} \Big( \sum_{i=1}^{n} a_i x_i \Big) \in KB.$$

これは $x \notin KB$ に反する. よって, $V = KB$.

次に基底の濃度が一定であることを示そう. $V$ のある基底 $B$ が有限とする. このとき, $V$ の任意の 1 次独立な集合 $S$ について, $\#S \leq \#B$ をいえばよい. 実際, $B_1$ を別の基底とすると, このとき, $\#B_1 \leq \#B$, かつ, $\#B \leq \#B_1$ が導かれるから. そこで, $B = \{x_1, x_2, \cdots, x_n\}$ $(n = \#B)$ とおく. このとき, まず次の命題

(∗) $\begin{cases} k \leq n \text{ として, } \{y_1, y_2, \cdots, y_k\} \text{ が 1 次独立ならば, 適当に番号をつけ替える} \\ \text{と, } \{y_1, \cdots, y_k, x_{k+1}, \cdots, x_n\} \text{ が } V \text{ の基底になるように出来る.} \end{cases}$

を $k$ に関する帰納法で示そう. $k = 0$ のときは, 証明すべきものはない. $k-1$ まで正しい, すなわち, $\{y_1, \cdots, y_{k-1}, x_k, \cdots, x_n\}$ は $V$ の基底であると仮定する. したがって,

$$(**) \qquad y_k = \sum_{i=k}^{n} a_i x_i + \sum_{j=1}^{k-1} a_j y_j \qquad (a_i, a_j \in K)$$

とかける. $y_1, \cdots, y_k$ は1次独立だから, ある $i_0 \geq k$ に対して $a_{i_0} \neq 0$. ゆえに,

$$x_{i_0} = a_{i_0}^{-1}\Big(y_k - \sum_{j<k} a_j y_j - \sum_{i \geq k, i \neq i_0} a_i x_i\Big).$$

したがって $V$ は, $\{y_1, \cdots, y_k, x_k, \cdots, \hat{x}_{i_0}, \cdots, x_n\}$ で生成される. さらに, これは1次独立である. 実際, $i_0 = k$ と仮定してよいから

$$\sum_{i>k} c_i x_i + \sum_{j \leq k} c_j y_j = 0 \qquad (c_i, c_j \in K)$$

とすると, $y_k$ に前式($**$)を代入して整理し, $\{y_1, \cdots, y_{k-1}, x_k, \cdots, x_n\}$ の1次独立性を用いることにより, $c_i = 0$ $(1 \leq i \leq n)$ が導かれる. よって命題($*$)が証明された.

前に戻って, $\#S > \#B$ と仮定すると, $S$ から $n$ 個の元 $y_1, y_2, \cdots, y_n$ をとり出すと, これは1次独立だから命題($*$)によって $\{y_1, y_2, \cdots, y_n\}$ は $V$ の基底になっている. すると, $n$ より多い元をもつ $S$ は1次独立でないことになり矛盾する. よって $\#S \leq \#B$.

基底の濃度が無限のときは, 一般の自由加群で濃度の一定が証明される(次問).　□

**注**　体 $K$ が非可換, すなわち可除環の場合でも定理11.1は正しいことに注意しよう.

**問 11.1**　自由加群において, その1つの基底の濃度が無限ならば, 基底の濃度は一定である.

可換環上の自由加群についても, 定理11.1と同様に次が成立する. (非可換環の場合, 有限基底ならば一般には成立しない!)

**定理 11.2**　可換環上の自由加群の基底の濃度は一定である.

[**証明**]　$M$ を可換環 $R$ 上の自由加群とし, $\{x_i\}_{i \in I}, \{y_j\}_{j \in I}$ をその2つの基底とする. したがって, 命題11.1から,

$$M = \bigoplus_{i \in I} R x_i = \bigoplus_{j \in J} R y_j$$

と, 自由加群 $R x_i, R y_j$ の直和にかける.

さて, 定理9.1により, $R$ は極大イデアル $\mathfrak{m}$ をもち, 剰余環 $K = R/\mathfrak{m}$ は体になる.

いま $M$ の部分 $R$ 加群 $\mathfrak{m}M$ を

$$\mathfrak{m}M := \left\{ \sum_{有限和} a_k z_k \,\middle|\, a_k \in \mathfrak{m}, \; z_k \in M \right\}$$

と定義する．このとき，基底 $\{x_i\}_{i \in I}$ に対し，

$$\mathfrak{m}M = \left\{ \sum_{i \in I} c_i x_i \,\middle|\, c_i \in \mathfrak{m} \text{ は有限個の } i \text{ を除いて } c_i = 0 \right\}$$

$$= \bigoplus_{i \in I} \mathfrak{m}x_i$$

となることが，直ちに検証できる．このことから，剰余 $R$ 加群 $M/\mathfrak{m}M$ は $R$ 同型

$$M/\mathfrak{m}M \simeq \bigoplus_{i \in I} Rx_i/\mathfrak{m}x_i$$

をもつ．一方，$M/\mathfrak{m}M$ は，$\mathfrak{m}$ の作用が $0$ であるから，$K = R/\mathfrak{m}$ 上の加群と見なせて，$K$ 加群としては直和因子については

$$Rx_i/\mathfrak{m}x_i \simeq K\overline{x}_i \qquad (\overline{x}_i = x_i + \mathfrak{m}x_i)$$

となり，結局，$K$ 加群として $M/\mathfrak{m}M$ は基底 $\{\overline{x}_i\}_{i \in I}$ をもつ．全く同様に，$\{\overline{y}_j\}_{j \in J}$ も $K$ 加群 $M/\mathfrak{m}M$ の基底をなすから，定理 11.1 から，$\#I = \#J$． $\square$

可換環 $R$ 上の自由加群 $M$ について，その基底の濃度を $M$ の $R$ 上の**階数**といい，$\mathrm{rank}_R M$ と記す．ベクトル空間の場合，この数は次元とよばれた．

以上によって，可換環上の自由加群の場合は，線型代数の初歩的部分がそのまま通用することが想像できるだろう．以下，復習も兼ねて，行列表示の話をしておく．

## 基底のとり替えに対する遷移行列

以下，可換環 $R$ を固定して，$R$ 上の階数有限の自由加群を考える．行列表示の問題を考える際は，基底は単なる集合ではなく，その元の間に全順序をつけたものを考えるべきである．したがって，階数 $m$ の自由加群 $M$ の基底を，順序も込めて考えるときは，これから，$(x) := (x_1, x_2, \cdots, x_m)$ と記そう．

さて，自由 $R$ 加群 $M$ の $2$ つの基底 $(x) = (x_1, x_2, \cdots, x_m), (y) = (y_1, y_2, \cdots, y_m)$ に対して，

$$x_i = \sum_{j=1}^{m} c_{ji} y_j \qquad (1 \le i \le m)$$

なる $c_{ji} \in R$ が一意的に存在する（命題 11.1）．このとき $m$ 次正方行列 $C :=$ $(c_{ij}) \in M_m(R)$ を基底のとり替え $(x) \longrightarrow (y)$ に対する**遷移行列**という．とり替え $(y) \longrightarrow (x)$ に対する遷移行列を $C'$ とすると，$C'C = CC' = 1$ となることが容易に見られる．したがって，遷移行列 $C$ は可逆である．すなわち $C \in$ $GL_n(R) := M_n(R)^{\times} = \{ A \in M_n(R) \mid \det A \in R^{\times} \}$.

$z \in M$ を 2 つの基底，$(x), (y)$ で表示したとき，

$$z = \sum_{i=1}^{m} a_i x_i = \sum_{i=1}^{m} b_i y_i \qquad (a_i, b_i \in R)$$

となれば，

$$b_j = \sum_{i=1}^{m} c_{ji} a_i \qquad (1 \le j \le m)$$

となる．よって，遷移行列 $C = (c_{ij})$ は，

$$\begin{pmatrix} b_1 \\ b_2 \\ \vdots \\ b_m \end{pmatrix} = C \begin{pmatrix} a_1 \\ a_2 \\ \vdots \\ a_m \end{pmatrix}$$

という関係式を与える．

## 線型写像の行列表示

$M, N$ をそれぞれ階数が $m, n$ の自由 $R$ 加群とし，

$$f : M \longrightarrow N$$

を $R$ 準同型とする．$M$ の基底 $(x) = (x_1, x_2, \cdots, x_m)$ と，$N$ の基底 $(y) = (y_1, y_2, \cdots, y_n)$ を選ぶことは，命題 11.1 より，$R$ 同型 $R^m \simeq M$, $R^n \simeq N$ を定めることに等しいから，可換図式

$$M \xrightarrow{\ f\ } N$$

$$(x) \Big\uparrow \wr \qquad \wr \Big\uparrow (y)$$

$$R^m \xrightarrow{\ F\ } R^n$$

をみたすような $R$ 準同型 $F \colon R^m \longrightarrow R^n$ が存在する。$F$ を縦ベクトル表示で,

$$F\!\left(\begin{pmatrix} a_1 \\ a_2 \\ \vdots \\ a_m \end{pmatrix}\right) = F\begin{pmatrix} a_1 \\ a_2 \\ \vdots \\ a_m \end{pmatrix}$$

となるような $n$ 行 $m$ 列行列 $F \in M_{n,m}(R)$ と同一視するとき,この $(n, m)$ 行列 $F$ を,基底 $(x), (y)$ による $f$ の**行列表示**という。具体的にかくと次のようになる。

$$F = (c_{ij}) \qquad (1 \le i \le n,\ 1 \le j \le m)$$

とおくと,定義によって,

$$\sum_{j=1}^{m} a_j f(x_j) = f\!\left(\sum_{j=1}^{m} a_j x_j\right) = \sum_{i=1}^{n}\left(\sum_{j=1}^{m} c_{ij} a_j\right) y_i$$

$$= \sum_{j=1}^{m} a_j\left(\sum_{i=1}^{n} c_{ij} y_i\right)$$

だから,$c_{ij}$ は,

$$f(x_j) = \sum_{i=1}^{n} c_{ij} y_i \qquad (1 \le j \le m)$$

によって定まる。

いま,基底のとり替え $(x) \longrightarrow (x')$, $(y) \longrightarrow (y')$ を行い,それぞれの遷移行列を $A \in GL_m(R)$, $B \in GL_n(R)$ とおく。

このとき,$M$ に対して,恒等写像 $\mathrm{Id} \colon M \simeq M$ を,それぞれ基底 $(x), (x')$ で行列表示すると遷移行列 $A$ に等しいことに注意すれば,$f \colon M \longrightarrow N$ を基底 $(x'), (y')$ で表示した行列 $F'$ について,次の可換図式が成り立つ。

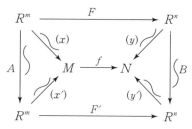

したがって, $(n, m)$ 行列 $F'$ は

$$F' = BFA^{-1}$$

で与えられる.

　一般に, 行列 $F$ が与えられたとき, 左右から可逆正方行列を乗じて簡単な形にすることを標準形の問題というが, これは加群のレベルでいえば, 適当に基底をとり替えて, $R$ 準同型の行列表示を見易くすることにあたるわけである. $M = N$ のときは, $f : M \longrightarrow M$ は $R$ 自己準同型になるので, $M$ の基底のとり替えのみを行うのが自然であろう. したがって, 自己準同型の場合, $F$ は正方行列であるが, 変換 $F \longrightarrow AFA^{-1}$ による標準形を求めることが問題になる. ベクトル空間のとき, これに対する1つの解答がジョルダン標準形である.

　　**問 11.2**　$R$ が体のとき, 行列 $F$ は適当な可逆行列 $A, B$ によって,

$$BFA = \begin{pmatrix} 1 & & & 0 \\ & \ddots & & \\ & & 1 & \\ & & & 0 \\ 0 & & & \ddots \end{pmatrix}$$

とできる. ここに現れる1の個数が行列 $F$ の階数であった.

# §12. 単項イデアル整域上の単因子論

　$R$ が体の場合は, $R$ 加群とはベクトル空間にすぎない. しかし, 一般の可換環になると, $R$ 加群は非常に複雑な様相をもっている. この節では, 最も簡単な可換環である単項イデアル整域の場合, その上の有限生成加群は比較的単純

な形をしていることを示そう．この論法は，**単因子論**とよばれていて，多くの重要な応用をもっている．

　以下，この節では可換環 $R$ は単項イデアル整域であると仮定する．例としては，ユークリッド整域である有理整数環 $\boldsymbol{Z}$ や，体 $K$ 上の 1 変数多項式環 $K[T]$ が大切である．

## 行列の初等変形，単因子

次のような形の $R$ 係数の正方行列を**基本行列**という．

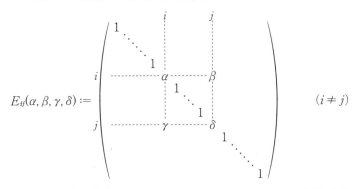

$$E_{ij}(\alpha, \beta, \gamma, \delta) := \quad (i \neq j)$$

ただし，対角線以外の空白は 0 で，$\alpha, \beta, \gamma, \delta \in R$ は，$\alpha\delta - \gamma\beta$ が単元（$\alpha\delta - \gamma\beta \in R^{\times}$）になるものとする．

$$\det E_{ij}(\alpha, \beta, \gamma, \delta) = \pm(\alpha\delta - \gamma\beta) \in R^{\times}$$

だから，基本行列は可逆である．

　長方行列 $(a_{kl})$ に右から基本行列を乗ずると，第 $i$ 列に $\alpha a_{ki} + \gamma a_{kj}$，第 $j$ 列に $\beta a_{ki} + \delta a_{kj}$ の形の成分が現れる．左から乗ずると，第 $i, j$ 行目に同様の変化をもたらす．

　長方行列に（許されたサイズの）基本行列を，左右から乗ずることを**基本変形**とよび，基本変形を有限回繰り返すことを**初等変形**とよぶ．特別な基本行列として，$E_{ij}(\alpha, 0, 0, 1)$ $(\alpha \in R^{\times})$，$E_{ij}(0, 1, 1, 0)$，$E_{ij}(1, \beta, 0, 1)$ $(\beta \in R)$ があるので，

$$(S) \begin{cases} \text{ある列（行）を単元倍すること,} \\ \text{2つの列（行）を交換すること,} \\ \text{ある列（行）に別の列（行）の何倍かを加えること,} \end{cases}$$

は基本変形の1種である.

基本変形は可逆だから，初等変形も可逆であり，$F'$ が $F$ の初等変形であるとき $F \sim F'$ とかくと，$\sim$ は同値関係である．特に，$F \sim F'$ $(F \in M_{n,m}(R))$ ならば，適当な $A \in GL_n(R)$, $B \in GL_m(R)$ に対して，

$$F' = AFB$$

となる（実は，後ほど，逆も成り立つことを示す）.

**定理12.1** $F$ を単項イデアル整域 $R$ 上の行列とすると，$F$ に初等変形を施すことにより，

$$\begin{pmatrix} d_1 & & & & & 0 \\ & d_2 & & & & \\ & & \ddots & & & \\ & & & d_r & & \\ & & & & 0 & \\ & & & & & \ddots \\ 0 & & & & & \end{pmatrix}$$

の形の行列で，条件

$$(*) \qquad d_i \mid d_{i+1} \quad (1 \le i < r), \qquad d_r \ne 0$$

をみたすものが得られる．さらに，条件 $(*)$ の下に，$(d_1, d_2, \cdots, d_r)$ は単元倍を除いて一意的であり，これを行列 $F$ の**単因子**という．

[証明] 一意性は後述の定理から導かれるので，ここでは，上記のように変形可能なことを示す．

$F \in M_{n,m}(R)$ として，$F$ の初等変形全体から成る行列の集合

$$\mathcal{F} := \{F' \in M_{n,m}(R) \mid F \sim F'\}$$

を考える．$F = 0$ のときは，$\mathcal{F} = \{0\}$ で定理は明らか.

$F \ne 0$ のとき，$F' = (a_{ij}') \in \mathcal{F}$ の行列成分 $a_{ij}'$ が生成する $R$ のイデアル $Ra_{ij}'$ の族を $\mathcal{J}$ とおく，すなわち，

$$\mathcal{J} := \{Ra \subset R \mid a \text{ はある } F' \in \mathcal{F} \text{ の成分}\}.$$

ところが，$R$ は単項イデアル整域だから，ネーター環，ゆえに，命題 9.6 より，イデアルの族 $\mathcal{J}$ には極大元が存在する．そのイデアルを $Rd_1 \in \mathcal{J}$ とおくと，$F \neq 0$ だから，$d_1 \neq 0$．このとき，$d_1$ を $(1,1)$ 成分とする行列 $F' \in \mathcal{F}$ が存在する．実際，$Rd_1$ の生成元は $d_1$ の単元倍だから，$d_1$ 自身をどこかの成分とする $\mathcal{F}$ に属する行列が存在し，行および列を交換する初等変形で，その成分を $(1,1)$ にもってゆくことができる．

次に，この行列 $F'$ の第 1 行列の成分 $a_{1i}$ はすべて $d_1$ の倍元になっていることを示そう．そうでないとすると，$d_1$ と $a_{1i}$ の最大公約元 $d_1' := (d_1, a_{1i})$ は，$Rd_1 \subsetneqq Rd_1'$ をみたす．さらに，$d_1'$ が最大公約元だから，$d_1' = \alpha d_1 + \beta a_{1i}$ となる，互いに素な $\alpha, \beta \in R$ が存在する．したがって，$\alpha\delta - \beta\gamma = 1$ なる $\gamma, \delta \in R$ が存在し，基本行列 $E_{1i}(\alpha, \beta - \gamma, \delta)$ を $F'$ に右から乗ずることによって，$(1,1)$ 成分が $d_1'$ になる行列 $F'' \in \mathcal{F}$ をみつけることができる．よって，$Rd_1' \in \mathcal{J}$ になり，$Rd_1 \subsetneqq Rd_1'$ だったから，これは $Rd_1$ の極大性に反する．ゆえに，$d_1 \mid a_{1i}$．同様に，$d_1 \mid a_{i1}$ もいえる．

したがって，第 1 行，および第 1 列に $d_1$ の何倍かを加えることにより，

$$\begin{pmatrix} d_1 & 0 & \cdots & 0 \\ 0 & & & \\ \vdots & & F_1 & \\ 0 & & & \end{pmatrix} \in \mathcal{F}$$

なる行列を得る．

以下，同様の操作を $F_1$ に施すことにより，対角成分が $d_1, d_2, \cdots, d_r, 0, \cdots$ であるような $\mathcal{F}$ に属する行列を得る．このとき，

$$\begin{pmatrix} d_1 & & & 0 \\ & d_2 & & \\ & & \ddots & \\ 0 & & & \ddots \end{pmatrix} \sim \begin{pmatrix} d_1 & d_2 & & \\ 0 & d_2 & & \\ & & \ddots & \\ & & & \ddots \end{pmatrix} \in \mathcal{F}$$

だから，前の議論から，$d_1 \mid d_2$，以下同様に，$d_i \mid d_{i+1}$ が導かれる． □

**問 12.1** $R$ がユークリッド整域のときは，基本変形は，3 種類の特別な基本変形 (S) の結合で得られる．

**問 12.2** 次の整数行列の単因子を求めよ．

$$
\begin{pmatrix} 1 & 0 & 3 \\ 1 & -3 & 3 \\ 1 & 3 & -3 \end{pmatrix},\quad
\begin{pmatrix} 6 & 46 & 29 & 155 \\ 18 & 146 & 90 & 492 \\ 6 & 48 & 30 & 162 \end{pmatrix}
$$

**問 12.3**　$R$ が単項イデアル整域のとき，群 $GL_n(R)$ は基本行列によって生成される.

## 行列式因子

行列の単因子の一意性，および計算法を与えるものとして，次の方法がある．$R$ 係数の $(n,m)$ 行列 $F \in M_{n,m}(R)$ が与えられたとき，$\Delta_i(F)$ を $F$ のすべての $i$ 次小行列式 $\left(\binom{n}{i}\binom{m}{i}$ 個$\right)$ の最大公約元とする. すなわち，$F$ のすべての $i$ 次小行列式が生成する $R$ のイデアルの生成元とする. この生成元 $\Delta_1(F), \Delta_2(F), \cdots, \Delta_k(F)$ $(k := \mathrm{Min}(n,m))$ を $F$ の **行列式因子** とよぶ. このとき次の定理が成り立つ.

**定理 12.2**　行列式因子は初等変形によって（単元倍を除いて）不変である.

［証明］　基本変形によって $\Delta_i$ が不変であることを示せばよい. ところが基本変形は可逆だから，$F$ の基本変形を $F'$ とするとき，$\Delta_i(F) \mid \Delta_i(F')$ がいえれば，逆に $\Delta_i(F') \mid \Delta_i(F)$ もいえたことになり，$\Delta_i(F) = \Delta_i(F')$（単元倍を除いて）が従う. よって $\Delta_i(F) \mid \Delta_i(F')$ を検証しよう.

$F' = FE_{ij}(\alpha, \beta, \gamma, \delta)$ $(\alpha\delta - \beta\gamma \in R^{\times})$ とする. このとき，$F'$ の $i$ 次小行列式の形をみると，これは $F$ のそれと同じであるか，せいぜい，

$$
\det\begin{pmatrix} a_{11} & \cdots & \alpha a_{1p}+\beta b_{1q} & \cdots & \gamma a_{1p}+\delta b_{1q} & \cdots \\ \vdots & & \vdots & & \vdots & \\ a_{i1} & \cdots & \alpha a_{ip}+\beta b_{iq} & \cdots & \gamma a_{ip}+\delta b_{iq} & \cdots \end{pmatrix}
$$

で $\det(a_{ki}), \det\begin{pmatrix} a_{11} & \cdots & b_{1q} & \cdots \\ \vdots & & \vdots & \end{pmatrix}$ はもとの $F$ の $i$ 次小行列式，という形をしていることがわかる. このことから，行列式の列に関する多重線型性を用いて，$F'$ の小行列式は $F$ の小行列式の $R$ 上の $1$ 次結合になっていることがわかる. よって，$\Delta_i(F)$ は，$F'$ の

すべての $i$ 次小行列式を割り，主張が示される．　□

**系 12.1**　$F$ の単因子を $(d_1, d_2, \cdots, d_r)$，行列式因子を $(\Delta_1, \Delta_2, \cdots, \Delta_k)$ とすると，

$$d_1 = \Delta_1, \ \ d_1 d_2 = \Delta_2, \ \ \cdots, \ \ d_1 d_2 \cdots d_r = \Delta_r, \ \ \ \ \Delta_i = 0 \ \ \ (i > r).$$

［証明］　定理 12.2 より，$F$ の行列式因子は，

$$\begin{pmatrix} d_1 & & & & & \\ & d_2 & & & 0 & \\ & & \ddots & & & \\ & & & d_r & & \\ & & & & 0 & \\ 0 & & & & & \ddots \end{pmatrix}$$

のそれに等しい．条件 $d_1 \mid d_2 \mid \cdots \mid d_r$ を用いて，両者の行列式因子を較べると，結果を得る．　□

系 12.1 によって，単因子 $(d_1, d_2, \cdots, d_r)$ が $F$ のみにしかよらないことがわかり，定理 12.1 の一意性も導かれた．

**問 12.4**　問 12.2 の単因子の計算を，系 12.1 を用いて行え．

## 有限生成加群の構造

まず，次の補題を準備する．

**補題 12.1**　ネーター環上の有限生成加群の部分加群はまた有限生成である．

［証明］　生成元の個数に関する帰納法による．ネーター環 $R$ 上の加群を $M = \sum_{i=1}^{n} R x_i$ とする．$n = 1$ のときは，$M = Rx \simeq R/\mathrm{Ann}\, x$ であり，$M$ の部分加群 $N$ は $R$ のイデアル $I$ をとって $N = Ix$ とかける．$I$ は有限生成だから，$N$ も $R$ 上有限生成．

$n - 1$ まで正しいとする．$M_1 := R x_1$，$M_2 := M/M_1$，$f : M \longrightarrow M_2$ を自然な射影とおく．このとき，$M_2 = \sum_{i=2}^{n} R f(x_i)$ となり，帰納法の仮定から $M_2$ の部分加群は有限生成である．$N$ を $M$ の部分加群とすると，$\mathrm{Ker}\, f = M_1$ だから，$\mathrm{Ker}(f \mid N) = N \cap$

$M_1$. したがって，加群の準同型定理から，
$$N/N \cap M_1 \simeq f(N) \subset M_2.$$
仮定から，$N \cap M_1, f(N)$ は共に有限生成 $R$ 加群．したがって，$y_1, \cdots, y_k$ が $N \cap M_1$ の，$f(y_{k+1}), \cdots, f(y_r)$ が $f(N)$ の生成系になるように選べば，$y_1, \cdots, y_r$ は $N$ の生成系をなす．よって，$N$ も有限生成である．　□

　この準備の下で，次の単項イデアル整域上の有限生成加群の構造定理が得られる．

**定理 12.3**　単項イデアル整域 $R$ 上の有限生成加群 $M$ は
$$\bigoplus_{i=1}^{r} R/Rd_i \oplus R^l,$$
　（∗）　　　　　　　$d_1 \mid d_2 \mid \cdots \mid d_r$　　　　$(d_1 \notin R^{\times}, \ d_r \neq 0)$
に $R$ 同型である．

　ここに，条件（∗）の下で，$l$ および $(d_1, d_2, \cdots, d_r)$ は，単元倍を除いて一意的であり，部分加群

$\displaystyle\bigoplus_{i=1}^{r} R/Rd_i$ を $M$ の**ねじれ部分**，

$R^l$ を $M$ の**自由部分**，

$(d_1, d_2, \cdots, d_r, \underbrace{0, \cdots, 0}_{l})$ を $M$ の**単因子型**という．

　［証明］　一意性の証明はあとにまわして，$M$ が定理に述べるような形となることを示す．$M$ の生成系を $x_1, x_2, \cdots, x_m$ とすると，$R$ 加群の全準同型
$$g : R^m \longrightarrow M \qquad (g((a_1, \cdots, a_m)) := \sum_{i=1}^{m} a_i x_i)$$
を得る．補題 12.1 によって，$R^m$ の部分加群 $\mathrm{Ker}\, g$ はまた有限生成だから，同様に，$R$ 準同型
$$f : R^n \longrightarrow \mathrm{Ker}\, g \hookrightarrow R^m, \qquad \mathrm{Im}\, f = \mathrm{Ker}\, g$$
が得られる．ここに，準同型定理から，
$$M \simeq R^m/\mathrm{Im}\, f$$
である．

さて，自由加群の間の $R$ 準同型 $f : R^n \longrightarrow R^m$ を自然な基底で表示した行列を $F \in M_{m,n}(R)$ とおく．このとき定理 12.1 から，$F$ は初等変形によって，

$$\begin{pmatrix} d_1 & & & & \\ & d_2 & & & \\ & & \ddots & & 0 \\ & & & d_k & \\ & & & & 0 \\ 0 & & & & & \ddots \end{pmatrix}, \qquad d_1 \mid d_2 \mid \cdots \mid d_k$$

となる．すなわち，§11 の議論によって，これは，$R^n, R^m$ の基底 $(y_1, y_2, \cdots, y_n)$，$(z_1, z_2, \cdots, z_m)$ をうまく選べば，

$$f(y_i) = d_i z_i \quad (1 \le i \le k), \qquad f(y_i) = 0 \quad (i > k)$$

となることを意味する．よって，この基底を用いれば，

$$M = R^m / \mathrm{Im}\, f = \left( \bigoplus_{i=1}^{m} R z_i \right) \Big/ \left( \bigoplus_{i=1}^{k} R d_i z_i \right)$$

$$\simeq \bigoplus_{i=1}^{k} R/R d_i \oplus R^{m-k}$$

となり，$d_i \in R^{\times}$ となる部分（$\Longrightarrow R/R d_i = 0$）を無視すれば，$M$ は定理に述べた形をもつ．　□

## 一意性と素因子型

有限生成 $R$ 加群 $M$ に対して，

$$TM := \{x \in M \mid \text{ある } a \ne 0 \text{ に対して } ax = 0\}$$

とおくと，$TM$ は $M$ の部分加群である．いま，定理 12.3 によって，

$$M = \bigoplus_{i=1}^{r} R/R d_i \oplus R^l$$

とかけ，$(d_i)$ は（＊）をみたすならば，明らかに，

$$TM = \bigoplus_{i=1}^{r} R/R d_i, \qquad M/TM \simeq R^l$$

となる．したがって，$M/TM$ は自由加群であり，その階数 $l$ は一定である（定理 11.2）．

よって，ねじれ部分 $TM$ の型の一意性を示せばよい．このために，各 $d_i$ を素

元分解して（定理 9.2），

$$d_i = p_{i1}{}^{n_{i1}} \cdots p_{is}{}^{n_{is}}, \qquad (p_{ij} \text{ は } R \text{ の素元}, \ p_{ij} \neq p_{ij'} \ (j \neq j'))$$

とすると，中国式剰余定理（系 9.1）から，

$$R/Rd_i \simeq \bigoplus_{j=1}^{s} R/Rp_{ij}{}^{n_{ij}}$$

となる（環を加群と考えている）．したがって，$TM$ は適当な素元 $p_1, p_2, \cdots, p_t$（単元倍を除いて相異なるとする）に対し，

$$(**) \qquad\qquad TM \simeq \bigoplus_{i=1}^{t} \left( \bigoplus_{j=1}^{u} R/Rp_i{}^{m_{ij}} \right)$$

となる．

　このとき，素元と自然数の組のなすデータ $\{(p_i, m_{ij})\}$ が一意的であることがわかれば，逆に，もとの単因子型 $(d_i)$ の一意性が導かれることは容易にチェックできる（条件（*）による）．よって，ねじれ加群 $TM$ に対して（**）のような分解の一意性が示されればよい．そのために，さらに，$R$ の素元 $p$ に対して，

$$M(p) := \{x \in M \mid \text{ある } m > 0 \text{ に対して } p^m x = 0\}$$

とおけば，（**）において，

$$M(p_i) = \bigoplus_{j=1}^{u} R/Rp_i{}^{m_{ij}}$$

となるから，各 $M(p_i)$（これは，$M$ と $p$ のみによって定まる）の分解の一意性を示せばよい（$p$ と $q$ が互いに素ならば，$qx \neq 0$（$0 \neq x \in R/Rp^m$）となることに注意）．すなわち，次の補題がいえればよい．

　**補題 12.2**　$p$ を単項イデアル整域 $R$ の素元とし，$M$ を有限生成 $R$ 加群で，任意の元が $p$ ねじれ元，すなわち，ある $m > 0$ に対して $p^m x = 0$ をみたすものとする．このとき $M$ の分解

$$M \simeq \bigoplus_{j=1}^{u} R/Rp^{m_j}$$

は一意的である．

[証明]　分解の可能性は，すでにいえている．

$$1 \le m_1 \le m_2 \le \cdots \le m_u$$

と仮定して，この数列の一意性をいえばよい．いま，$M$ の部分加群 $pM$ を考えると，

$$pM = \bigoplus_{j=1}^{u} Rp/Rp^{m_j} \quad (\simeq \bigoplus_{j=1}^{u} R/Rp^{m_j-1})$$

となり，その剰余加群は

$$M/pM \simeq (R/Rp)^u$$

となる．よって，$M/pM$ は，体 $R/Rp$ 上のベクトル空間となり，その次元 $u$ は一定である．以下，順次，$R$ 加群 $pM \supset p^2M \supset \cdots \supset p^iM \supset \cdots$ に対して，$p^iM/p^{i+1}M$ に同じ論法を適用して，

$$u_2 := \#\{m_i \ge 2\}, \qquad u_3 := \#\{m_i \ge 3\}, \qquad \cdots$$

が一定であることがいえて，$1 \le m_1 \le m_2 \le \cdots$ の一意性が導かれる．　□


これで定理 12.3 の単因子型の一意性の証明が完了した．上で論じた分解

$$TM \simeq \bigoplus_{i,j} R/Rp_i^{m_{ij}} \qquad (p_i \text{ は素元})$$

に出てくる一意的なデータ $\{(p_i, m_{ij})\}_{i,j}$ を $M$ のねじれ部分 $TM$ の**素因子型**という．


## アーベル群の基本定理

$R = \mathbf{Z}$ の場合に，定理 12.3 を適用したものは，特に**アーベル群の基本定理**とよばれており，群論で頻繁に用いられる．

**系 12.2**　有限生成アーベル群は有限個の巡回群の直積に同型である．さらに詳しく，無限巡回群と，素数巾位数の巡回群の直積に同型で，加法的に表示した

$$\bigoplus_{i,j} \mathbf{Z}/\mathbf{Z}p_i^{m_{ij}} \oplus \mathbf{Z}^l$$

において，$l$ と素因子型 $\{(p_i, m_{ij})\}$ は一意的である．

[証明]　有限生成アーベル群とは，有限生成 $\mathbf{Z}$ 加群のことだから，定理 12.3 と一

意性の議論をこの場合にかき直しただけである．　□

**問 12.5**　$M = \mathbf{Z}^3$ の部分群 $N$ を

$$N := \left\{ \begin{pmatrix} l & + 3n \\ l - 3m + 3n \\ l + 3m - 3n \end{pmatrix} \in \mathbf{Z}^3 \;\middle|\; l, m, n \in \mathbf{Z} \right\}$$

と定義するとき，剰余群 $M/N$ の素因子型を求めよ．


# §13.　ジョルダン標準形

　単因子論のもう１つの重要な応用として，ジョルダン標準形がある．読者はすでに線型代数の教程でこの理論を学ばれたと思うが，われわれの立場からは，理論上も実用上も一層明白になるので，ここに再論しよう．

　$V$ を体 $K$ 上の $n$ 次元ベクトル空間とし，$f : V \longrightarrow V$ を $K$ 上の線型写像（$V$ の自己 $K$ 準同型）とする．このとき，$V$ の基底をうまく選んで，$f$ の行列表示を簡単なものにしたい．このために，単項イデアル整域として，$R = K[T]$（１変数多項式整域）を考え，$R$ の $V$ への作用を，

$$R \times V \longrightarrow V \qquad ((p(T), x) \longmapsto p(f)x, \ (p(T) \in K[T], \ x \in V))$$

で定義する．$p(f)$ は多項式 $p(T)$ に $T \longmapsto f$ という代入を行ったもので，$V$ の $K$ 上の自己準同型を与える．

　この作用によって，$K$ 加群 $V$ はさらに $R$ 加群としての構造をもち，$V$ の $K$ 上の基底は，また明らかに，$R$ 上の生成系だから $R$ 加群としての $V$ も有限生成である．

　したがって，定理 12.3 によって，$R$ 加群としての同型

$$(*) \qquad V \simeq \bigoplus_{i=1}^{r} K[T]/K[T]d_i(T)$$

が得られる．ここで，$V$ は $K$ 上有限次元だから，$R$ 加群として自由部分は出てこない．また，単因子 $d_i(T) \in K[T]$ は $\deg d_i(T) \geq 1$ と仮定してよい

($\deg d_i(T) = 0$ ならば，$d_i(T) \in R^\times$ で，上の分解に実質的に関与しない）．$V$ への $f$ の作用は，（＊）の右辺では，不定元 $T$ の作用にあたることに注意しておく．単因子多項式 $d_i(T)$ について，

$$d_i(T) := T^{n_i} + a_1 T^{n_i-1} + \cdots + a_{n_i-1}T + a_{n_i} \qquad (a_i \in K)$$

とおくと，$R$ 加群 $R/Rd_i(T)$ の $K$ 上の次元は $n_i$ で，$K$ 上のベクトル空間 $R/Rd_i(T)$ の 1 つの基底として，

$$e_{i1} := T^{n_i-1}, \quad e_{i2} := T^{n_i-2}, \quad \cdots, \quad 1 \qquad \mathrm{mod}\, d_i(T)$$

が選べる．

この基底に関して，$f$ の作用をかくと，

$$f(e_{ik}) = TT^{n_i-k} = T^{n_i-(k-1)} = e_{i,k-1} \qquad (1 < k \le n_i)$$

$$f(e_{i1}) = -\sum_{k=1}^{n_i} a_k e_{ik}$$

となり，$f$ は不変部分空間 $R/Rd_i(T)$ 上では，上の基底に関して行列表示

$$\begin{pmatrix} -a_1 & 1 & & 0 \\ -a_2 & 0 & 1 & \\ \vdots & & \ddots & \ddots \\ & & & & 1 \\ -a_{n_i} & 0 & & 0 \end{pmatrix}$$

をもつ．これは，**同伴行列**とよばれているもので，体 $K$ が一般の場合の 1 つの標準形である．

## 代数的閉体の場合

体 $K$ の性質として，$K$ 上の任意の多項式 $p(T) \in K[T]$ が $K[T]$ の中で 1 次式の積に分解できるとき，$K$ を**代数的閉体**という．環の言葉でいえば，単項イデアル整域 $K[T]$ の素元（既約多項式）がすべて 1 次式のときである．あるいは，任意の多項式 $p(T) \in K[T]$ について，$p(T) = 0$ の解（$p(T)$ の**根**）が少なくとも 1 つ $K$ の元であること，これは剰余の定理によって，$p(T)$ のすべての根が $K$ の中にあること，と同値である．

複素数体 $\boldsymbol{C}$ が代数的閉体である（ガウスの定理）ことは余りにも有名である．

複素数体そのものが，解析的な性格（実数の性格からくる）をもっているから，その証明は"純代数的"ではあり得ないことのみに注意しておこう．（高木貞治『解析概論』，または [6] などを参照．）

　以下，$K$ が代数的閉体の場合を考えよう．このとき，$R = K[T]$ の素元は 1 次式のみである．したがって，単因子による分解（＊）において，各 $d(T) = d_i(T)$ は

$$d(T) = \prod_{j=1}^{r} (T - \alpha_j)^{n_j} \qquad (\alpha_j \in K)$$

と既約分解される．ここで，各 $\alpha_j$ は互いに相異なる（$\Longleftrightarrow$ イデアル $R(T - \alpha_j)^{n_j}$ は互いに素）とすると，中国式剰余定理から，$R$ 同型

$$R/Rd(T) \simeq \bigoplus_{j=1}^{r} R/R(T - \alpha_j)^{n_j}$$

を得る．

　この分解の各因子 $R/R(T - \alpha_j)^{n_j}$ について，前と同様の考察を試みる．すなわち，簡単のため，

$$W_\alpha := R/R(T - \alpha)^m \qquad (R := R[T])$$

への $T$ の作用を考える．$W$ を $K$ 上のベクトル空間と考えたときの基底として，

$$e_i := (T - \alpha)^{m-i} \qquad (1 \leq i \leq m)$$

を選ぶと，$(f - \alpha) \mid W_\alpha = T - \alpha$ の作用は，

$$(f - \alpha)(e_i) = (T - \alpha)e_i = (T - \alpha)^{m-(i-1)} = \begin{cases} e_{i-1} & (1 < i \leq m) \\ 0 & (i = 1) \end{cases}$$

である．したがって，この部分空間 $W_\alpha$ 上では，自己準同型 $f - \alpha$ は次の行列表示をもつ：

$$\begin{pmatrix} 0 & 1 & & & 0 \\ & 0 & 1 & & \\ & & \ddots & \ddots & \\ & & & & 1 \\ 0 & & & & 0 \end{pmatrix}$$

ゆえに，$f$ をこの基底によって表示すれば，

$$J_m(\alpha) := \begin{pmatrix} \alpha & 1 & & & 0 \\ & \alpha & 1 & & \\ & & \ddots & \ddots & \\ & & & \ddots & 1 \\ 0 & & & & \alpha \end{pmatrix}$$

となる．この形の行列をサイズ $m$，固有値 $\alpha$ の**ジョルダン・ブロック**とよぼう．

　さて，もとのベクトル空間 $V$ は部分空間 $R/R(T-\alpha)^m$ の直和であったから，$f$ は $V$ 全体では，上のようなジョルダン・ブロックを対角形に並べた行列表示をもつ．この表示を $f$ の**ジョルダン標準形**という．

**定理 13.1**　代数的閉体 $K$ 上の有限次元ベクトル空間上の自己 $K$ 準同型写像は，適当な基底を選ぶことにより，ジョルダン標準形

$$\begin{pmatrix} J_{m_1}(\alpha_1) & & & 0 \\ & J_{m_2}(\alpha_2) & & \\ & & \ddots & \\ 0 & & & \ddots \end{pmatrix}, \quad J_m(\alpha) := \begin{pmatrix} \alpha & 1 & & & 0 \\ & \alpha & 1 & & \\ & & \ddots & \ddots & \\ & & & \ddots & 1 \\ 0 & & & & \alpha \end{pmatrix}, \quad (\alpha_i \in K)$$

に行列表示できる．さらに，この表示は，ジョルダン・ブロックのおき替えを除いて一意的である．

　**[証明]**　ジョルダン標準形に表示できることはすでに示した．一意性については，$f$ が上のような表示をもつことと，$V$ が $K[T]$ 加群として，素因子型が，$\{(T-\alpha_1, m_1), (T-\alpha_2, m_2), \cdots\}$ であることが同値であるので，やはり，§12 の末節の議論から従う．　□

## 計 算 法

　ジョルダン標準形は，次のように，特性行列の単因子型（または，素因子型）を求めることによって得られる．

　**命題 13.1**　$V$ を代数的閉体 $K$ 上の $n$ 次元ベクトル空間，$F$ を $K$ 準同型 $f : V \longrightarrow V$ の1つの行列表示とする．$1_n$ を $n$ 次単位行列とし，

$$F(T) := T 1_n - F \in M_n(K[T])$$

を $F$ の特性行列とする．$F(T)$ の単因子を $(1, 1, \cdots, d_1(T), d_2(T), \cdots)$ とし，各 $i$ について，

$$d_i(T) = \prod_{j=1}^{r_i} (T - \alpha_{ij})^{n_{ij}} \qquad (\alpha_{ij} \in K)$$

とすると，$f$（または $F$）のジョルダン標準形は，

$$\begin{pmatrix} J_{n_{11}}(\alpha_{11}) & & & & 0 \\ & J_{n_{12}}(\alpha_{12}) & & & \\ & & \ddots & & \\ & & & J_{n_{21}}(\alpha_{21}) & \\ 0 & & & & \ddots \end{pmatrix}$$

である．

[**証明**]　$V$ の基底 $(e_i)_{1 \leq i \leq n}$ による $f$ の行列表示が $F$ とする．このとき，$R$ 準同型の列 $(R := K[T])$

$$R^n \xrightarrow{\ \varphi\ } R^n \xrightarrow{\ \psi\ } V$$

を，

$$\psi((p_i(T))_{1 \leq i \leq n}) := \sum_{i=1}^n p_i(f)e_i,$$

$$\varphi((q_i(T))_{1 \leq i \leq n}) := F(T) \begin{pmatrix} q_1(T) \\ \vdots \\ q_n(T) \end{pmatrix}$$

と定義すると，$\psi$ は全準同型で，$\operatorname{Im} \varphi \subset \operatorname{Ker} \psi$ が容易にわかる．

一方，$K$ ベクトル空間として，

$$\dim_K R^n / \operatorname{Im} \varphi = \deg(\det F(T)) = n,$$
$$\dim_K R^n / \operatorname{Ker} \psi = \dim_K V = n$$

だから，$\operatorname{Im} \varphi = \operatorname{Ker} \psi$ でなければならない．したがって，$R$ 加群として，

$$V \simeq R^n / \operatorname{Ker} \psi = R^n / \operatorname{Im} \varphi.$$

前節の議論で行ったように，$\varphi$ の行列表示 $F(T)$ の単因子を

$$(1, \cdots, 1, d_1(T), d_2(T), \cdots, d_r(T))$$

とすると，

$$V \simeq \bigoplus_{i=1}^r R / R d_i(T)$$

なる $R$ 同型を得る．ゆえに，命題の主張を得る．　□

**問 13.1**　イデアル

$$I_F := \{p(T) \in K[T] \mid p(F) = 0\}$$

の生成元 $m_F(T)$ を $F$ の**最小多項式**という．特性行列 $F(T)$ の単因子を

$$(1, \cdots, 1, d_1(T), \cdots, d_r(T))$$

とすると，

$$m_F(T) = d_r(T)$$

で，$m_F(T)$ の根は，$F$ のすべての固有値をつくすことを示せ．

**問 13.2**　次の行列のジョルダン標準形を求めよ．

$$\begin{pmatrix} 4 & -1 & -3 \\ -3 & -5 & 10 \\ 0 & -3 & 4 \end{pmatrix}, \quad \begin{pmatrix} 5 & -4 & 12 \\ 1 & 0 & 3 \\ -1 & 1 & -2 \end{pmatrix}.$$

# 問　　題

**1.** $p$ を素数とするとき，位数 $p^n$ のアーベル群で互いに同型でないもの（同型類）はいくつあるか．

**2.** 位数 360 のアーベル群の同型類をすべてかき上げよ．

**3.** $p$ を素数とするとき，$(\mathbf{Z}/\mathbf{Z}p)^n$ の位数 $p$ の部分群はいくつあるか．

**4.** $p$ を素数とするとき，$\mathbf{Z}^2$ の指数 $p$ の部分群はいくつあるか．

**5.** 5次以下の行列のジョルダン標準形の形とその単因子型をすべてかき上げよ．

**6.**

$$A := \begin{pmatrix} -a_n & 1 & & & 0 \\ -a_{n-1} & 0 & 1 & & \\ \vdots & & \ddots & \ddots & \\ \vdots & & & 0 & 1 \\ -a_1 & 0 & & & 0 \end{pmatrix}$$

の特性多項式 $p_A(T)$ を計算し，$p_A(T)$ は $A$ の最小多項式と一致することを確かめ
よ．また，$p_A(T)$ の因数分解の形に応じて，$A$ のジョルダン標準形はどうなるか調
べよ．

**7.** $A$ を有理数係数の $(m, n)$ 行列とし，$\boldsymbol{Z}^n$ の部分群

$$L_A := \{x \in \boldsymbol{Z}^n \mid Ax \in \boldsymbol{Z}^m\}$$

を考える．このとき，

（i）　$\boldsymbol{Z}^n/L_A$ は有限群であることを示せ．

（ii）　$A = \begin{pmatrix} 1/12 & 1/6 & 1/4 & 1/3 \\ 1/6 & 7/6 & 1/2 & 3/2 \\ 1/4 & 4/3 & 3/4 & 11/6 \end{pmatrix}$ のとき，アーベル群 $\boldsymbol{Z}^4/L_A$ の型を求めよ．

# 3

# 群

　この章では，群の具体的運用を目的にしたいくつかの
基礎的手法と基本定理を紹介する．

　群の作用は，群がいろんな場面に登場する際，大てい
こういう形をとっているのだが，群自身の解析にとって
も必須のものである．内部自己同型，共役類などの概念
である．有限群にこの手法を適用してシロー（Sylow）
の定理を得る．この美しい定理は，また有限群を論ずる
とき，必ずといって良い程用いられる汎用定理でもある．

　可解群，巾零群は，アーベル群の概念を拡張した比較
的取り扱い易いクラスの群である．それらについての基
礎的事項と，関連して，正反対の極にある群の例として，
5次以上の交代群が単純であることを証明する．この事
実は，群論の1つの発生理由であるガロアの理論で再登
場する．

　§19で組成列についてのジョルダン・ヘルダー
（Hölder）の定理を証明する．これは各種の加群の理論
でも重要な基礎定理であって，本書第4, 5章でもその働
きが十分見られるであろう．

# §14. 群の作用

自然界において，群は通常ある種の構造（図形その他）に関する対称性を表すものとして登場する．例えば，一般線型群 $GL_n(R)$ は，階数 $n$ の自由 $R$ 加群 $R^n$ の自己同型写像として定義されている．

一般に，群 $G$ と集合 $X$ に関して，写像

$$G \times X \longrightarrow X \qquad ((g, x) \longmapsto gx)$$

が与えられていて，条件

(i) $(gh)x = g(hx)$ $\qquad (g, h \in G, \ x \in X)$

(ii) $ex = x$ $\qquad\qquad (e は G の単位元)$

をみたすとき，$G$ は $X$ に（**左から**）**作用する**（または，**働く**）という．また，このとき $G$ を $X$ の**変換群**，$X$ を **$G$ 集合**（または，**$G$ 空間**）という．（加群の場合と同様 (i) の代りに (i)′ $(gh)x = h(gx)$ をみたすとき，**右からの作用**といい，$xg := gx$ とかいた方がよい．以下，断らない限り，左からの作用を考える．）

$G$ が $X$ に作用しているとき，$G$ から $X$ の全単射全体のなす群 $S(X)$（例 2.2）への準同型 $\varphi$ が次のようにして定まる．$g \in G$ に対して，$\varphi(g) : X \longrightarrow X$ を $\varphi(g)(x) := gx$ $(x \in X)$ と定義すると，

$$\varphi(g)(x) = \varphi(g)(y) \implies gx = gy$$
$$\implies x = ex = (g^{-1}g)x = g^{-1}(gx) = g^{-1}(gy) = y$$

より，$\varphi(g)$ は単射．また，任意の $x \in X$ に対し，$x = \varphi(g)(\varphi(g^{-1})x)$ だから，$\varphi(g)$ は全射．したがって，$\varphi(g) \in S(X)$ となる．$\varphi(gh) = \varphi(g)\varphi(h)$ $(g, h \in G)$ は作用の条件から明らかである．

逆に，群準同型

$$\varphi : G \longrightarrow S(X)$$

が与えられたとき，

$$G \times X \ni (g, x) \quad \longmapsto \quad \varphi(g)x \in X$$

は $G$ の $X$ への作用を与えることは容易に検証できる．すなわち，$G$ の $X$ への

作用は，$G$ から $S(X)$ への準同型と同じ概念である.

## 軌 道

群 $G$ が集合 $X$ に作用しているとき，$x \in X$ に対して，$X$ の部分集合

$$O_G(x) := \{gx \mid g \in G\} =: Gx$$

を $x$ の **$G$ 軌道**という. 群 $G$ が 1 つ固定されていて，混乱の恐れがないときは，単に，$O(x)$ とかき，$x$ の軌道ということも多い.

軌道 $O(x), O(y)$ について，$O(x) \cap O(y) \neq \emptyset$ ならば，$O(x) = O(y)$ である. 実際，$z \in O(x) \cap O(y)$ とすると，ある $g, h \in G$ が存在して，$gx = z = hy$. ゆえに，$y = h^{-1}gx \in O(x)$. よって，$O(y) \subset O(x)$. 同様に $O(x) \subset O(y)$. したがって，2 つの元 $x, y$ が同じ軌道に入っていることは $O(x) = O(y)$ を意味し，$X$ の元に同値関係を与える. この同値関係を $\underset{G}{\sim}$ とかくと，各軌道から代表元 $x_i$ $(i \in I)$ をとることによって，$\underset{G}{\sim}$ に関する同値類別

$$X =: \coprod_{i \in I} O(x_i)$$

が得られる. この類別を**軌道分解**という. このとき，商集合 $X/\underset{G}{\sim}$ を単に $G \backslash X$ とかき，$G$ 集合 $X$ の $G$ による**商**という. 商 $G \backslash X$ は軌道全体から成る集合で，上の場合，添字集合 $I$ と同一視できる.（右からの作用の場合は，商を $X/G$ とかくのが普通である.）

$X$ が唯一つの $G$ 軌道から成るとき，$G$ は $X$ に**推移的**に作用するという. これは，任意の $x, y \in X$ に対し，必ず $gx = y$ なる $g \in G$ が存在することを意味する.

**例 14.1** $H$ を群 $G$ の部分群とし，$H$ の $G$ への作用を**左移動** $H \times G \ni (h, x) \longmapsto hx \in G$ で定義する. このとき $x$ の $H$ 軌道 $O_H(x) = Hx$ は $x$ の $H$ による右剰余類で，商 $H \backslash G$ は $G$ の $H$ による右剰余集合（§4）と一致する. 同様に，右移動 $(x, h) \longmapsto xh$ を考えると，左剰余集合 $G/H$ が得られる.

**例 14.2** $H, K$ を群 $G$ の部分群とするとき，直積群 $H \times K$ の $G$ への作用

を

$$(H \times K) \times G \ni ((h, k), x) \quad \longmapsto \quad hxk^{-1} \in G$$

で定義する（左作用）．この作用による $x$ の軌道 $O_{H \times K}(x) := HxK$ を**両側剰余類**といい，商 $(H \times K) \backslash G$ を通常 $H \backslash G / K$ とかき，**両側剰余集合**という．

群 $G$ が $X$ に作用しているとき，$X$ の部分集合 $Y \subset X$ と $g \in G$ に対して，

$$gY := \{gy \in X \mid y \in Y\}$$

を $Y$ の **$g$ 移動**という．一方，$G$ の部分集合

$$Z_G(Y) := \{g \in G \mid gY = Y\}$$

は，$G$ の部分群をなし，$Y$ は $Z_G(Y)$ 集合になる．実際，$g, h \in Z_G(Y)$ ならば，$gY = Y$ ゆえ $g^{-1}Y = Y$，よって $g^{-1} \in Z_G(Y)$，$(gh)Y = g(hY) = gY = Y$ より $gh \in Z_G(Y)$．この部分群 $Z_G(Y)$ を $Y$ の**固定化部分群**とよぶ．特に $Y = \{x\}$ と，1 元 $x \in X$ から成る場合，単に $Z_G(x)$ とかく．

**命題 14.1**　$G$ が $X$ に作用しているとき，$x \in X$ に対して，写像

$$G/Z_G(x) \ni gZ_G(x) \quad \longmapsto \quad gx \in O_G(x)$$

は全単射であり，この全単射により，$x$ の $G$ 軌道 $O_G(x)$ と左剰余集合 $G/Z_G(x)$ は自然に同一視される．

　[**証明**]　写像 $f : G \longrightarrow O_G(x)$, $f(g) := gx$ は定義によって全射である．したがって，$f$ のファイバーについて，$f^{-1}(gx) = gZ_G(x)$ を示せばよい．$h \in f^{-1}(gx)$ とすると，

$$hx = gx \Longrightarrow g^{-1}hx = x \Longrightarrow g^{-1}h \in Z_G(x) \Longrightarrow h \in gZ_G(x). \quad \square$$

**系 14.1**　$\# O_G(x) = (G : Z_G(x))$．特に，$G$ が有限群のときは，軌道の元の個数は $G$ の位数の約数である．

　[**証明**]　定義により，$(G : Z_G(x)) = \#(G/Z_G(x))$．また，命題 4.3 より，$\#G = (G : Z_G(x)) \# Z_G(x)$．$\quad \square$

## 内部自己同型，共役類

群 $G$ の $G$ 自身への作用に，左右の移動の他に次のものがある．$g, x \in G$ に対して，$i_g(x) := gxg^{-1}$ とかくと

$$G \times G \ni (g, x) \quad \longmapsto \quad i_g(x) \in G$$

は $G$ の $G$ 自身への作用であることが，群の公理から容易に検証できる（$i_{gh} = i_g i_h$, $i_e = \mathrm{Id}_G$）．さらに，$i_g : G \longrightarrow G$ は $G$ の自己同型を与えている．実際，$i_g \circ i_{g^{-1}} = i_{g^{-1}} \circ i_g = \mathrm{Id}_G$ だから $i_g$ は全単射で，

$$i_g(xy) = g(xy)g^{-1} = (gxg^{-1})(gyg^{-1}) = i_g(x)i_g(y)$$

だから，$i_g$ は群準同型である．$i_g$ という形の自己同型を特に $G$ の**内部自己同型**といい，初めに定義した $G$ の $G$ への作用を，**内部自己同型作用**という．$G$ の自己同型全体のなす群（**自己同型群**）を $\mathrm{Aut}\, G$ とかくとき，準同型

$$i : G \longrightarrow \mathrm{Aut}\, G \qquad (i(g) := i_g)$$

の像 $\mathrm{Im}\, i = \mathrm{Int}\, G$ を**内部自己同型群**という．

**問 14.1** $\qquad\qquad\qquad\qquad\qquad \mathrm{Int}\, G \triangleleft \mathrm{Aut}\, G.$

$G$ の内部自己同型作用による $G$ 軌道

$$O_G(x) := \{gxg^{-1} \mid g \in G\}$$

を特に，$G$ の**共役類**といい，$x$ の固定化部分群

$$Z_G(x) := \{g \in G \mid gxg^{-1} = x\}$$

を $x$ の**中心化群**という．また，$y \in O_G(x)$ $(\Longleftrightarrow x \in O_G(y))$ のとき，$x$ と $y$ とは**共役**であるという．勿論，共役は同値関係になる．命題 14.1 より，$x$ を含む共役類は剰余集合 $G/Z_G(x)$ と（集合として）同型である．

全準同型 $i : G \longrightarrow \mathrm{Int}\, G$ の核

$$Z(G) := \mathrm{Ker}\, i = \{g \in G \mid gxg^{-1} = x \ (\forall x \in G)\}$$

を $G$ の**中心**という．明らかに，$Z(G) = \bigcap_{x \in G} Z_G(x)$ となる．準同型定理によって，同型

$$G/Z(G) \simeq \mathrm{Int}\, G$$

が成り立つ.

さて, 中心の元 $x \in Z(G)$ に対してはその共役類は唯 1 個の元 $O_G(x) = \{x\}$ である. 特に, $G$ がアーベル群のときは, $Z(G) = Z_G(x) = G$ で, $G$ のすべての共役類は 1 個の元から成る. この意味で, 共役類の大きさは, 群の非可換性を測る 1 つの目安となり, 非可換群の構造解析にとって重要である.

**例 14.3**  $G$ を位数 $n$ の有限群とする. $G$ の共役類を $O_1, O_2, \cdots, O_r$ とすると, 系 14.1 から, $\sharp O_i$ はすべて $n$ の約数であり, 軌道分解から等式

$$n = \sum_{i=1}^{r} \sharp O_i$$

が得られる (**類等式**). この等式は, 有限群論において見かけ以上に有用である.

**例 14.4**  $K$ を代数的閉体とし, $G = GL_n(K)$ を $K$ 上の $n$ 次一般線型群とする. $G$ の各共役類の代表元として, ジョルダン標準形から成る行列が選べる (§13).

**問 14.2**  $GL_n(K)$ の中心は可逆なスカラー行列から成る.

群 $G$ の部分群 $H$ に対して, $G$ の内部自己同型作用に関する $H$ の固定化群 $Z_G(H)$ を $N_G(H)$ とかいて, $H$ の**正規化群**という. 定義によって
$$N_G(H) = \{g \in G \mid gHg^{-1} = H\}$$
ゆえ, $H \lhd N_G(H)$ であり, $N_G(H)$ は $H$ を含む部分群で, $H$ が正規であるようなもののうち, 最大のものである.

$G$ の 2 つの部分群 $H, H'$ に対して, $gHg^{-1} = H'$ なる $g \in G$ が存在するとき, $H$ と $H'$ は**共役な**部分群であるという. したがって, 正規部分群に共役な部分群は自分自身しかない.

**例 14.5**  $S_n$ を $n$ 次対称群とする. 元 $\sigma \in S_n$ が生成する巡回群を $\langle \sigma \rangle$ とかき, $\langle \sigma \rangle$ の集合 $X_n := \{1, 2, \cdots, n\}$ への作用を考える. この作用に関する $X_n$ の軌道分解を

$$X_n =: \coprod_{1 \leq k \leq r} O_{\langle \sigma \rangle}(n_k)$$

とおく（$1 \leq n_k \leq n$ は $\langle \sigma \rangle$ 軌道の代表元で，$\#(\langle \sigma \rangle \backslash X_n) = r$ とする）．このとき，各軌道について，$\sigma^{i-1}(n_k) = n_k^{(i)}$ とおくと，

$$O_{\langle \sigma \rangle}(n_k) = \{n_k = n_k^{(1)}, n_k^{(2)}, \cdots, n_k^{(l_k)}\} \qquad (l_k := \# O_{\langle \sigma \rangle}(n_k))$$
$$\sigma(n_k^{(i)}) = n_k^{(i+1)} \qquad (\text{ただし，} \sigma(n_k^{(l_k)}) = n_k^{(1)}).$$

したがって，**巡回置換** $\gamma := (i_1, \cdots, i_l) \in S_n$ を，$\gamma(i_j) = i_{j+1}$ $(1 \leq j < l)$, $\gamma(i_l) = i_1$, $\gamma(p) = p$ $(p \neq i_j)$ と定義すると，元 $\sigma \in S_n$ は次のように巡回置換の積に表示される．

$$(*) \qquad \sigma = (n_1^{(1)}, n_1^{(2)}, \cdots, n_1^{(l_1)})(n_2^{(1)}, n_2^{(2)}, \cdots, n_2^{(l_2)}) \cdots$$

ここで，$n$ 以下の番号は，上のいずれか1つの項にしか現れないから，各巡回置換は可換である．分解 $(*)$ を $\sigma$ の**巡回置換分解**といい，各項の長さの組 $(l_1, l_2, \cdots, l_r)$ を $\sigma$ の**型**という（各項の可換性から，$l_1 \leq l_2 \leq \cdots \leq l_r$ と仮定してよい）．このとき，明らかに，$l_1 + l_2 + \cdots + l_r = n$ だから，$S_n$ の元の型は，$n$ の**分割**を与える．

$S_n$ の2元 $\sigma, \tau$ が共役であるためには，$\sigma$ と $\tau$ の型が一致することが必要十分である．実際，1つの巡回置換に対しては，$\rho \in S_n$ による内部自己型像は，

$$\rho(i_1, i_2, \cdots, i_l)\rho^{-1} = (\rho(i_1), \rho(i_2), \cdots, \rho(i_l))$$

となり，その長さ $l$ を変えない．したがって，

$$\rho \sigma \rho^{-1} = \rho(n_1^{(1)}, \cdots, n_1^{(l_1)})\rho^{-1} \cdot \rho(n_2^{(1)}, \cdots, n_2^{(l_2)})\rho^{-1} \cdots$$

と考えることにより，内部自己同型により元の型は不変であることがわかる．一方，$\sigma$ と $\tau$ の型が同じであれば，それぞれ巡回置換分解して，

$$\sigma = (i_1, i_2, \cdots, i_{l_1})(j_1, j_2, \cdots, j_{l_2}) \cdots$$
$$\tau = (i_1', i_2', \cdots, i_{l_1}')(j_1', j_2', \cdots, j_{l_2}') \cdots$$

とするとき，置換

$$\rho = \begin{pmatrix} i_1 & i_2 & \cdots & i_{l_1} & j_1 & j_2 & \cdots & j_{l_2} & \cdots \\ i_1' & i_2' & \cdots & i_{l_1}' & j_1' & j_2' & \cdots & j_{l_2}' & \cdots \end{pmatrix}$$

によって $\rho \sigma \rho^{-1} = \tau$ となり，$\sigma$ と $\tau$ とは共役になる．これによって，$S_n$ の共役類への分解が得られた．

　勝手な $n$ の分割に対して，その型をもつ置換が存在するから，$S_n$ の共役類のなす集合と，$n$ の分割の集合はこの対応で 1：1 である．特に，$S_n$ の共役類の総数は $n$ の**分割数** $p(n)$ に等しい．

**問 14.3**　次の置換を巡回置換分解せよ．

$$\begin{pmatrix} 1 & 2 & 3 \\ 2 & 1 & 3 \end{pmatrix}, \quad \begin{pmatrix} 1 & 2 & 3 & 4 & 5 \\ 2 & 4 & 5 & 1 & 3 \end{pmatrix}.$$

# §15.　シローの定理

　この節では，有限群に関するシローの定理を紹介する．これは，一般の有限群に対して成立するほとんど唯一の構造定理で，定理自身の美事さは無論，応用上も重要である．

　まず，次の補題を準備する．

**補題 15.1**　$p$ を素数とするとき，2 項係数について次の合同式が成り立つ．

$$\binom{p^r q}{p^r} \equiv q \qquad \mod p.$$

　［**証明**］　直接証明もできるが，有限体 $\boldsymbol{F}_p := \boldsymbol{Z}/\boldsymbol{Z}p$ 上の 2 項展開を考えると見易い．まず定義から，

$$\binom{p}{i} := \frac{p!}{(p-i)!\,i!} \equiv \begin{cases} 0 \mod p & (0 < i < p) \\ 1 \mod p & (i = 0, p). \end{cases}$$

したがって，体 $\boldsymbol{F}_p$ 上の 1 変数多項式整域 $\boldsymbol{F}_p[X]$ において，

$$(1 + X)^p = 1 + X^p.$$

よって，$(1 + X)^{p^r} = 1 + X^{p^r}$．これをさらに $q$ 巾すると，

$$(1 + X)^{p^r q} = 1 + qX^{p^r} + \cdots + \binom{q}{i}X^{p^r i} + \cdots.$$

これから，$X^{p^r}$ の係数を $\boldsymbol{Z}[X] \mod p$ で考えると，

$$\binom{p^r q}{p^r} \equiv q \qquad \mod p$$

が導かれる. □

　位数が素数 $p$ の巾であるような有限群を **$p$ 群**という. 有限群の位数が, 素数 $p$ について, $\#G = p^r q$ $(p \nmid q)$ と分解するとき, $G$ の位数 $p^r$ の部分群を**シロー $p$ 部分群**という. 部分群の位数は $\#G$ の約数であるから, シロー $p$ 部分群は, $G$ の極大 $p$ 部分群である.

　**定理 15.1**　(シロー)　1)　有限群 $G$ は, 任意の素数 $p$ に対して, シロー $p$ 部分群をもつ.

　2)　$G$ の $p$ 部分群はあるシロー $p$ 部分群に含まれる.

　3)　シロー $p$ 部分群は互いに共役である.

　4)　シロー $p$ 部分群の個数を $n_p$ とすると,

$$n_p \equiv 1 \qquad \mathrm{mod}\, p.$$

　[**証明**]　1)　$\#G = p^r q$, $p \nmid q$, すなわち, $p^r$ が $G$ の位数をぎりぎり割り切る最大の $p$ 巾とする (いうまでもなく, $p \nmid \#G$ のときは, $p^r = p^0 = 1$ と考える). さて, $X$ を, $G$ の $p^r$ 個の元をもつ部分集合全体から成る集合, すなわち,

$$X := \{S \subset G \mid \#S = p^r\}$$

とする. $X$ には, 左移動 $S \longmapsto gS$ $(g \in G)$ によって, $G$ が作用する. この作用による $G$ 集合 $X$ の軌道分解を

$$X = \coprod_i O_G(S_i)$$

とおくと,

$$\#X = \binom{p^r q}{p^r} = \sum_i \#O_G(S_i)$$

を得る. ここで, 補題 15.1 から, $\#X \equiv q \bmod p$ で, 仮定から, $p \nmid q$ だから, $p \nmid \#X$. したがって, 軌道 $O_G(S_i)$ の中に少なくとも 1 つ $p \nmid \#O_G(S_0)$ なる $S_0 \in X$ が存在する. この $S_0$ の固定化群を $H = Z_G(S_0)$ とおくと, 系 14.1 から $\#O_G(S_0) = (G : H)$ だから, $p^r \mid \#H$ を得る. 特に, $\#H \geq p^r$.

　ところが, $s \in S_0$ に対して, $Hs \subset S_0$ だから, $H \subset S_0 s^{-1}$. よって, $\#H \leq \#(S_0 s^{-1}) = \#S_0 = p^r$. したがって上と合せて, $\#H = p^r$, すなわち, $H$ はシロー $p$ 部分群で

ある.

2) 1) によって存在が示されたシロー $p$ 部分群 $S$ を 1 つ固定し, $S$ に共役な部分群全体を $\mathscr{S} := \{gSg^{-1} \mid g \in G\}$ とおく. $\mathscr{S}$ には, 内部自己同型作用 $S' \longmapsto gS'g^{-1}$ $(g \in G,\ S' \in \mathscr{S})$ によって, $G$ が推移的に作用する. すなわち $\mathscr{S} = O_G(S) \simeq G/N_G(S)$ $(N_G(S) = Z_G(S)$ は $S$ の正規化群). ここに, $\#G = p^r q$, $p \nmid q$, $\#S = p^r$ は $\#N_G(S)$ の約数だから, $\#O_G(S) \mid q$ となり, したがって, $p \nmid \#\mathscr{S}$ である.

さて, $H$ を $G$ の $p$ 部分群とし, $G$ 集合 $\mathscr{S}$ を $H$ 集合と見なし, $\mathscr{S}$ の $H$ 軌道分解が導く等式

$$\#\mathscr{S} = \sum_i \#O_H(S_i)$$

を考えると, $p \nmid \#\mathscr{S}$ だから, $\mathscr{S}$ の中に少なくとも 1 つは $p \nmid \#O_H(S_i)$ なる $S_i$ がなければならない. ところが, $H$ は $p$ 群だから, その軌道 $O_H(S_i)$ の個数は $p$ の巾の約数である (系 14.1). したがって, $p \nmid \#O_H(S_i)$ ならば, $\#O_H(S_i) = 1$ でなければならない. すなわち, 任意の $h \in H$ に対して, $hS_i h^{-1} = S_i$.

さて, このとき, $H \subset N_G(S_i)$ だから, 集合 $HS_i := \{hg \mid h \in H,\ g \in S_i\}$ は $G$ の部分群をなす. $S_i \triangleleft HS_i$ ゆえ, 同型定理より,

$$HS_i/S_i \simeq H/H \cap S_i.$$

ゆえに $\#(HS_i) = \#S_i \#(H/H \cap S_i)$ で, これは $p$ の巾である. $\#(HS_i)$ は $\#G$ の約数で $p$ の巾ゆえ, $p^r$ の約数である. ところが, $S_i \in \mathscr{S}$ はシロー $p$ 部分群だから $\#S_i = p^r$. ゆえに $\#(HS_i) = \#S_i$, すなわち, $S_i = HS_i$. これは $H \subset S_i$ を意味する. よって $H$ はあるシロー $p$ 部分群に含まれる.

3) 2) より明らか.

4) 3) より, 2) の証明中の $\mathscr{S}$ はシロー $p$ 部分群全体の集合である. いま, $S \in \mathscr{S}$ を 1 つのシロー $p$ 部分群として, $\mathscr{S}$ を $S$ 集合として軌道分解すると,

$$(*) \qquad\qquad \#\mathscr{S} = \sum_i \#O_S(S_i).$$

このとき,

$$\#O_S(S_i) = 1 \iff S = S_i \quad (S_i \in \mathscr{S})$$

が成り立つ. 実際, $\#O_S(S_i) = 1$ とすると, 2) の証明の後半で $H = S$ とおくことにより, $S \subset S_i$, すなわち $S = S_i$ が導かれる.

よって, 等式 $(*)$ において, $\#O_S(S_i)$ は $\#S = p^r$ の約数だから, $S \neq S_i$ のとき

$p \mid \#O_S(S_i)$ となり,

$$\#\mathscr{S} \equiv \#O_S(S) = 1 \qquad \bmod p$$

が成り立つ. □

**例 15.1** $G$ が有限アーベル群のとき, アーベル群の基本定理 (系 12.2) によって, $G$ は直和分解

$$G \simeq \bigoplus_{i=1}^{k} \left( \bigoplus_{j=1}^{r_i} \boldsymbol{Z}/\boldsymbol{Z} p_i{}^{n_{ij}} \right) \qquad (p_i, \cdots, p_k \text{ は相異なる素数})$$

をもつ. このとき, $p_i$ ねじれ部分

$$G(p_i) := \{x \in G \mid \text{ある } n \text{ に対して } p_i{}^n x = 0\} \simeq \bigoplus_{j=1}^{r_i} \boldsymbol{Z}/\boldsymbol{Z} p_i{}^{n_{ij}}$$

が $G$ の唯一つのシロー $p_i$ 部分群である.

**問 15.1** 3 次対称群 $S_3$ のシロー 2 部分群, シロー 3 部分群をすべてかき下せ.

**命題 15.1** $S$ を有限群 $G$ のシロー $p$ 部分群とする. このとき, $S$ の正規化群 $N_G(S)$ を含む $G$ の部分群 $H$ について, $N_G(H) = H$ が成り立つ.

[証明] $g \in N_G(H)$ ならば $gHg^{-1} = H$. したがって, $gSg^{-1} \subset H$ は $H$ のシロー $p$ 部分群である. 定理 15.1, 3) によって, ある $h \in H$ が存在して, $gSg^{-1} = hSh^{-1}$. よって, $(h^{-1}g)S(h^{-1}g)^{-1} = S$, すなわち, $h^{-1}g \in N_G(S)$. ゆえに, $g \in hN_G(S) \subset HN_G(S) \subset H$. よって, $N_G(H) \subset H$ がいえた. ゆえに $N_G(H) = H$. □

# §16. 直積分解

群 $G_1, G_2, \cdots, G_n$ の直積群

$$G = G_1 \times G_2 \times \cdots \times G_n$$

を考える. §5 で見たように, このとき, 各直積因子 $G_i$ を $G$ の部分群 $\{(e_1, \cdots, x_i, \cdots, e_n) \mid x_i \in G_i\}$ と同一視することにより, $G_i \triangleleft G$ で, 次の条件をみたす.

(a) $i \neq j$ ならば, $G_i$ の元と $G_j$ の元は可換である.

(b) $G$ の任意の元は $x_1 x_2 \cdots x_n$ $(x_i \in G_i)$ と一意的に表される.

次の命題はこの逆を主張している.

**命題 16.1** 群 $G$ の部分群 $G_1, G_2, \cdots, G_n$ が上の条件 (a), (b) をみたすならば,写像

$$f : G_1 \times G_2 \times \cdots \times G_n \ni (x_1, x_2, \cdots, x_n) \longmapsto x_1 x_2 \cdots x_n \in G$$

は群の同型を与える.

［証明］ 条件 (b) より,$f$ は全射である.また,条件 (a) を繰り返し用いれば,$f$ は準同型であることが検証される.$(x_1, x_2, \cdots, x_n) \in \mathrm{Ker}\, f$ とすると,$e = x_1 x_2 \cdots x_n$ となり,(b) の一意性から $x_i = e$ $(1 \le i \le n)$.よって $f$ は単射となり,同型である. □

命題のように,群 $G$ がその部分群 $G_1, G_2, \cdots, G_n$ について条件 (a), (b) をみたすとき,表示 $G = G_1 \times G_2 \times \cdots \times G_n$ を $G$ の**直積分解**という.直積分解を与えるための必要十分条件として次がある.

**命題 16.2** 群 $G$ の部分群 $G_1, G_2, \cdots, G_n$ について,直積分解 $G = G_1 \times G_2 \times \cdots \times G_n$ が成り立つためには,次の 3 条件が必要十分である.

(1) 各 $G_i$ は $G$ の正規部分群.

(2) $G = G_1 G_2 \cdots G_n$.

(3) $(G_1 G_2 \cdots G_i) \cap G_{i+1} = \{e\}$, $(i = 1, 2, \cdots, n-1)$.

［証明］（必要性） 直積分解が成り立つとき,(1), (2) はすでに明らかであろう.(3) については,いま,$x_1 x_2 \cdots x_i = x_{i+1} \in G_{i+1}$ $(x_j \in G_j)$ とすると,$x_1 x_2 \cdots x_i x_{i+1}^{-1} = e$.よって (b) の一意性から $x_1 = x_2 = \cdots = x_i = x_{i+1} = e$.これは (3) を示す.

（十分性） まず (a) を示す.すなわち,$x_i \in G_i$ に対し,$i \ne j$ ならば $x_i x_j = x_j x_i$ をいう.そこで,元 $y := x_i x_j x_i^{-1} x_j^{-1}$ を考えると,$G_j$ は正規であるから,$x_i x_j x_i^{-1} \in G_j$,ゆえに $y = (x_i x_j x_i^{-1}) x_j^{-1} \in G_j$.同様に,$G_i$ が正規であることから,$y \in G_i$ が導かれる.いま $j < i$ と仮定すると,$G_j \subset G_1 G_2 \cdots G_{i-1}$.よって,(3) から,$G_j \cap G_i = \{e\}$ となり,$y \in G_i \cap G_j$ ゆえ $y = e$ となる.これは $x_i x_j = x_j x_i$ を意味する.よって (a) がいえた.

次に (b) を示す. 積表示の存在は (2) によって保証されているから, その一意性を示せばよい. いま, $x_1 x_2 \cdots x_n = y_1 y_2 \cdots y_n$ $(x_i, y_i \in G_i)$ と仮定する. そこで $x_i \neq y_i$ なる最大の $i$ を $j$ とおく. このとき, $x_i = y_i$ $(i > j)$ だから, $x_1 x_2 \cdots x_j = y_1 y_2 \cdots y_j$ を得る. 異なる $G_i, G_k$ の元ごとの可換性 (a) はすでに示したから, 上式の両辺に左から順に, $y_1^{-1}, y_2^{-1}, \cdots, y_{j-1}^{-1}$, 右から $x_j^{-1}$ を乗ずることにより,

$$(y_1^{-1} x_1)(y_2^{-1} x_2) \cdots (y_{j-1}^{-1} x_{j-1}) = y_j x_j^{-1}$$

を得る. このとき左辺は $G_1 G_2 \cdots G_{j-1}$, 右辺は $G_j$ に属し, 条件 (3) から $y_j x_j^{-1} = e$, すなわち $x_j = y_j$. これは仮定に反する. ゆえにすべての $i$ について $x_i = y_i$.  □

**例 16.1**  $G$ を有限アーベル群とし, その位数 $\sharp G$ の素因数を $p_1, p_2, \cdots, p_n$ とする. $S(p_i)$ を $G$ のシロー $p_i$ 部分群 (アーベル群だから唯一つ) とすると, アーベル群の基本定理から, $G = S(p_1) \times S(p_2) \times \cdots \times S(p_n)$ と直積分解することを知っている (例 15.1) が, これは命題 16.2 を用いて, 次のように直接確かめられる.

まず, 条件 (1) は明らか. 次に部分群 $S(p_1) S(p_2) \cdots S(p_i)$ の元の位数は $p_1^{r_1} p_2^{r_2} \cdots p_i^{r_i}$ の形になり, $S(p_{i+1})$ の元の位数 $p_{i+1}^{n_{i+1}}$ と互いに素である. したがって, $S(p_1) S(p_2) \cdots S(p_i) \cap S(p_{i+1}) \ni x$ の位数は 1, すなわち $x = e$ となり, 条件 (3) が示される. 最後に (2) を示す. $p_i^{n_i} := \sharp S(p_i)$ とおく. このとき $q_i = \sharp G / p_i^{n_i}$ は $1 \leq i \leq n$ について最大公約数が 1 である. したがって, 適当な $a_i \in \mathbf{Z}$ をとると

$$\sum_{i=1}^{n} a_i q_i = 1.$$

ところが, 任意の元 $x \in G$ に対して, $(x^{a_i q_i})^{p_i^{n_i}} = e$ だから, $x^{a_i q_i}$ は位数が $p_i$ の巾である. $x^{a_i q_i}$ が生成する巡回群は, よって $p_i$ 群となり, シローの定理から, $S(p_i)$ に含まれる. すなわち, $x^{a_i q_i} \in S(p_i)$. ゆえに

$$x = x_i^{\Sigma a_i q_i} = (x^{a_1 q_1})(x^{a_2 q_2}) \cdots (x^{a_n q_n}) \in S(p_1) S(p_2) \cdots S(p_n).$$

**例 16.2**  任意のアーベル $p$ 群が巡回群の直積に分解することが, 直接示されれば, 例 16.1 の論法と合せて, 有限アーベル群に対する基本定理の別証 (一意性は除いて) が得られる. これは, 例えば次のようにして証明される.

　$G$ をアーベル $p$ 群とする．$G$ の元のうち，位数最大のものを 1 つとり，$x$ と記す．このとき，$x$ が生成する巡回群 $\langle x \rangle$ が $G$ の直積因子，すなわち，$G$ のある部分群 $H$ に対して直積分解 $G = \langle x \rangle \times H$ が成り立つことを示せばよい．$G$ の位数に関する帰納法を用いる．$G \neq \langle x \rangle$ と仮定してよい．このとき，剰余群 $G/\langle x \rangle$ も $p$ 群だから，位数 $p$ の元をもつ．すなわち，$y \notin \langle x \rangle$，$y^p \in \langle x \rangle$ なる元 $y \in G$ が存在する．ここで，$y^p = x^a \ (a \in \mathbf{Z})$ とおく．いま $p \nmid a$ とすると，$x$ の位数 $k$ は $p$ の巾だから，$ac + kc' = 1$ なる $c, c' \in \mathbf{Z}$ が存在し，$x = x^{ac} x^{kc'} = (x^a)^c$ となり，$\langle x \rangle = \langle x^a \rangle$．よって，$y \notin \langle x \rangle$，$y^p = x^a$ から，$y$ の位数は $pk$ となり，$x$ の位数 $k$ の最大性に反する．したがって，$p \mid a$．

　そこで，$a = pb$ とおき，元 $z = y^{-1} x^b$ を考えると，$z^p = y^{-p} x^{pb} = y^{-p} x^a = e$，かつ，$z \notin \langle x \rangle \ (y \notin \langle x \rangle)$．したがって，$\langle z \rangle \cap \langle x \rangle$ は位数 $p$ の巡回群 $\langle z \rangle$ の真部分群となり，$\langle z \rangle \cap \langle x \rangle = \{e\}$．よって，準同型 $f : G \longrightarrow G/\langle z \rangle$ を考えると，$f$ は $\langle x \rangle$ 上で単射となり，元 $f(x)$ の位数は減らず，$x$ の位数に等しい．したがって，位数の小さい群 $G/\langle z \rangle$ の元 $f(x)$ はいまだ最大位数のままであり，帰納法の仮定を適用することができる．すなわち，$G/\langle z \rangle$ のある部分群 $H'$ に対して，$G/\langle z \rangle = \langle f(x) \rangle \times H'$ となる．$H := f^{-1}(H')$ とおくと，$H \supset \langle z \rangle$，$H \cap \langle x \rangle = \langle z \rangle \cap \langle x \rangle = e$，$G = \langle x \rangle H$ となるから，命題 16.2 より，直積分解 $G = \langle x \rangle \times H$ を得る．

# §17.　有限アーベル群の双対性

　アーベル群 $G$ から複素数の乗法群 $\mathbf{C}^\times$ への準同型写像を $G$ の**指標**といい，$G$ の指標全体のなす集合を $\hat{G}$ とかく．$\hat{G}$ に乗法
$$(\chi_1 \chi_2)(x) := \chi_1(x) \chi_2(x) \qquad (x \in G, \ \chi_1, \chi_2 \in \hat{G})$$
を定義することにより，$\hat{G}$ は $\mathbf{1}$ （$\mathbf{1}(x) = 1$）を単位元，$\chi^{-1}(x) := \chi(x)^{-1}$ を逆元とするアーベル群になる．この群 $\hat{G}$ を $G$ の**指標群**（または，**双対群**）という．

　写像

$$G \times \widehat{G} \ni (x, \chi) \longmapsto \langle x, \chi \rangle := \chi(x) \in \boldsymbol{C}^{\times}$$

を**カプリング**という．カプリングは直積群 $G \times \widehat{G}$ からの準同型にはならないが，

$$\langle xy, \chi \rangle = \langle x, \chi \rangle \langle y, \chi \rangle$$
$$\langle x, \chi_1 \chi_2 \rangle = \langle x, \chi_1 \rangle \langle x, \chi_2 \rangle$$

をみたしており，アーベル群 $G, \widehat{G}, \boldsymbol{C}^{\times}$ を加法的にかけば，双加法的写像と見なせる．

**定理 17.1**　$G$ が有限アーベル群ならば，指標群 $\widehat{G}$ は，もとの群 $G$ に同型である．

[**証明**]　$G$ は有限アーベル群だから，アーベル群の基本定理により，有限巡回群の直積

$$G \simeq C_1 \times C_2 \times \cdots \times C_r$$

に分解される．このとき，まず

$$\widehat{G} \simeq \widehat{C_1} \times \widehat{C_2} \times \cdots \times \widehat{C_r}$$

となることを見よう．写像 $f : \widehat{C_1} \times \cdots \times \widehat{C_r} \longrightarrow \widehat{G}$ を $f((\chi_1, \cdots, \chi_r))((x_1, \cdots, x_r)) = \chi_1(x_1) \cdots \chi_r(x_r)$ と定義すると，$f$ が準同型であることは明らか．また，任意の $\chi \in \widehat{G}$ に対し，$\chi_i := \chi | C_i$ $(1 \leq i \leq r)$ とおくと，$f((\chi_1, \cdots, \chi_r)) = \chi$ となり，$f$ は全射である．$(\chi_1, \cdots, \chi_r) \in \mathrm{Ker}\, f$ ならば，任意の $x_i \in C_i$ に対し，

$$\chi_i(x_i) = \chi_1(e_1) \cdots \chi_i(x_i) \cdots \chi_r(e_r) = f((\chi_1, \cdots, \chi_r))((e_1, \cdots x_i, \cdots e_r)) = 1$$

となり $\chi_i = \boldsymbol{1}_i$ $(1 \leq i \leq r)$．すなわち $\mathrm{Ker}\, f = \{\boldsymbol{1}\}$ となり $f$ は単射である．よって，$f$ は同型を与える．

よって，定理を証明するためには，$G$ を有限巡回群と仮定してよい．$n := \# G$ とし，1 の $n$ 乗根のなす群 $\mu_n := \{\zeta \in \boldsymbol{C}^{\times} \mid \zeta^n = 1\}$ を考えると，$\mu_n$ は 1 の原始 $n$ 乗根 $\zeta_0$ $(\zeta_0{}^n = 1,\ \zeta_0{}^i \neq 1\ (0 < i < n)$，例えば $\zeta_0 = e^{2\pi\sqrt{-1}/n})$ によって生成される位数 $n$ の巡回群である．よって，$G \simeq \mu_n$．一方，$G$ の生成元 $x_0$ を 1 つ固定して，写像 $\widehat{G} \ni \chi \longmapsto \chi(x_0) \in \mu_n$ $(x_0{}^n = 1$ より，$\chi(x_0) \in \mu_n)$ を考えると，これは明らかに準同型である．任意の $\zeta \in \mu_n$ に対して，$\chi_\zeta(x_0{}^i) = \zeta^i$ $(i \in \boldsymbol{Z})$ と定義すれば，$\chi_\zeta \in \widehat{G}$ だから，また，上の写像は全射である．単射であることも容易に見られ，同型 $\widehat{G} \simeq \mu_n$ を得る．よって，

$G \simeq \mu_n \simeq \widehat{G}.$   □

　定理の同型 $G \simeq \widehat{G}$ は，自然に定まるものではなく，$G$ および，$\mu_n$ の生成元の選び方によっていることに注意しておく.

　**定理 17.2**　$G$ を有限アーベル群とする.　$x \in G$ に対して，$\psi(x) \in \widehat{\widehat{G}}$ ($\widehat{G}$ の指標群) をカプリング

$$\langle \chi, \psi(x) \rangle = \chi(x) \qquad (\forall \chi \in \widehat{G})$$

によって定義すると，$\psi$ は同型を与える.

$$\psi : G \simeq \widehat{\widehat{G}}.$$

　[**証明**]　$\psi(x)$ が $\widehat{G}$ の指標になること，および，$\psi$ が準同型であることは，カプリングの双加法性から明らかである. 次に，$x \in \mathrm{Ker}\,\psi$ とすると，$\chi(x) = 1$ $(\forall \chi \in \widehat{G})$ となるから，準同型定理より，任意の $\chi \in \widehat{G}$ は，準同型 $\chi' : G/\mathrm{Ker}\,\psi \longrightarrow \boldsymbol{C}^\times$ をひき起こす. これは，自然な準同型 $g : (G/\mathrm{Ker}\,\psi)^\wedge \longrightarrow \widehat{G}$ $(\chi' \longmapsto \chi' \circ p,\ p : G \longrightarrow G/\mathrm{Ker}\,\psi)$ が全射であることを示している. ところが，定理 17.1 より，$\#(G/\mathrm{Ker}\,\psi)^\wedge = \#(G/\mathrm{Ker}\,\psi) \leq \#G = \#\widehat{G}$ ゆえ，$g$ は同型でなければならず，位数を比較して，$\mathrm{Ker}\,\psi = \{e\}$ を得る. すなわち，$\psi$ は単準同型である. 再び定理 17.1 より，$\#G = \#\widehat{G} = \#\widehat{\widehat{G}}$ だから，$\psi$ は同型でなければならない.　□

　**定理 17.3**　(双対性)　$G$ を有限アーベル群とし，部分群 $H \subset G$，$\Phi \subset \widehat{G}$ に対し，それぞれ

$$H^\perp := \{\chi \in \widehat{G} \,|\, \chi(h) = 1 \ (\forall h \in H)\}$$
$$\Phi^\perp := \{x \in G \,|\, \chi(x) = 1 \ (\forall \chi \in \Phi)\}$$

とおく. このとき，

　(i)　$H^\perp, \Phi^\perp$ はそれぞれ，$\widehat{G}, G$ の部分群で，自然な同型

$$H^\perp \simeq (G/H)^\wedge, \qquad \widehat{G}/\Phi \simeq (\Phi^\perp)^\wedge$$

が存在する.

　(ii)　対応，$H \longmapsto H^\perp$，$\Phi^\perp \longleftarrow \Phi$ について，

$$(H^\perp)^\perp = H, \qquad (\Phi^\perp)^\perp = \Phi$$

が成り立ち，これは，$G$ と $\widehat{G}$ の部分群のなす集合の，包含関係を逆にする $1:1$ 対応を与える．

[**証明**]　(i)　$H^\perp, \Phi^\perp$ が部分群になることは明らか．$\chi \in H^\perp$ に対して，定義から $\chi(H) = \{1\}$．したがって，$\chi$ は準同型 $\chi' : G/H \longrightarrow \mathbf{C}^\times$ をひき起し，写像 $H^\perp \longrightarrow (G/H)^\wedge$ $(\chi \longmapsto \chi')$ は群準同型をなす．これが全単射であることは容易に見られ，同型 $H^\perp \simeq (G/H)^\wedge$ を得る．

次に，$\Phi \subset \widehat{G}$ に上を適用すると，$(\widehat{G}/\Phi)^\wedge \simeq \Phi^\perp$．それぞれの指標群をとって，定理 17.2 を使えば，$\widehat{G}/\Phi \simeq (\Phi^\perp)^\wedge$ を得る．

(ii)　$(H^\perp)^\perp = H$ を示せば，定理 17.2 から，$\Phi$ についても同様のことが成立する．まず，$H \subset (H^\perp)^\perp$ は定義から明らかである．次に，(i) と定理 17.2 から，$\#H^\perp = (G:H)$．さらに $H^\perp \subset \widehat{G}$ に同様のことを行うと，$\#(H^\perp)^\perp = (\widehat{G}:H^\perp) = \#G/\#H^\perp = \#H$．ゆえに $H = (H^\perp)^\perp$．　□

**問 17.1**　有限アーベル群 $G$ の 2 元 $x \neq y$ に対し，$\chi(x) \neq \chi(y)$ なる $\chi \in \widehat{G}$ が存在することを示せ．

**問 17.2**　有限アーベル群 $G$ の部分群 $H$ の指標は $G$ の指標に拡張できることを示せ．

### 〜〜〜〜〜〜〜〜〜〜　ポントリャーギン双対性　〜〜〜〜〜〜〜〜〜〜

　無限巡回群 $\mathbf{Z}$ の指標として，"ユニタリ" 指標 $\chi : \mathbf{Z} \longrightarrow \mathbf{T} := \{z \in \mathbf{C}^\times \mid |z| = 1\}$ のみを考えると，$\chi$ は $\chi(1) \in \mathbf{T}$ だけから決まるから，$\widehat{\mathbf{Z}} := \mathrm{Hom}(\mathbf{Z}, \mathbf{T}) \simeq \mathbf{T}$ となり，双対群 $\widehat{\mathbf{Z}}$ は 1 次元トーラス $\mathbf{T}$ で，これはコンパクト位相群になる．次に，$\mathbf{T}$ の指標として，連続な準同型 $\psi : \mathbf{T} \longrightarrow \mathbf{T}$ のみを考えると，ある $n \in \mathbf{Z}$ があって $\psi(z) = z^n$ $(z \in \mathbf{T})$ となることが証明される．従って，このように位相を考えて，連続性とユニタリ性を仮定すれば，双対群 $\widehat{\mathbf{T}}$ は再び $\mathbf{Z}$ に戻って有限アーベル群と同様の双対性 $\widehat{\widehat{\mathbf{Z}}} \simeq \mathbf{Z}$ が

成立する.

　これを一般化して，双対性を局所コンパクトアーベル群にまで拡張したものがポントリャーギン (Pontrjagin) の双対性である. 上のように，$Z$ のような離散群の双対群は，$T$ のようなコンパクト群になり，逆もまた然りである（有限アーベル群は，位相群としては離散かつコンパクトなのである！）.

　さらに非可換群にこれらの双対性を見ようとすると，指標の概念を単に $T$ への準同型ではなくて，既約表現の同値類（既約指標）にまで拡張しなければならない. しかし，一般には，そのようにしてもアーベル群の場合のような簡明さは失われる. 1 つの成功例として，コンパクト位相群に対する淡中忠郎の双対定理が有名である.

　一般の非可換群の場合には，どのような大道具が必要になろうとも，それぞれの群のクラスに応じた個性をもった双対性の簡明な描像をえがくことが，群の表現論の究極の目標である.

〜〜〜〜〜〜〜〜〜〜〜〜〜〜〜〜〜〜〜〜〜〜〜〜〜〜〜〜〜〜〜〜〜〜〜〜〜〜〜〜〜〜〜〜〜〜〜〜

# §18.　可解群と巾零群

いくつかの群 $G_i$ $(i \in Z)$ の間の準同型写像の列

$$\cdots \longrightarrow G_{i-1} \xrightarrow{f_{i-1}} G_i \xrightarrow{f_i} G_{i+1} \longrightarrow \cdots$$

がどの $i$ についても

$$\mathrm{Im}\, f_{i-1} = \mathrm{Ker}\, f_i$$

をみたすとき，その準同型列は**完全（列）**であるという. 特に，

$$e \longrightarrow G_1 \xrightarrow{f} G_2 \xrightarrow{g} G_3 \longrightarrow e$$

（$e = \{e\}$ は単位群）が完全であるとは，$f$ が単準同型，$g$ が全準同型で，$\mathrm{Im}\, f = \mathrm{Ker}\, g$ となることである. すなわち，$f$ によって $G_1$ を $G_2$ の部分群と見なすとき，

$$G_2 / G_1 \simeq G_3$$

を意味する．特に，このような5項から成り両端が単位群 $e$ であるような完全列を**短完全列**という．また，上のような短完全列が存在するとき，群 $G_2$ を $G_3$ の $G_1$ による（**群**）**拡大**という．

さて，$G_1, G_3$ がアーベル群であっても，その拡大 $G_2$ は一般にアーベル群ではない．例えば，3次対称群 $S_3$ は非可換であるが，交代群 $A_3$ に対して，

$$e \longrightarrow A_3 \longrightarrow S_3 \longrightarrow C_2 \longrightarrow e \quad (C_2 \text{は位数2の群})$$

は完全列で，$A_3, C_2$ は巡回群である．そこで，アーベル群を含むクラスで，拡大の操作で閉じているような群の最小のクラスを考えてみたい．

このために，次の概念を準備する．群 $G$ の部分群の列

$$\cdots \subset H_i \subset H_{i+1} \subset \cdots \subset H_n = G$$

について，各 $H_i$ は $H_{i+1}$ の正規部分群になっているとき，この列を $G$ の**正規列**という．さらに，各剰余群 $H_{i+1}/H_i$ がアーベル群になっているとき，**アーベル正規列**という．

群 $G$ が有限のアーベル正規列

$$e = H_0 \subset H_1 \subset H_2 \subset \cdots \subset H_n = G$$

をもつとき，$G$ を**可解群**という．明らかに，アーベル群は可解群である．

## 命題 18.1

$$e \longrightarrow G_1 \longrightarrow G_2 \longrightarrow G_3 \longrightarrow e$$

を群の短完全列とする．このとき，

$$G_2 \text{が可解} \iff G_1, G_3 \text{が可解}.$$

[**証明**] $\Longleftarrow$) $G_1 \subset G_2$ と見なす．$G_1, G_3$ のアーベル正規列を

$$e = H_0 \subset H_1 \subset \cdots \subset H_n = G_1,$$
$$e = H_n' \subset H_{n+1}' \subset \cdots \subset H_m' = G_3$$

とする．このとき，$H_j := \pi^{-1}(H_j')$（$n \le j \le m$，$\pi$ は $G_2 \longrightarrow G_3$ なる全準同型）とおくと，$H_{j+1}/H_j \simeq H_{j+1}'/H_j'$ だから，

$$e = H_0 \subset H_1 \subset \cdots \subset H_n = G_1 \subset H_{n+1} \subset \cdots \subset H_m = G_2$$

は $G_2$ のアーベル正規列を与える．

$\Longrightarrow$)     逆に，$G_2$ がアーベル正規列

$$e = H_0 \subset H_1 \subset \cdots \subset H_m = G_2$$

をもてば，$G_3, G_1$ の正規列

$$e = \pi(H_0) \subset \pi(H_1) \subset \cdots \subset \pi(H_m) = G_3,$$
$$e = H_0 \cap G_1 \subset \cdots \subset H_m \cap G_1 = G_1$$

は，共に同型定理よりアーベル正規列である．よって，$G_1, G_3$ 共に可解群である．  $\square$


この命題から，可解群のクラスがちょうど求める最小のクラスであることがわかる．

**例 18.1**  4 次以下の対称群は可解である．$S_i$ は，$i \le j$ のとき $S_j$ の部分群だから，$S_4$ について示せばよい．交代群 $A_4$ は $S_4$ の指数 2 の正規部分群である．次に $A_4$ の部分集合を

$$V := \{e, (1\ 2)(3\ 4), (1\ 3)(2\ 4), (1\ 4)(2\ 3)\}$$

と定義すると，$V$ は $A_4$ の正規部分群で，$(2, 2)$ 型のアーベル群となることが容易に検証できる．$S_4$ の正規列

$$e \subset V \subset A_4 \subset S_4$$

において，$S_4/A_4$ は位数 2，$A_4/V$ は位数 $4!/2 \cdot 4 = 3$ だから共に巡回群である．したがってこれはアーベル正規列となり，$S_4$ は可解である．


5 次以上の対称群は，後で示すように可解群ではない．群論の発生の最も強い動機となった，ガロア，アーベルによる "5 次以上の一般代数方程式は巾根のみによっては解けない" という定理は，実はこの事実に根ざしている．"可解" という命名もこの歴史にちなんでいる．

**例 18.2**  一般に，群拡大

$$e \longrightarrow H \xrightarrow{\ \varphi\ } G \xrightarrow{\ \pi\ } K \longrightarrow e$$

に対して，$\iota : K \hookrightarrow G$ という単準同型で，$\pi \circ \iota = \mathrm{Id}_K$ をみたすものが存在するとき（このとき，短完全列は**分裂**するという），$G$ は $H$ と $K$ の**半直積**という．

$\varphi, \iota$ によって，$H, K$ を $G$ の部分群と見なせば，写像

$$H \times K \ni (h, k) \longmapsto hk \in G$$

は全単射になる．実際，$g \in G$ に対して，$g\iota(\pi(g^{-1})) = h$ とおくと，$\pi(h) = \pi(g)\pi(\iota(\pi(g^{-1}))) = \pi(g)\pi(g^{-1}) = e$ となり，$h \in \mathrm{Ker}\, \pi = H$．$\iota(\pi(g^{-1})) \in K$ ゆえ，上の写像は全射である．また，$h_1 k_1 = h_2 k_2$ $(h_i \in H,\ k_i \in K)$ とすると，まず，$k_1 = \pi(h_1 k_1) = \pi(h_2 k_2) = k_2$, よって $h_1 = h_2$ となり，単射でもある．ただし，この全単射は，一般には直積群 $H \times K$ からの同型ではないことに注意しておく．実際この表示 $G = H \times K$ において，$H \triangleleft G$ ではあるが，$K$ の元は $H$ の元とは可換とは限らず，

$$h_1 k_1 h_2 k_2 = h_1(k_1 h_2 k_1^{-1}) k_1 k_2 \qquad (k_1 h_2 k_1^{-1} \in H)$$

という乗法をもつ．

逆に，2つの群 $H, K$ と，準同型 $\sigma : K \longrightarrow \mathrm{Aut}\, H$ が与えられたとき，直積集合 $G = H \times K$ に乗法を

$$(h_1, k_1)(h_2, k_2) := (h_1 \sigma(k_1)(h_2), k_1 k_2)$$

で定義すると，$G$ は $H$ を正規部分群とする $K$ との半直積群になる．この半直積群を $G = H \rtimes K$ とかく．$H, K$ 共にアーベル群ならば，$H \rtimes K$ は可解群である．

$H$ を位数 $n$ の巡回群 $\langle x \rangle$，$K$ を位数 2 の群 $\langle i \rangle$ $(i^2 = 1)$ とし，$K \longrightarrow \mathrm{Aut}\, H$ を，$\sigma(i)(x) = x^{-1}$ で定義したとき，半直積群 $D_n := H \rtimes K$ を**正 2 面体群**という．これは，平面上の正 $n$ 角形を（裏返しも含めて）自分自身にうつす運動全体から成る群で，可解群である．

## 交 換 子

群 $G$ の 2 元 $x, y$ に対して，

$$[x, y] := xyx^{-1}y^{-1}$$

を $x$ と $y$ の**交換子**という．$x$ と $y$ とが可換であることと，$[x, y] = e$ が同値である．また，内部自己同型作用により交換子は保たれる．すなわち，

$$g[x, y]g^{-1} = [gxg^{-1}, gyg^{-1}] \qquad (x, y, g \in G).$$

$G$ の 2 つの部分群 $H, K$ に対して，交換子 $[h, k]$（$h \in H$，$k \in K$）全体で生成される $G$ の部分群を $[H, K]$ とかき，$H$ と $K$ の**交換子群**という．$[h, k]^{-1} = [k, h]$ ゆえ，$[H, K] = [K, H]$ となる．

**命題 18.2**　$H, K$ を $G$ の部分群とする．このとき，

(i)　$H, K$ が正規ならば，$[H, K]$ も正規．

(ii)　$H \subset N_G(K) \iff [H, K] \subset K$.

[**証明**]　(i)　交換子が内部自己同型で保たれることから明らか．

(ii)　$h \in H$，$k \in K$ について，

$$hkh^{-1} \in K \iff (hkh^{-1})k^{-1} = [h, k] \in K. \qquad \square$$

$D(G) := [G, G]$ を $G$ の**交換子群**（または，**導来群**）という．命題 18.2 (i) より $D(G) \lhd G$ である．次は $D(G)$ の 1 つの意味づけを与える．

**命題 18.3**　群 $G$ の正規部分群 $H$ について，

$$G/H \text{ がアーベル群} \iff D(G) \subset H.$$

[**証明**]　$xH, yH \in G/H$ について，

$$\begin{aligned}
G/H : \text{アーベル} &\iff xyH = yxH \quad (x, y \in G) \\
&\iff [x^{-1}, y^{-1}] \in H \quad (x, y \in G) \\
&\iff D(G) \subset H. \qquad \square
\end{aligned}$$

**定理 18.1**　帰納的に，$D^i(G) := D(D^{i-1}(G))$（$i \geq 1$，$D^0(G) := G$）と定義する．このとき，

$$G \text{ が可解} \iff \text{ある } n \text{ について，} D^n(G) = \{e\}.$$

[**証明**]　$\Longleftarrow$）　$G = D^0(G) \supset D^1(G) \supset \cdots \supset D^n(G) = e$ は正規列である．しかも命題 18.3 から，$D^i(G)/D^{i+1}(G) = D^i(G)/D(D^i(G))$ はすべてアーベル群である．よって，$G$ は可解群である．

$\Longrightarrow$）　$G = H^0 \supset H^1 \supset \cdots \supset H^n = e$ をアーベル正規列とする．$H^0/H^1$ はアーベル群だから，命題 18.3 によって，$H^1 \supset D(G) = D^1(G)$．帰納的に，$D^i(G) \subset H^i$

$(i \geq 0)$ がいえる．すなわち，$D^{i-1}(G) \subset H^{i-1}$ とすると，$H^{i-1}/H^i$ がアーベル群だから，

$$H^i \supset D(H^{i-1}) \supset D(D^{i-1}(G)) = D^i(G).$$

よって，$e = H^n \supset D^n(G) = e$ となり，定理が証明された．　□

## 単 純 群

単位群ではなく，自明なもの以外に正規部分群を含まない群を**単純群**という．簡単な例として，素数位数の巡回群がある．単純アーベル群はこれだけであることも容易に見られる．一方，非可換単純群は，自明な正規列しかもたず，可解群と反対の極にあるものと思われる．単純群の有名な例として，5次以上の交代群がある．これを証明するために，次の補題を準備する．

**補題 18.1**　$n$ 次交代群 $A_n$ は，$n \geq 3$ のとき，長さ3の巡回置換で生成される．

[証明]　$(i, j, k) = (i, j)(k, j) \in A_n$ より，長さ3の巡回置換は $A_n$ に属す．逆に，$A_n$ は偶置換全体から成るゆえ，互換の積 $(i, j)(k, l)$ が長さ3の巡回置換の積になることを示せばよい．

集合として，$\{i, j\} = \{k, l\}$ ならば，上の元は単位元である．よって，$\{i, j\} \neq \{k, l\}$ とする．$j = l$ のときは，$(i, j)(k, l) = (i, j, k)$．$i, j, k, l$ すべて異なるときは，

$$(i, j)(k, l) = (i, j)(j, k)(j, k)(k, l) = (i, j, k)(j, l, k).$$

よって補題は証明された．　□

**定理 18.2**　$n$ 次交代群 $A_n$ $(n \geq 3)$ は $n \neq 4$ のとき，単純群（$n \geq 5$ なら非可換）である．特に，5次以上の対称群は可解ではない．

[証明]　$n = 3$ のとき，$A_n$ は素数位数の巡回群だから単純．よって，$n \geq 5$ と仮定する．$H \neq \{e\}$ を $A_n$ の正規部分群とするとき $H = A_n$ となることをいおう．そのためには，$H$ が少なくとも1つの長さ3の巡回置換を含むことを示せばよい．例えば，$(1, 2, 3) \in H$ ならば，任意の相異なる $1 \leq i, j, k \leq n$ に対して，$\tau = \begin{pmatrix} 1 & 2 & 3 \\ i & j & k \end{pmatrix} \in S_n$ と

おくと，$\tau(1,2,3)\tau^{-1} = (i,j,k)$．ここで，$\tau \in A_n$ ならば，$H \lhd A_n$ より，$(i,j,k) \in A_n$. $\tau \notin A_n$ とすると，$\rho := \tau(n-1,n) \in A_n$ となり，$n \geq 5$ だから，$\rho(1,2,3)\rho^{-1} = (i,j,k) \in A_n$. よって，$A_n$ はすべての長さ 3 の巡回置換を含むことになり，補題から $H = A_n$ がいえる.

さて，$\sigma$ を $H$ の単位元でないもののうち，実際動かす文字が最小であるような元とする．このとき，$\sigma$ は長さ 3 の巡回置換であることを示す．互換は奇置換だから $H$ に属さない．したがって，$\sigma$ が長さ 3 の巡回置換でないと仮定すると，$\sigma$ は 4 個以上の文字を動かす．このとき矛盾を導こう.

$\sigma$ を巡回置換分解すると（文字の番号は適当に入れ替えても一般性を失わないから），次のいずれかの形になる.

(1) $\qquad\qquad\qquad \sigma = (1,2)(3,4)\cdots,$

(2) $\qquad\qquad\qquad \sigma = (1,2,3,\cdots)\cdots.$

$n \geq 5$ だから，$\tau = (3,4,5) \in A_n$ で，$\sigma$ の共役をとると，

$$\sigma' = \tau\sigma\tau^{-1} = (1,2)(4,5)\cdots,$$
$$\sigma' = \tau\sigma\tau^{-1} = (1,2,4,\cdots)\cdots.$$

巡回置換分解の一意性から，$\sigma \neq \sigma'$. したがって，$\rho = \sigma'\sigma^{-1} \neq e$. さて，文字 $i > 5$ について $\sigma(i) = i$ ならば $\tau(i) = i$ より $\sigma'(i) = i$. ゆえに，$\rho(i) = i$. また明らかに $\rho(1) = 1$.

さらに，(1) の場合 $\rho(2) = 2$. (2) の場合は，$(1,2,3,4)$ は奇置換だから $\sigma \neq (1,2,3,4)$. すなわち，$\sigma$ は 5 個以上の文字を動かしている．したがって，(1), (2) いずれの場合も $\rho \neq e$ は $\sigma$ より多くの文字を不変にしており，$\sigma$ のとり方に反する．  □

**問 18.1** $D(S_n) = A_n \ (n \geq 3)$ を示せ.

## 巾 零 群

群 $G$ の正規列

$$e = H_0 \subset H_1 \subset \cdots \subset H_n = G$$

が，$H_i \lhd G$ で $H_{i+1}/H_i \subset Z(G/H_i) \ (:= G/H_i$ の中心$) \ (0 \leq i < n)$ をみたすとき**中心列**という．中心列をもつ群を**巾零群**という．中心列は明らかにアーベル正規列であるから，巾零群は可解群である.

**定理 18.3**　群 $G$ について次は同値である.

(1)　$G$ は巾零群である.

(2)　列
$$e = Z_0(G) \subset Z_1(G) \subset \cdots \subset Z_i(G) \subset \cdots$$
を, $Z(G/Z_i(G)) = Z_{i+1}(G)/Z_i(G)$ $(i \geq 0)$ と定義すると, $Z_n(G) = G$ となる $n$ がある.

(3)　列
$$G = \Delta^0(G) \supset \Delta^1(G) \supset \cdots \supset \Delta^i(G) \supset \cdots$$
を $\Delta^i(G) = [\Delta^{i-1}(G), G]$ $(i \geq 1)$ と定義すると, $\Delta^m(G) = \{e\}$ となる $m$ がある.

[証明]　(2) $\Longrightarrow$ (1).　$Z_i(G)$ は $G$ の中心列であるから明らか.

(1) $\Longrightarrow$ (2).　$G$ の中心列 $e = H_0 \subset H_1 \subset \cdots \subset H_n = G$ を 1 つとる. このとき, $H_i \subset Z_i(G) =: Z_i$ $(i \geq 0)$ を示せばよい. $i = 0$ のときは明らか. $H_{i-1} \subset Z_{i-1}$ とする. このとき, $\pi : G/H_{i-1} \longrightarrow G/Z_{i-1}$ を考えると, $H_i/H_{i-1} \subset Z(G/H_{i-1})$ ゆえ, $\pi(H_i/H_{i-1}) \subset Z(G/Z_{i-1}) = Z_i/Z_{i-1}$. したがって $H_i \subset Z_i H_{i-1} = Z_i$.

(3) $\Longrightarrow$ (1).　一般に, $H \lhd G$ に対して, $H/[H, G] \subset Z(G/[H, G])$. したがって, $\{\Delta^{m-i}(G)\}_{0 \leq i \leq m}$ は中心列である.

(1) $\Longrightarrow$ (3).　中心列 $\{H_i\}_{0 \leq i \leq n}$ に対して, $\Delta^i(G) \subset H_{n-i}$ を示せば, $\Delta^n(G) \subset H_0 = e$ より主張がいえる. $i = 0$ のときは明らか. $\Delta^i(G) \subset H_{n-i}$ と仮定すると, $\Delta^{i+1}(G) = [\Delta^i(G), G] \subset [H_{n-i}, G]$. ところが, $H_{n-i}/H_{n-i-1} \subset Z(G/H_{n-i-1})$ だから $[H_{n-i}, G] \subset H_{n-i-1}$. よって $\Delta^{i+1}(G) \subset H_{n-(i+1)}$.　□

**命題 18.4**　$G$ を巾零群, $H$ をその真部分群とすると, $H \neq N_G(H)$. 特に, 巾零群の極大部分群は正規である.

[証明]　$G$ の中心例 $\cdots \subset H_{i-1} \subset H_i \subset \cdots$ に対して, $H \neq G$ だから $H \supset H_{i-1}$, $H \not\supset H_i$ なる $i$ がある. このとき, $x \in H$, $y \in H_i$ について $yxy^{-1}x^{-1} \in H_{i-1} \subset H$. ゆえに, $yxy^{-1} \in H$, すなわち, $y \in N_G(H)$. よって, $y \in H_i \setminus H$ ととれば $y \in N_G(H) \setminus H$.　□

**例 18.3**　可換環 $R$ 上の一般線型群 $GL_n(R)$ の部分群

$$U_n := \left\{ \begin{pmatrix} 1 & & & * \\ & 1 & & \\ & & \ddots & \\ 0 & & & 1 \end{pmatrix} \right\}$$

は巾零である. 実際,

$$H_i := \left\{ \begin{pmatrix} 1 & 0 & 0 & \cdots & 0 & \overset{i}{\overbrace{* & * & \cdots & *}} \\ & 1 & 0 & \cdots & 0 & 0 & * & \cdots & * \\ & & & & & 0 & \ddots & \\ & & & & & & & * \\ & \ddots & & & & & \ddots & \\ 0 & & & & & & & 1 \end{pmatrix} \right\} \quad (0 \le i \le n-1)$$

とおけば, $e = H_0 \subset H_1 \subset \cdots \subset H_{n-1} = U_n$ は中心列をなす. 行列 $x \in U_n$ について, $1 - x$ は巾零行列であることに注意せよ.

**例 18.4** $p$ 群は巾零である. 実際, $G$ を $p$ 群とすると, 類等式

$$\# G = \# Z(G) + \sum_{\# O_i > 1} \# O_i$$

($O_i$ は 2 個以上の元から成る共役類)

について, $p \mid \# O_i$. いま $\# Z(G) = 1$ とすると, $\# G = p^r$ だから矛盾. よって, $p$ 群 $G$ の中心 $Z(G)$ は単位群ではない. $G/Z(G)$ も $G$ より位数の小さい $p$ 群だから, 自明でない中心をもつ. このようにして, 定理 18.3 の (2) の列について, $Z_n(G) = G$ がいえる.

**問 18.2** $S_3, S_4$ は可解ではあるが巾零ではない.

**問 18.3** 巾零群の部分群, 剰余群, 直積はまた巾零であるが, 拡大は一般に巾零ではない.

次の定理によって, 有限巾零群の問題は $p$ 群のそれに帰着される.

**定理 18.4** 有限群 $G$ について次は同値である.

(1) $G$ は巾零群である.

(2)　$G$ の極大部分群は正規である.

(3)　$G$ のシロー部分群は正規である.

(4)　$G$ はいくつかの $p$ 群の直積である.

[**証明**]　(1) $\Longrightarrow$ (2).　命題 18.4 による.

(2) $\Longrightarrow$ (3).　$S$ を $G$ のシロー部分群として, $N_G(S) \neq G$ と仮定する. $N_G(S)$ を含む極大部分群 $H$ をとると $N_G(H) = G$. ところが, 命題 15.1 により, $N_G(H) = H$ となり $H \neq G$ に矛盾する.

(3) $\Longrightarrow$ (4).　$\#G = p_1^{r_1} p_2^{r_2} \cdots p_n^{r_n}$ $(p_i \neq p_j \ (i \neq j))$ を素因数分解とし, $S_i$ をシロー $p_i$ 部分群とする. $S_i \lhd G$ だから, $G$ の部分集合 $H = S_1 S_2 \cdots S_n$ は部分群をなす. ところが, $S_i \cap S_j$ $(i \neq j)$ の元は位数が $p_i$ の巾かつ $p_j$ の巾だから結局位数 1 で, $S_i \cap S_j = \{e\}$. よって $S_i$ と $S_j$ は元ごとに可換で, このことから, $S_1 S_2 \cdots S_i \cap S_{i+1} = \{e\}$ が導かれる. よって, $H$ の直積分解 $H = S_1 \times S_2 \times \cdots \times S_n$ が得られる. 位数を比較すると $H = G$ でなければならない.

(4) $\Longrightarrow$ (1).　例 18.4 から明らか.　□

## 有限単純群

　70 年代の終りころ, 専門家の間で, 有限単純群の分類が完成したことが宣言された.

　素数位数の巡回群, 5 次以上の交代群という単純群の系列の他に, 1955 年, "東北数学雑誌" に発表されたシュヴァレー(Chevalley)の論文を契機に, リー(Lie)型の単純群またはシュヴァレー群とよばれる膨大なクラスの有限単純群の系列が発見された. これらは, 単純リー環から構成されるもので, リー群という連続群と直接のつながりがある興味深い有限群のクラスである.

　これら 3 つの系列に属さない有限単純群としては, それまでマチウ(Mathieu)群と呼ばれる 5 個の群のみしか知られていなかったが, 1964 年のヤンコ(Janko)の発見を皮切りに, 70 年代中期までにマチウ群を含めて合計 26 個の有限単純群が発見された(散在単純群). 鈴木通夫, 原田耕一郎らの群もこのうちの 2 つを占める.

　　有限単純群は，上の3つの系列に属するものと，26個の散在単純群で尽き
るというのが分類定理である．その証明は幾人もの仕事を合せて，トータル
数千ページにも昇るそうで，1986年現在未だその一部は発表されていないよ
うである．

　　散在単純群の中で，最大の位数をもつものは，フィッシャー（Fischer）・グ
ライス（Griess）の"モンスター"とよばれている単純群で，その位数は

　　　　$2^{46}3^{20}5^{9}7^{6}11^{2}13^{3}17\cdot19\cdot23\cdot29\cdot31\cdot41\cdot47\cdot59\cdot71$

　　$= 808017424794512875886459904961710757005754368000000000$　（54桁）

である．ところが，その共役類の数はわずか194個という小ささで，この群
のもつ"非可換性"の異様さが推し測られる．

　　モンスターが一般の注目をあびたのは，それが散在群の親玉であるという
のみならず，その表現の指標と，古典数学の華である楕円関数との不思議な
関係が発見されたことである．例えば，モンスターの位数の素因数の中に71
までの素数で，37, 43, 53, 61, 67 が抜けているのは何故か？　という問題に，
バーボン1本が懸けられていたのを思い出す．"Monstrous Moonshine"とい
われている現象で，背後にあるのはどのような世界なのであろうか？

　　なお，有限群の専門家達は，フィッシャー・グライスの頭文字 $FG$ とかけ
て，モンスターのことを The Friendly Giant ともよぶらしい．

# §19.　組　成　列

この節の内容は，加群の問題に応用されることが多いので，次のように**作用
域をもつ群**を考えよう．集合 $\Lambda$ に対して，群 $G$ が **$\Lambda$ 群**であるとは，写像

　　　　　$\Lambda \times G \longrightarrow G$ 　　　　$((\lambda, x) \longmapsto \lambda x)$

が定義されていて，

　　　　　　$\lambda(xy) = (\lambda x)(\lambda y)$ 　　　　$(\lambda \in \Lambda,\ x, y \in G)$

をみたすときをいう．このとき，$\Lambda$ を群 $G$ の**作用域**という．いい換えれば，

End $G$ によって $G$ の自己準同型全体の集合（モノイド）を表すとき，$G$ が $\Lambda$ 群であるとは，単に写像

$$\Lambda \longrightarrow \mathrm{End}\, G$$

が与えられていることにすぎない.

いまの場合，集合 $\Lambda$ が群 $G$ に作用しているのであって，§14 で論じた，群 $G$ の集合への作用とは異なる概念であることに注意しておこう.

典型的かつ重要な例として，環 $R$ 上の加群 $M$ がある. $M$ は上の意味で，$R$ 加法群である. また一般にはこのように，$G$ としては加法群，作用域 $\Lambda$ としては各種の代数系（群，環，リー（Lie）環…）を考えることが多い. 表現論といわれる分野である.

$\Lambda$ 群 $G, G'$ の間の準同型写像 $f : G \longrightarrow G'$ は，$f(\lambda x) = \lambda f(x)$ $(\lambda \in \Lambda,\ x \in G)$ をみたすとき，**$\Lambda$ 準同型**という. $\Lambda$ 群 $G$ の部分群 $H$ が $\lambda x \in H$ $(x \in H,\ \lambda \in \Lambda)$ をみたすとき **$\Lambda$ 部分群**という. $H$ が $\Lambda$ 群 $G$ の正規 $\Lambda$ 部分群ならば，剰余群 $G/H$ は $\Lambda$ の作用 $\lambda(xH) := (\lambda x)H$ により再び $\Lambda$ 群になる. また，$f : G \longrightarrow G'$ が $\Lambda$ 準同型のとき，$G/\mathrm{Ker}\, f \simeq \mathrm{Im}\, f$ は $\Lambda$ 同型になり，諸同型定理（定理 5.1, 5.2）が成立することももはや明らかであろう.

**例 19. 1** $\Lambda = \mathrm{Int}\, G$ を $G$ の内部自己同型群とすれば，$G$ は $\Lambda$ 群である. このとき，$\Lambda$ 部分群とは正規部分群のことである. さらに，$\Lambda' := \mathrm{Aut}\, G$ とおくとき，$\Lambda'$ 部分群のことを**特性部分群**という.

**問 19. 1** 群の中心は特性部分群である.

**問 19. 2** シロー部分群が正規ならば特性部分群である.

**問 19. 3** 有限群 $G$ の極大部分群全体の共通部分を $FG$ とかくと，$FG$ は特性部分群である（**フラッチニ（Frattini）部分群**）.

**問 19. 4** 有限群 $G$ が巾零であるためには，フラッチニ部分群 $FG$ について，$FG \supset D(G)$ が必要十分である.

　以下この節では作用域 $\Lambda$ を固定して，群は $\Lambda$ 群，部分群，準同型等もすべて $\Lambda$ 部分群，$\Lambda$ 準同型等のことと約束しよう．したがって，例えば，$\Lambda$ 群 $G$ について，その正規列とは

$$e = H_0 \subset H_1 \subset \cdots \subset H_n = G$$

において，$H_i$ はすべて $H_{i+1}$ の $\Lambda$ 正規部分群になっているものとする．

　さて，$\Lambda$ 群 $G$ の2つの正規列

$$H_* : e = H_0 \subset H_1 \subset \cdots \subset H_n = G,$$
$$K_* : e = K_0 \subset K_1 \subset \cdots \subset K_m = G$$

が与えられたとき，$H_*$ の各部分群の間にいくつかの部分群を挿入すれば $K_*$ になるとき，$K_*$ は $H_*$ の**細分**であるという．すなわち，任意の $i$ について，$H_i = K_{j(i)}$ となる $K_{j(i)}$ が存在するときである．

　正規列 $H_*$ に無駄がなく，真の細分をもたないとき，すなわち，$H_i \neq H_{i+1}$ ($i \geq 0$) で，$H_{i+1}/H_i$ が自明でない正規部分群をもたないとき（すなわち，$H_{i+1}/H_i$ が $\Lambda$ **単純**のとき），$H_*$ を $G$ の**組成列**（または，**ジョルダン・ヘルダー列**）といい，$n$ をその**長さ**という．このとき，各剰余群 $H_{i+1}/H_i$ $(0 \leq i < n)$ を $H_*$ の**組成因子**という．

　**例 19.2**　対称群について，次は組成列である（$\Lambda = \varnothing$）．

$$e \subset A_3 \subset S_3, \quad e \subset A_n \subset S_n \quad (n \geq 5),$$
$$e \subset \langle (1, 2)(3, 4) \rangle \subset V \subset A_4 \subset S_4 \quad \text{（例 18.1）．}$$

　**問 19.5**　有限群 $G$ について，次は同値である（$\Lambda = \varnothing$）．

　　　$G$ が可解 $\iff$ $G$ の組成列の組成因子は素数位数の巡回群．

　**問 19.6**　体 $K$ 上のベクトル空間 $V$ を $K$ 加法群と考える．このとき，$\dim_K V = n \iff V$ は長さ $n$ の組成列をもつ．

　組成列については，ジョルダン・ヘルダーの定理が基本的である．その証明のため，次の補題を準備する．

**補題 19.1** （ツァッセンハウス（Zassenhaus）） $H, K$ を $\Lambda$ 群 $G$ の部分群, $H', K'$ をそれぞれ $H$ と $K$ の正規部分群とする. このとき, $H'(H \cap K')$, $K'(H' \cap K)$ はそれぞれ $H'(H \cap K)$, $K'(H \cap K)$ の正規部分群で,

$$H'(H \cap K)/H'(H \cap K') \simeq K'(H \cap K)/K'(H' \cap K).$$

［証明］

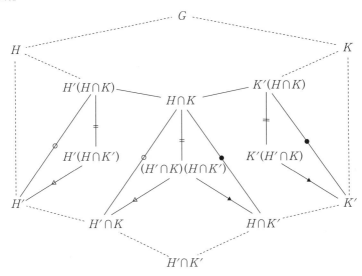

まず, 同型定理 (5.2) から,

$$H'(H \cap K)/H' \simeq (H \cap K)/(H' \cap K). \tag{○}$$

この同型において, $H' \cap K \subset (H' \cap K)(H \cap K') \subset H \cap K$ に対応する $H'(H \cap K)$ の部分群は

$$H'(H' \cap K)(H \cap K') = H'(H \cap K') \tag{△}$$

だから, 再び同型定理によって

$$H'(H \cap K)/H'(H \cap K') \simeq (H \cap K)/(H' \cap K)(H \cap K'). \tag{=}$$

$K$ と $H$ を入れ換えると補題の同型を得る. ☐

**定理 19.1** （シュライアー（Schreier）の細分定理） $\Lambda$ 群 $G$ の 2 つの正規列

$$H_* : e = H_0 \subset H_1 \subset \cdots \subset H_n = G,$$

$$K_* : e = K_0 \subset K_1 \subset \cdots \subset K_m = G$$

が与えられたとき，それぞれの細分 $\tilde{H}_*, \tilde{K}_*$ で，剰余群の集合 $\{\tilde{H}_i / \tilde{H}_{i-1}\}, \{\tilde{K}_j / \tilde{K}_{j-1}\}$ が順番と同型を除いて一致するようなものがとれる．

[**証明**] $H_{i,j} := (H_{i+1} \cap K_j) H_i$, $K_{i,j} := (H_i \cap K_{j+1}) K_j$ とおくと，

$$H_i = H_{i,0} \subset H_{i,1} \subset \cdots \subset H_{i,m} = H_{i+1},$$
$$K_j = K_{0,j} \subset K_{1,j} \subset \cdots \subset K_{n,j} = K_{j+1}$$

と細分される．この細分をそれぞれ，$\tilde{H}_* := \{H_{i,j} \mid 0 \le i < n, \ 0 \le j < m\}$, $\tilde{K}_* := \{K_{i,j} \mid 0 \le i < n, \ 0 \le j < m\}$ とおくと，$mn$ 個のそれぞれの剰余群について，補題 19.1 から，同型

$$
\begin{aligned}
H_{i,j}/H_{i,j-1} &= (H_{i+1} \cap K_j) H_i / (H_{i+1} \cap K_{j-1}) H_i \\
&\simeq (H_{i+1} \cap K_j) K_{j-1} / (H_i \cap K_j) K_{j-1} \\
&= K_{i+1,j-1}/K_{i,j-1}
\end{aligned}
$$

が得られて，定理の主張が証明される．  □

**定理 19.2** （ジョルダン・ヘルダー）  $\Lambda$ 群が組成列をもてば，その長さは一定で，組成因子の集合は，順番と同型を除いて一致する．

[**証明**]  群 $G$ の 2 つの組成列 $H_*$ と $K_*$ に定理 19.1 を適用すると，それぞれの細分 $\tilde{H}_*, \tilde{K}_*$ について剰余群の集合は一致する．そのうち，単位群でないもの全体が組成因子の集合であり，その個数が組成列の長さであるから定理がいえる．  □

**問 19.7**  $V$ を体 $K$ 上の $n$ 次元ベクトル空間とする．$K$ 加法群としての $V$ の組成列（長さ $n$）

$$V_* : 0 = V_0 \subset V_1 \subset \cdots \subset V_n = V \qquad (\dim_K V_i = i)$$

を $V$ の**旗**という．$V$ の旗全体の集合を $F_n$ とすると，$F_n$ には $GL_n(K)$ が，$xV_* := \{xV_i \mid 0 \le i < n\}$ $(x \in GL_n(K))$ によって推移的に作用することを示せ．また，1 つの旗の固定化群はどのような形をとっているか？（$F_n$ は**旗多様体**とよばれる代数多様体である．）

## 組みひも群

ひもを図のように組んだものを考えよう.

(a)　　　　(b)　　　　(c)　　　　(d)　　　　(e)　　　　(f)

このような組みひも（組み糸）について, ちょっと大ざっぱな言い方だが, 端点を両手でもって引っぱったとき同じ形になるものを同値な組みひもと考えよう. 正確には, トポロジーの言葉を用いて定義される. 例えば, (d) と (e) とは同値である.

さて, 端点の数が相等しい組みひも同士は, それをつなぐことによって新しい組みひもが得られる. 例えば, (a) と (b) をつなぐと (d) が得られ, (a) と (a) をつなぐと (c) が得られる. この結合

$$(a)(b) = (d) = (e), \quad (a)(a) = (c)$$

を演算とみなすことによって, 端点の数が等しい組みひも（正確には, その同値類）は群をなす. 実際, (b) は (a) の逆元で, (e) が単位元（本当は "組まれていない" ひも）である. このような, 組みひも（の同値類）がなす群を組みひも群という.

$s_1 =$ 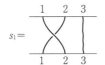 $, \quad s_2 =$ 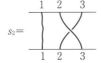 $, \quad s_i =$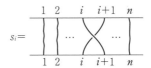

図の組みひも $s_1, s_2$ を用いると, 組みひも (f) は

$$(f) = s_1 s_2^{-1} s_1 s_2^{-1}$$

とかける. このように, 端点の数が $n$ 個の組みひも群を $B_n$ とかくと, $B_n$ は図の $s_i \ (1 \leq i < n)$ で生成されることがわかる. 実際, $B_n$ は $\{s_i \mid 1 \leq i < n\}$ を生成元とし,

$$s_j^{-1} s_i^{-1} s_j s_i = e \qquad (|j - i| > 1)$$
$$s_j^{-1} s_i^{-1} s_j^{-1} s_i s_j s_i = e \qquad (|j - i| = 1)$$

を基本関係式とする群であることが知られている.（組みひも $b \in B_n$ は端点だけをみると，$n$ 文字の置換をひき起しているゆえ，$n$ 次対称群の元 $\bar{b} \in S_n$ を与えている．これは全準同型 $B_n \longrightarrow S_n$ を与える（問題 17 をみよ）.）

　組みひも群の研究は E. アルチン（Artin）によって 1920 年代に始められ，"結び目"の理論との関係でトポロジーの一分野として研究されてきた．最近は，整数論から数理物理にわたるいたる所に組みひも群が現れて，多くの注目を引いている.

---

# 問　　題

**1.** 位数 $p^2$（$p$：素数）の群はアーベル群である.

**2.** 位数 $2p$（$p$：奇素数）の群は巡回群でなければ正 2 面体群 $D_p$ である.

**3.** 位数 $p^2q$（$p, q$：素数）の群は可解群である.

**4.** 位数 10 以下の群を分類せよ.

**5.** 位数 665 の群はアーベル群である.

**6.** $p$ を有限群 $G$ の位数を割る最小の素数とする．$G$ が指数 $p$ の部分群 $H$ をもてば，$H$ は正規部分群である.（ヒント：1 章末問題 6）

**7.** $G$ を有限アーベル群，$\hat{G}$ をその指標群とするとき，次の等式を示せ.

$$\sum_{g \in G} \chi(g) = \begin{cases} \#G & (\chi = \mathbf{1}) \\ 0 & (\chi \neq \mathbf{1}), \end{cases}$$

$$\sum_{\chi \in \hat{G}} \chi(g) = \begin{cases} \#G & (g = e) \\ 0 & (g \neq e). \end{cases}$$

**8.** (i)　$G$ の部分群 $H$ が正規であるためには，$H$ が $G$ の共役類の和集合になっていることが必要十分である.

(ii) (i) と類等式を用いて，5次交代群が単純であることを証明せよ．

**9.** 3次回転群 $SO(3) = \{A \in SL_3(\boldsymbol{R}) \mid {}^t\!AA = 1\}$ の共役類の代表系として，

$$\left\{ \begin{pmatrix} \cos\theta & -\sin\theta & 0 \\ \sin\theta & \cos\theta & 0 \\ 0 & 0 & 1 \end{pmatrix} \,\middle|\, 0 \le \theta \le \pi \right\}$$

がとれる．

**10.** $SO(3)$ は単純群である．

**11.** 体 $K$ 上の一般線型群 $G_n := GL_n(K)$ において，例 18.3 の部分群 $U_n$ を考える．このとき，

(i) $B_n := N_{G_n}(U_n)$ は $G_n$ の上半 3 角行列全体から成る部分群である．

(ii) $B_n$ は可解群である．

(iii) $P$ を $B_n$ を含む部分群とすると $N_{G_n}(P) = P$．

(iv) 両側剰余類 $B_n \backslash G_n / B_n$ の完全代表系として置換行列全体（$\simeq S_n$）がとれる．

**12.** (i) $\boldsymbol{F}_q$ を $q$ 個の元をもつ有限体とし，$p$ をその標数とすると，$q$ は $p$ の巾である．（逆に $q = p^n$ に対し，同型を除いて唯一つ $q$ 元体が存在することも示される．）

(ii) $GL_n(\boldsymbol{F}_q)$ の位数は，

$$(q^n - 1)(q^n - q)\cdots(q^n - q^{n-1}).$$

(iii) 問題 11 の $U_n$ は $GL_n(\boldsymbol{F}_q)$ のシロー $p$ 部分群である．

**13.** 群 $G_1, G_2, \cdots, G_n$ $(n \ge 2)$ が $[G_i, G_i] = G_i$ $(1 \le i \le n)$ をみたすとする．その直積群 $G_1 \times G_2 \times \cdots \times G_n$ の部分群 $H$ について，自然な射影 $H \longrightarrow G_i \times G_j$ $(1 \le i < j \le n)$ がすべて全射ならば，$H = G_1 \times G_2 \times \cdots \times G_n$ である．

**14.** 集合 $S$ に対し，集合 $S^{-1} := \{x^{-1} \mid x \in S\}$，ただし $x^{-1}$ は $x$ に対する新しい文字と定める．$S$ と $S^{-1}$ から有限個元を選んで，それを並べたもの

$$x_1^{\varepsilon_1} x_2^{\varepsilon_2} \cdots x_n^{\varepsilon_n} \qquad (\varepsilon_n = \pm 1)$$

を**語**という（何も選ばないときも，**空語**と考える）．語において，隣りあう 2 文字が $\cdots xx^{-1}\cdots$ または $\cdots x^{-1}x\cdots$ の形をしているとき，その 2 文字をとり除く操作を語の**簡約**といおう．例えば 2 文字から成る語 $xx^{-1}$ を簡約すると空語が得られる．もはやそれ以上簡約できない語を**既約**な語という．このとき次を示せ．

(i)　語に簡約を繰り返すと唯一の既約な語が得られる（すなわち，簡約の仕方によらない）．

(ii)　同じ既約語に簡約される語を同値と見なすと，2つの語 $W_1, W_2$ を並べた語 $W_1W_2$ の同値類は，$W_1, W_2$ の属する同値類（↔ 既約語）のみによって定まる．

(iii)　語の同値類に積を (ii) のように定義すると，この積によって語の同値類全体は群をなす．単位元は空語の属する類である．（この群を集合 $S$ が生成する**自由群**という．）

**15.**　$S$ が生成する自由群を $F(S)$ とし，$i : S \hookrightarrow F(S)$ を自然な単射とする．このとき群 $G$ への写像 $f : S \longrightarrow G$ で，$f(S)$ が $G$ を生成するものに対して，唯一つの全準同型 $\varphi : F(S) \longrightarrow G$ で，$f = \varphi \circ i$ をみたすものが存在する．また，$S$ が生成する自由群 $F(S)$ はこの性質で特徴づけられる．（群 $G$ の生成系 $S \subset G$ に対し，語の部分集合 $\{W_i\}_{i \in I}$ $(W_i \in F(S))$ が生成する正規部分群が $\varphi : F(S) \longrightarrow G$ の核 $\mathrm{Ker}\,\varphi$ に一致するとき，表示 $\{W_i = e\}_{i \in I}$ を $G$ の（生成系 $S$ に関する）**基本関係式**という．）

**16.**　2つの元 $x, y$ から生成される群 $G$ が，基本関係式
$$x^2 = y^2 = e, \qquad (xy)^n = e$$
をもつという．このとき $G \simeq D_n$（正2面体群）であることを示せ．

**17.**　群 $G$ は $n-1$ 個の生成元 $s_1, s_2, \cdots, s_{n-1}$ をもち，その間に基本関係式
$$s_i^2 = e, \qquad (s_i s_{i+1})^3 = e, \qquad (s_i s_j)^2 = e \quad (|i - j| > 1),$$
$$\text{ただし，} 1 \le i, j \le n-1$$
があるという．このとき $G \simeq S_n$（$n$ 次対称群）であることを示せ．

# 4

# 環 と 加 群

　本章では，まず§25までは，環と加群について通常頻繁に用いられる概念と一般的事項をまとめてみる．このうち，§21の体上の多変数多項式整域が素元分解整域になること，および，§25のヒルベルトの基底定理は，方々で用いられる具体的な定理である．

　局所化，射影および入射性，テンソル積らの概念は，むしろ言語としての性格も強く，今後進んで各方面の勉強をする際の語学と思っても良い．

　これに比して，§26は，アルチン的半単純環に関するウェダバーン（Wedderburn）の構造定理の紹介である．有限群の群環に適用すると，有限群の表現論に関する基本定理が続々と得られる大定理である．

　§27では，次数加群について，ポアンカレ（Poincaré）級数，ヒルベルト多項式の紹介をする．今までの議論と一味違った数値的取り扱いに興味を覚える読者も多いかと思う．勿論応用上でも多方面にわたっており，例えば，局所環上の加群の重複度と次元の理論や，次章に紹介するワイル代数上のホロノミー加群の理論などがある．

# §20. 分数環と局所化

一般の可換環に対して，ちょうど有理整数環 $Z$ から有理数 $Q$ を構成した方法を適用してみる.

まず，可換環 $R$ の部分集合 $S$ が $1$ を含み，

$$xy \in S \qquad (x, y \in S)$$

をみたすとき，$S$ を**積閉集合**という. 積閉集合 $S$ が与えられたとき，直積 $R \times S$ に関係

$$(x, s) \sim (x', s') \iff \text{ある } t \in S \text{ に対して, } t(xs' - x's) = 0$$

と定義すると，$\sim$ は同値関係であることが容易に検証できる. この同値関係による商集合を $S^{-1}R := R \times S/\sim$ とかき，元 $(x, s) \in R \times S$ を含む同値類を $\dfrac{x}{s}$ $= x/s \in S^{-1}R$ とかく. したがって，

$$\frac{x}{s} = \frac{x'}{s'} \iff \text{ある } t \in S \text{ に対して, } t(xs' - x's) = 0.$$

集合 $S^{-1}R$ に和と積を

$$\frac{x}{s} + \frac{x'}{s'} := \frac{xs' + x's}{ss'},$$
$$\frac{x}{s}\frac{x'}{s'} := \frac{xx'}{ss'} \qquad (x, x' \in R, \ s, s' \in S)$$

と定義すると，これは同値類の代表元のとり方によらないことがわかる. 例えば，$x/s = y/t$，$x'/s' = y'/t'$ とすると，ある $u, u' \in S$ に対して $u(xt - ys) = u'(x't' - y's') = 0$ だから，

$$uu'((xs' + x's)tt' - (yt' + y't)ss')$$
$$= uu'(s't'(xt - ys) + st(x't' - y's'))$$
$$= s't'u'u(xt - ys) + stuu'(x't' - y's') = 0$$

となり，$(xs' + x's)/ss' = (yt' + y't)/tt'$. 積についても同様である.

この和と積に関して，$S^{-1}R$ は再び $1/1$ を単位元とする可換環になることが容易に検証できる. この可換環 $S^{-1}R$ を積閉集合 $S$ による $R$ の**分数環**（または，**商環**）という.

$S$ が巾零元を含んでいると $S^{-1}R = \{0\}$ となる（$s^n = 0$ とすると，任意の元 $x/t \in S^{-1}R$ について，$s^n x = 0$ で，これは $x/t = 0/1 = 0$ を意味する）ので，$0 \notin S$ と仮定することも多い.

自然な写像

$$f_S : R \longrightarrow S^{-1}R \qquad \left(f_S(x) = \frac{x}{1}\right)$$

は環準同型になり，その核は

$$\mathrm{Ker}\, f_S = \{x \in R \mid \text{ある } s \in S \text{ に対して } sx = 0\}$$

である．したがって，特に $S$ が零因子を含まなければ，$f_S$ は単準同型となり，$R$ は $S^{-1}R$ の部分環と考えてよい．このとき，

$$x/s = x'/s' \iff xs' - x's = 0$$

となり，ちょうど小学校で習った分数の概念と一致する.

分数環 $S^{-1}R$ を，次のように "普遍性" によって特徴づけることもできる.

**定理 20.1** $S$ を可換環 $R$ の積閉集合とし，$f_S : R \longrightarrow S^{-1}R$ を自然な準同型とする．このとき $f_S(S) \subset (S^{-1}R)^\times$ である．さらに，環準同型 $f : R \longrightarrow R'$ で，$f(S) \subset (R')^\times$ なるものに対して，環準同型 $g : S^{-1}R \longrightarrow R'$ で $g \circ f_S = f$ なるものが唯一つ存在する.

分数環 $S^{-1}R$ は，この性質をみたす環として，同型を除いて一意的に定められる.

[証明] $f_S(s)(1/s) = 1$ ゆえ $f_S(s)$ は $S^{-1}R$ の単元，すなわち，$f_S(S) \subset (S^{-1}R)^\times$. 次に，$f$ に対して $g : S^{-1}R \longrightarrow R'$ を $g(x/s) := f(x)f(s)^{-1}$ とおく．このとき，$g(x/s)$ が代表元 $x/s$ のとり方によらないことに注意せねばならない．実際，$x/s = y/t$ とすると $u(xt - ys) = 0$ なる $u \in S$ がある．よって，$f(u)(f(x)f(t) - f(y)f(s)) = 0$ であるが，$f(u), f(t), f(s) \in (R')^\times$ だから，$f(x)f(s)^{-1} = f(y)f(t)^{-1}$ となる.

$g$ が準同型になること，$g \circ f_S = f$ なることも容易に検証される．$g$ の一意性については，$g' \circ f_S = f$ とすると，$g'(x/s) = g'(f_S(x)f_S(s)^{-1}) = (g' \circ f_S)(x)((g' \circ f_S)(s))^{-1} = f(x)f(s)^{-1} = g(x/s)$ となり，$g = g'$.

最後に，$\tilde{f}_S : R \longrightarrow \tilde{R}_S$ も定理の性質をみたすとすると，$f_S : R \longrightarrow S^{-1}R$ に対して $g : \tilde{R}_S \longrightarrow S^{-1}R$，$g \circ \tilde{f}_S = f_S$ をみたす $g$ が唯一つ存在する．一方，$g' : S^{-1}R \longrightarrow \tilde{R}_S$ $(g' \circ f_S = \tilde{f}_S)$ も存在するから，$g \circ g' \circ f_S = f_S$ かつ $g' \circ g \circ \tilde{f}_S = \tilde{f}_S$．一意性から，$g \circ g' = \mathrm{Id}_{S^{-1}R}$，$g' \circ g = \mathrm{Id}_{\tilde{R}_S}$ となり，$g$ は同型 $\tilde{R}_S \simeq S^{-1}R$ を与える． □

$R$ が整域で，$0 \notin S$ ならば，$R \subset S^{-1}R$ であった．特に $S = R \setminus \{0\}$ のとき，$S^{-1}R$ を $R$ の**商体**という．実際，このとき，$S^{-1}R$ は $R$ を含む最小の体であり，例えば，$\boldsymbol{Q}$ は $\boldsymbol{Z}$ の商体である．一般の可換環の場合，$S$ として，零因子でない元全体をとるとき，$S^{-1}R$ を**全商環**という．

**例 20.1** 体 $K$ 上の $n$ 変数多項式整域 $K[X_1, \cdots, X_n]$ の商体を $K(X_1, \cdots, X_n)$ とかき，体 $K$ 上の $n$ 変数の**有理関数体**という．

## 局所化，局所環

分数環の特別な場合として次のものがある．$P$ を可換環 $R$ の素イデアルとする．このとき，$S := R \setminus P$ は積閉である，すなわち，$s, s' \notin P$ ならば，$P$ が素であるから，$ss' \notin P$．この $S$ による分数環 $S^{-1}R$ を，特に $R$ の $P$ における**局所化**とよび，通常 $R_P$ とかく．

一般に，唯一つの極大イデアルしかもたない可換環を**局所環**という．

**命題 20.1** $R$ が局所環であるためには，$R \setminus R^\times$ が $R$ のイデアルをなすことが必要十分である．このとき，$M = R \setminus R^\times$ が $R$ の唯一つの極大イデアルである．

[**証明**] $R$ を極大イデアル $M$ をもつ局所環とする．このとき，$M \subset R \setminus R^\times$ は明らか．$x \notin R^\times$ とすると，$Rx \neq R$ ゆえ，定理 9.1 によって，$Rx$ はある極大イデアルに含まれる．ところが，$R$ は局所環ゆえ，この極大イデアルは $M$，すなわち，$M = R \setminus R^\times$．

逆に，$R \setminus R^\times$ がイデアルをなすならば，$R$ の任意の単位イデアルでないイデアルは $R \setminus R^\times$ に含まれる．よって，$M = R \setminus R^\times$ が唯一つの極大イデアルになり，$R$ は局所

環となる. □

**定理 20.2**　可換環 $R$ の素イデアル $P$ に対し, $P$ における局所化 $R_P$ は局所環で, その唯一つの極大イデアルは, $PR_P := \{x/s \mid x \in P,\ s \notin P\}$ である.

[証明]　$PR_P$ が 1 を含まないイデアルであることは容易に見られる. ゆえに, $PR_P \subset R_P \setminus R_P^\times$. 逆に, $x/s \notin PR_P$ とすると, $x \notin P$. したがって, $(x/s)(s/x) = 1$ $(s/x \in R_P)$ となり, $x/s \in R_P^\times$. よって, $R_P \setminus R_P^\times \subset PR_P$. ゆえに, 命題 20.1 から定理は証明された. □

**例 20.2**　局所環 $R$ の唯一つの極大イデアル $M$ に対する剰余環 $R/M$ を $R$ の**剰余体**という. $p \in \mathbf{Z}$ を素数とするとき, 素イデアル $(p) = \mathbf{Z}p$ による局所化は,

$$\mathbf{Z}_{(p)} = \left\{\frac{a}{b} \in \mathbf{Q}\ \middle|\ p \nmid b\right\}.$$

剰余体は $\mathbf{F}_p := \mathbf{Z}/\mathbf{Z}p \simeq \mathbf{Z}_{(p)}/\mathbf{Z}_{(p)}p$ である.

**例 20.3**　体 $K$ 上の $n$ 変数多項式整域 $R = K[X_1, \cdots, X_n]$ を考える. 点 $p = (a_1, \cdots, a_n) \in K^n$ に対して, 環準同型 $\varepsilon_p : R \longrightarrow K$ を, $\varepsilon_p(f(X_1, \cdots, X_n)) := f(a_1, \cdots, a_n)$ と定義すると, $M_p := \mathrm{Ker}\,\varepsilon_p$ は 1 次式 $X_i - a_i$ $(1 \le i \le n)$ で生成される極大イデアルになる ($\varepsilon_p$ は全射だから, $R/M_p = K$). $R$ の $M_p$ における局所化 $R_{M_p} \subset K(X_1, \cdots, X_n)$ は, 分母が $p$ で 0 にならないような有理関数全体のなす整域である. "局所化" という命名は, このようなイメージに基づいている.

## §21.　素元分解整域再論

§9 に続いて, 素元分解整域の重要な例をあげる. この節を通して, 断らない限り $R$ を素元分解整域とする. すなわち, $R \setminus R^\times$ の元はすべて素元の積にかける, または, 既約元の積に単元倍と順序を除いて一意的にかけるとする (命

題 9.5). このとき, $R$ 上の多項式環 $R[X_1, \cdots, X_n]$ もまた素元分解整域である
ことを証明するのがこの節の目標である.

$R$ の有限個の元 $x_1, \cdots, x_n$ について, $x_1, \cdots, x_n$ の**最大公約元**, **最小公倍元**は,
$\mathbf{Z}$ の場合と同様に, 単元倍を除いて一意的に定義される. また, この節での議
論の都合で, $R$ の商体 $K$ の 2 元 $x, y$ について, $x = uy$ なる $u \in R^{\times}$ が存在す
るとき, $x$ と $y$ とは "単元倍を除いて等しい" という ($K$ の単元倍ではない!)

$R$ 上の 1 変数多項式
$$f(X) = a_n X^n + a_{n-1} X^{n-1} + \cdots + a_0 \in R[X]$$
について, その係数 $a_n, a_{n-1}, \cdots, a_0$ の最大公約元が 1 のとき, $f(X)$ を**原始多項
式**という.

**補題 21.1**  $K$ を素元分解整域 $R$ の商体とし, $R[X] \subset K[X]$ と見なすとき,
任意の $f(X) \in K[X]$ は, ある原始多項式 $f_0(X) \in R[X]$ に対して, $f(X) =$
$cf_0(X)$ $(c \in K)$ とかける. このとき, $c \in K$ は, $f(X) \in K[X]$ に対し $R$ の単
元倍を除いて一意的で, $c := I(f)$ とかき, $f(X) \in K[X]$ の**内容**という.

[**証明**]  $f(X) \in K[X]$ の係数の分子, 分母を素元分解し, 分母の最小公倍元を乗
じ, 得られた $R$ 係数の多項式の係数の最大公約元をくくり出すことにより, 補題のよ
うに分解できる. このとき, $c \in K$ の一意性をいおう.
$$cf_0(X) = c'f_0'(X) \qquad (f_0, f_0' \text{ は原始的})$$
とする. $c = a/b$, $c' = a'/b'$ $(a, b, a', b' \in R,\ a$ と $b,\ a'$ と $b'$ は互いに素$)$ とする. こ
のとき, $ab'f_0(X) = a'bf_0'(X)$. よって, 例えば, $a$ は $a'bf_0'(X)$ の各係数の公約元であ
る. ところが, $f_0'(X)$ は原始的で, $a$ と $b$ とは互いに素だから, $a \mid a'$. 同様に $a' \mid a$.
すなわち, $a$ と $a'$ とは単元倍を除いて一致する. $b$ と $b'$ について全く同じだから, $c$
と $c'$ は $R$ の単元倍を除いて一致する.   □

**補題 21.2** (ガウス)  補題 21.1 の条件の下で,
$$I(fg) = I(f)I(g) \qquad (f, g \in K[X]).$$
特に, 原始多項式の積は原始多項式である.

[**証明**]  定義によって $f(X) = I(f)f_0(X)$ $(f_0 :$ 原始的$)$ だから, $f(X)g(X) =$

$I(f)I(g)f_0(X)g_0(X)$ となり，原始多項式の積が原始的になることを示せばよい.

そこで，$f, g \in R[X]$ を原始的とする．積 $fg \in R[X]$ が原始的でなければ，係数を素元分解するとそれらの公約元としてある素元 $p \in R$ が見つかる.

さて，多項式整域 $R[X]$ を $\bmod\ pR$ で考える，すなわち，自然な射影

$$\pi : R[X] \longrightarrow (R/pR)[X]$$

を考えると，仮定から，$\pi(fg) = 0$. $pR$ は素イデアルであるから，$R/pR$ は整域，よって，$(R/pR)[X]$ も整域．$\pi(f)\pi(g) = \pi(fg) = 0$ から，$\pi(f) = 0$ または $\pi(g) = 0$. これは，$f, g \in R[X]$ の一方の係数が公約元 $p$ をもつことを意味し，$f, g$ の原始性に反する．よって，$fg$ も原始的であることが示された．☐

**系 21.1** $R[X]$ の既約多項式は，$K[X]$ においても既約である.

[証明] $R[X]$ における既約多項式 $f$ の $K[X]$ における分解 $f = gh$ $(g, h \in K[X])$ があったとすると，補題より $I(f) = I(g)I(h)$. ここで，$I(f) \neq 1$ とすると，$f$ の既約性から $f = I(f)$，$f_0 = 1$ となり $K[X]$ でも既約．したがって $I(f) = 1$ と仮定すると，$f = f_0 = I(g)g_0I(h)h_0 = g_0h_0$ $(g_0, h_0 \in R[X]$ は原始的) となる．$R[X]$ における既約性から，$g_0, h_0$ のどちらか一方は $R$ の単元，すなわち $g, h$ のどちらか一方は次数が 0 の多項式である．これは $f \in R[X]$ の $K[X]$ における既約性を意味する．☐

**定理 21.1** 素元分解整域 $R$ 上の多項式整域 $R[X_1, \cdots, X_n]$ はまた素元分解整域である.

[証明] $n = 1$ のとき示せばよい．よって，$R[X]$ の元が既約元の積に一意分解することを証明する.

まず，$f \in R[X]$ が既約元の積に分解することをいう．$f = I(f)f_0$ $(f_0 \in R[X]$ は原始的) とすると，$I(f) \in R$ で，$I(f)$ は $R$ の既約元の積に分解する．$R$ の既約元は $R[X]$ の既約元でもあるから $I(f)$ の部分については主張がいえる．原始多項式 $f_0$ の部分については，既約でなければ，順次分解してゆけば，次数が下がるから，有限個の既約元に分解する.

次に一意性を示さねばならない．$f = I(f)f_0$ として $I(f) \in R$ の既約分解の一意性は仮定されているから，原始多項式 $f_0$ について見ればよい．いま，

$$f_0 = p_1 p_2 \cdots p_n = q_1 q_2 \cdots q_m$$

を $R[X]$ での既約分解とすると，系 21.1 から，これは $K[X]$ での既約分解でもある．定理 9.2 より，$K[X]$ は素元分解整域だから，$n = m$ で，番号をつけ替えると，$p_i = c_i q_i$ $(c_i \in K^{\times} = K[X]^{\times})$．各 $p_i, q_i$ は原始多項式だから，$1 = I(p_i) = I(c_i q_i) = I(c_i)$．ゆえに，$c_i \in R^{\times}$．よって一意性がいえた． □

**問 21.1** $Z[\sqrt{-5}] := \{m + n\sqrt{-5} \mid m, n \in Z\}$ は素元分解整域ではない．

## §22.  射影加群と入射加群

環 $R$ 上の 2 つの左加群 $M, N$ が与えられたとき，$M$ から $N$ への $R$ 準同型全体を $\mathrm{Hom}_R(M, N)$ で表すと，これは次の演算で加法群をなす．

$$(f + g)(x) := f(x) + g(x) \qquad (x \in M,\ f, g \in \mathrm{Hom}_R(M, N)).$$

単位元は 0 準同型 $0(x) := 0$ $(x \in M)$ である．

別の左 $R$ 加群 $M'$ への $R$ 準同型 $\varphi : M \longrightarrow M'$ が与えられたとき，$\varphi$ は加法群の準同型

$$\mathrm{Hom}_R(M', N) \longrightarrow \mathrm{Hom}_R(M, N) \qquad (f \longmapsto f \circ \varphi)$$

をひき起す．同様に，$\psi : N \longrightarrow N'$ に対しても，

$$\mathrm{Hom}_R(M, N) \longrightarrow \mathrm{Hom}_R(M, N') \qquad (f \longmapsto \psi \circ f)$$

は準同型である．

**命題 22.1** (i)  左 $R$ 加群の完全列

$$0 \longrightarrow M_1 \xrightarrow{f} M_2 \xrightarrow{g} M_3$$

と，任意の左 $R$ 加群 $N$ に対して，

$$0 \longrightarrow \mathrm{Hom}_R(N, M_1) \longrightarrow \mathrm{Hom}_R(N, M_2) \longrightarrow \mathrm{Hom}_R(N, M_3)$$

もまた完全である．

(ii)  左 $R$ 加群の完全列

$$M_1 \longrightarrow M_2 \longrightarrow M_3 \longrightarrow 0$$

と，任意の左 $R$ 加群 $N$ に対して，

$$0 \longrightarrow \mathrm{Hom}_R(M_3, N) \longrightarrow \mathrm{Hom}_R(M_2, N) \longrightarrow \mathrm{Hom}_R(M_1, N)$$

もまた完全である.

[**証明**] (i) $\psi \in \mathrm{Hom}_R(N, M_2)$ について, $g \circ \psi = 0$ という条件は, $g(\psi(x)) = 0$ ($x \in N$) を意味する. これは, $\psi(N) \subset \mathrm{Ker}\, g = \mathrm{Im}\, f$ と同値だから, 列の右項の部分の完全性はいえた. あとは自明であろう. (ii) も同様. □

命題の (i), (ii) の条件を強めて, 短完全列

$$0 \longrightarrow M_1 \longrightarrow M_2 \longrightarrow M_3 \longrightarrow 0$$

が与えられたと仮定しても, $\mathrm{Hom}_R$ に関する短完全列 ($\longrightarrow 0$) は得られない. これらが成立するようなクラスの $R$ 加群について論じよう.

任意の左 $R$ 加群の短完全列

$$0 \longrightarrow M_1 \longrightarrow M_2 \longrightarrow M_3 \longrightarrow 0$$

に対して,

$$0 \longrightarrow \mathrm{Hom}_R(M, M_1) \longrightarrow \mathrm{Hom}_R(M, M_2) \longrightarrow \mathrm{Hom}_R(M, M_3) \longrightarrow 0$$

がまた完全となるような左 $R$ 加群 $M$ を**射影加群**という. 双対的に,

$$0 \longrightarrow \mathrm{Hom}_R(M_3, M) \longrightarrow \mathrm{Hom}_R(M_2, M) \longrightarrow \mathrm{Hom}_R(M_1, M) \longrightarrow 0$$

がまた完全となるような左 $R$ 加群 $M$ を**入射加群**という.

上の命題から, いずれも, 左2項の完全性は自動的に導かれるから, 最後の項の全射性のみが問題である. したがって, $M$ が射影加群であるための必要十分条件は, 任意の全準同型 $\varphi : M_2 \longrightarrow M_3$ と任意の準同型 $f : M \longrightarrow M_3$ に対して, $\varphi \circ \bar{f} = f$ となる $\bar{f} : M \longrightarrow M_2$ ($f$ の**持ち上げ**) が存在することである.

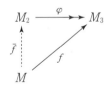

同様に, $M$ が入射加群であるための必要十分条件は, 任意の単準同型 $\iota : M_1 \hookrightarrow M_2$ と任意の準同型 $f : M_1 \longrightarrow M$ に対して, $\bar{f} \circ \iota = f$ となる $\bar{f} : M_2 \longrightarrow M$ ($f$ の**拡張**) が存在することである.

射影加群と入射加群は, このように双対的な概念であ

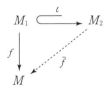

るが，その存在の仕方に差異があるので，現実の取り扱い方はお互いに異なっている．

## 射影加群

**定理 22.1** 左 $R$ 加群 $M$ が射影的であるためには，$M$ が自由加群の直和因子である，すなわち，ある左 $R$ 加群 $N$ に対して $M \oplus N$ が自由であることが必要十分である．特に，自由加群は射影加群である．

[証明] まず，自由加群 $F = \bigoplus_{i \in I} Rx_i$（$(x_i)$ は基底）は射影加群である．実際，全準同型 $\varphi : M_1 \longrightarrow M_2$ と準同型 $f : F \longrightarrow M_2$ に対し，$y_i \in \varphi^{-1}(f(x_i)) \subset M_1$ を勝手に選んで，$\bar{f}(x_i) := y_i \ (i \in I)$ と定義すると，$F$ が自由だから，$R$ 準同型 $\bar{f} : F \longrightarrow M_1 \ (f = \varphi \circ \bar{f})$ を得る．

次に，$F = M \oplus N$ が自由ならば，$f : M \longrightarrow M_2$ に対して，$g : F \longrightarrow M_2$ を $g \,|\, N = 0$, $g \,|\, M = f$ と定義し，$\bar{g} : F \longrightarrow M_1 \ (g = \varphi \circ \bar{g})$ に持ち上げると，$\bar{f} = \bar{g} \,|\, M$ が $f$ の持ち上げになる．よって条件が十分であることがいえた．

逆に，$M$ を射影的とする．$M$ の生成系 $\{z_i\}_{i \in I}$ を選んで，$M = \sum_{i \in I} Rz_i$ とかくとき，自由加群 $F = \bigoplus_{i \in I} Rx_i$ からの全準同型 $\varphi : F \longrightarrow M \ (\varphi(x_i) = z_i)$ が存在する．$M$ は射影的だから，$f := \mathrm{Id}_M : M \simeq M$ に対して持ち上げ $\bar{f} : M \longrightarrow F$ が存在する．このとき，$\mathrm{Id}_M = \varphi \circ \bar{f}$ だから，$\bar{f}$ は単射で，$M \simeq \bar{M} := \bar{f}(M) \subset F$．$N := \mathrm{Ker}\,\varphi$ とおくと，$F = \bar{M} \oplus N \simeq M \oplus N$ を得る．よって，必要性がいえた．  □

**問 22.1** (i) $M_i \ (i \in I)$ が射影加群ならば，直和 $\bigoplus_{i \in I} M_i$ もそうである．

(ii) $M \oplus N$ が射影的ならば，$M$ も $N$ もそうである．

**例 22.1** $R$ が単項イデアル整域ならば，有限生成射影 $R$ 加群は自由である．実際，行列の単因子定理（定理 12.1）より，単項イデアル整域 $R$ 上の有限階数自由加群の部分加群は自由加群になる．定理 22.1 によって，有限生成射影 $R$ 加群は有限階数自由加群の直和因子だから，結局自由加群になる．

左 $R$ 加群 $M$ に対して, $\varphi \in \mathrm{Hom}_R(R, M)$ への $a \in R$ の作用を $(a\varphi)(x) :=$ $\varphi(xa)$ $(x \in R)$ で定義すると, $\mathrm{Hom}_R(R, M)$ はまた左 $R$ 加群となり

$$\mathrm{Hom}_R(R, M) \ni \varphi \longmapsto \varphi(1) \in M$$

は $R$ 同型を与える.

双対的に, 加法群 $\widehat{M} := \mathrm{Hom}_R(M, R)$ は, $R$ の作用 $(\varphi a)(x) := \varphi(x)a$ $(a \in R,$ $x \in M)$ によって右 $R$ 加群となる. $\widehat{M}$ を $M$ の **双対加群** という. アーベル群の双対性のときと同様に, 自然な $R$ 準同型

$$\Phi : M \longrightarrow \widehat{\widehat{M}} \qquad ((\Phi(x))(\varphi) := \varphi(x) \ (\forall \varphi \in \widehat{M}))$$

が得られる ($\widehat{\widehat{M}}$ は右 $R$ 加群 $\widehat{M}$ の双対加群だから, 左 $R$ 加群).

**命題 22.2** 左 $R$ 加群 $M$ が有限生成射影的ならば, 双対加群 $\widehat{M}$ も有限生成射影的な右 $R$ 加群で, $\Phi : M \simeq \widehat{\widehat{M}}$ は $R$ 同型である.

[**証明**] 定理 22.1 によって, $F = M \oplus N$ となる有限生成な自由加群がある (証明を見れば, $F$ は有限生成にとれる). このとき, 自然な同型 $\widehat{F} \simeq \widehat{M} \oplus \widehat{N}$ が存在することは明らかである. ところが, $\widehat{F} = \mathrm{Hom}_R(F, R) \simeq \mathrm{Hom}_R(R^n, R) \simeq R^n$ ゆえ, $\widehat{F}$ は右 $R$ 加群として自由であり, 再び定理 22.1 から, $\widehat{M}$ も射影的になる (有限生成は明らか). 同型 $M \simeq \widehat{\widehat{M}}$ も, $F \simeq \widehat{\widehat{F}} \simeq \widehat{\widehat{M}} \oplus \widehat{\widehat{N}}$ から容易に見られる. $\square$

## 入 射 加 群

**例 22.2** 加法群 ($Z$ 加群) $T := Q/Z$ は $Z$ 加群として入射加群である. 実際, $Z$ 加群 $M$ の部分加群 $N$ からの準同型 $f : N \longrightarrow T$ が $\bar{f} : M \longrightarrow T$ に拡張できることを示せばよい. $f$ の $M_i \supset N$ への拡張全体の集合を

$$\mathcal{F} := \{(f_i, M_i)_{i \in I} \mid N \subset M_i \subset M, \ f_i \mid N = f\}$$

とおくと, $f_i \leq f_j \iff M_i \subset M_j$ かつ $f_i = f_j \mid M_i,$ によって $\mathcal{F}$ は順序集合をなす. $\mathcal{F}$ が帰納的であることは直ちに見れるから, ツォルンの補題によって極大元 $(f_0, M_0) \in \mathcal{F}$ が存在する. いま $M_0 \neq M$ と仮定して矛盾を導けばよい.

$x \notin M_0$ として, $M' := M_0 + Zx \supsetneqq M_0$ とおく. $Zx \supset Zx \cap M_0 = Znx$ となる $n \in Z$ をとって, $f_0(nx) = a \in Q/Z$ とおくと, $a \in f_0(M_0)$. このとき,

$f'(mx) = (m/n)a \in \boldsymbol{Q}/\boldsymbol{Z} \ (m \in \boldsymbol{Z}), \ f' \mid M_0 = f_0$ とおくと，$f'$ は $M'$ 全体で定義される $\boldsymbol{Q}/\boldsymbol{Z}$ への準同型になる．$(f', M') \in \mathcal{F}, \ f' \neq f_0, \ f' \mid M_0 = f_0$ だから $f_0$ の極大性に反し，これは矛盾である．

さて，$M$ を左（右）$R$ 加群とするとき，前と同様にして，今度は $T = \boldsymbol{Q}/\boldsymbol{Z}$ に対して

$$M^* := \mathrm{Hom}_{\boldsymbol{Z}}(M, T)$$

とおくと，$(\varphi a)(x) := \varphi(ax) \ ((a\varphi)(x) := \varphi(xa)) \ (x \in M, \ a \in R)$ によって，$M^*$ は右（左）$R$ 加群になる．

**命題 22.3** (i) 自然な $R$ 準同型 $M \longrightarrow M^{**}$ は単射である．

(ii) $M$ が射影的ならば，$M^*$ は入射的である．

[証明] (i) $M$ の元 $x \neq 0$ に対して，$f(x) \neq 0$ なる $f \in M^*$ があればよい．位数が $x$ と等しい $a \in T$ をとり $f_0(nx) := na \ (n \in \boldsymbol{Z})$ とおくと $f_0 : \boldsymbol{Z}x \longrightarrow T$ は準同型．$T$ の入射性から，$f : M \longrightarrow T \ (f \mid \boldsymbol{Z}x = f_0)$ に拡張でき，$f(x) = a \neq 0$.

(ii) $N \hookrightarrow L$ を $R$ 加群の単純同型とすると，$T$ の入射性から $L^* \longrightarrow N^*$ は全準同型である．そこで，$M$ を射影 $R$ 加群とし，$f : N \longrightarrow M^*$ を $R$ 準同型とする．$f^* : M^{**} \longrightarrow N^*$ をその双対とし，単射 $M \hookrightarrow M^{**}$ との合成を $f_1 : M \longrightarrow N^*$ とおく．$M$ は射影的であるから，$\bar{f}_1 : M \longrightarrow L^*$ に持ち上がる．再び，双対をとると $\bar{f}_1^* : L^{**} \longrightarrow M^*$ を得る．このとき，(i) によって，$L \hookrightarrow L^{**}$ だから，$\bar{f}_1^*$ を $L$ に制限して，$\bar{f} := \bar{f}_1^* \mid L$ とおくと，$\bar{f} \mid N = f$ となり，$\bar{f}$ は $f$ の $L$ への拡張を与えていることがわかる． □

**定理 22.2** 任意の $R$ 加群はある入射加群の部分加群になる．

[証明] 左 $R$ 加群 $M$ に対し，$M^*$ を考え自由加群からの全準同型 $F \longrightarrow M^*$ をとる．このとき，$M^{**} \hookrightarrow F^*$ は単射である．$F$ は自由加群だから射影的，したがって，命題 22.3 (ii) より，$F^*$ は入射加群である．一方，命題 22.3 (i) から，単準同型 $M \hookrightarrow M^{**}$ が存在し，合成すると入射加群への単準同型 $M \hookrightarrow F^*$ を得る． □

**問 22.2** $M$ が入射加群であるためには，$M$ を含む任意の加群 $M \hookrightarrow N$ に対して，

$M$ は $N$ の直和因子になることが必要十分である.

**問 22.3** 任意の $R$ 加群 $M$ に対し,

$$0 \longrightarrow M \longrightarrow I^0 \longrightarrow I^1 \longrightarrow \cdots$$

が完全列になるような入射加群の列 $I^0, I^1, \cdots$ がとれる. このような完全列を $M$ の**入射的分解**という.

双対的に, 任意の $R$ 加群に対して, 射影加群 $P_0, P_1, \cdots$ で,

$$0 \longleftarrow M \longleftarrow P_0 \longleftarrow P_1 \longleftarrow \cdots$$

が完全列になるものを, $M$ の**射影的分解**という. $P_0, P_1, \cdots$ として, 自由加群がとれることは明らかであろう.

これらはホモロジー代数の出発点である.

# §23. テンソル積 (1)

$M$ を右 $R$ 加群, $N$ を左 $R$ 加群とする. 直積集合 $M \times N$ から加法群 $G$ への写像

$$\varphi : M \times N \longrightarrow G$$

が,

$$\begin{aligned}
\varphi(x + y, z) &= \varphi(x, z) + \varphi(y, z), \\
\varphi(x, z + w) &= \varphi(x, z) + \varphi(x, w), \\
\varphi(xa, z) &= \varphi(x, az)
\end{aligned}
\qquad
\left(\begin{array}{l}
x, y \in M, \\
z, w \in N, \\
a \in R
\end{array}\right)$$

をみたすとき, $\varphi$ を **$R$ バランス写像**という.

任意のバランス写像を"支配する普遍的な"加法群の存在を保証するのが, 次にいうテンソル積である.

**定理 23.1** $M$ を右 $R$ 加群, $N$ を左 $R$ 加群とする. このとき, 加法群 $T$ と, $R$ バランス写像 $\tau : M \times N \longrightarrow T$ で次の性質をみたすものが存在する. 任意の加法群 $G$ への任意の $R$ バランス写像 $\varphi : M \times N \longrightarrow G$ に対し, 加法群の準同型 $f : T \longrightarrow G$ で $\varphi = f \circ \tau$ をみたすものが唯一つ存在する.

さらに，このような組 $(T, \tau)$ は次の意味で一意的である．上の性質をみたす組 $(T', \tau')$ が存在すれば，加法群の同型 $g : T \xrightarrow{\sim} T'$ で，$g \circ \tau = \tau'$ なるものが唯一つ存在する．

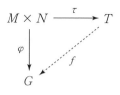

この定理は，その証明よりも，その意味を把むことの方が大切である．実際，この定理の加法群 $T$ を $M$ と $N$ との $R$ 上の**テンソル積**といい，$T = M \otimes_R N$ とかくが，テンソル積を運用する際，その諸性質はすべてこの定理に述べた $T$ の性質から直接導かれる．テンソル積への $R$ バランス写像 $\tau : M \times N \longrightarrow M \otimes_R N$ を

$$\tau(x, y) := x \otimes y \qquad (x \in M, \; y \in N)$$

とかく．したがって，**元のテンソル積** $x \otimes y$ について，

$$
\begin{array}{ll}
(x + x') \otimes y = x \otimes y + x' \otimes y, & \begin{pmatrix} x, x' \in M, \\ y, y' \in N, \\ a \in R \end{pmatrix} \\
x \otimes (y + y') = x \otimes y + x \otimes y', & \\
xa \otimes y = x \otimes ay &
\end{array}
$$

が成り立つ．

定理に述べるような，テンソル積 $M \otimes_R N$ の性質を，**普遍写像性質**といい，数学のいろんな場面での対象の定め方にこのようないい方が出てくる（分数環の構成 §20 でもそうであった）．この語法に慣れるため，同じことをもう少しいい換えてみる．$M \times N$ から $G$ への $R$ バランス写像のなす集合を $\mathrm{Bal}_R(M, N \,; G)$ とかくと，テンソル積の普遍写像性質は，任意の加法群 $G$ に対して，写像

$$\mathrm{Hom}_{\boldsymbol{Z}}(M \otimes_R N, G) \ni f \quad \longmapsto \quad f \circ \tau \in \mathrm{Bal}_R(M, N \,; G)$$

が全単射であることを主張している．ここに，加法群 $G$ は任意であるから，$G$ がいわば"変数"の役目をしていることに注意しておこう．カテゴリーの言葉でいえば，テンソル積は，加法群のカテゴリーから集合のカテゴリーへの関手

$$G \longmapsto \mathrm{Bal}_R(M, N \,; G)$$

を"表現する関手"であるといわれる．$G$ を変数とする"関数"と思って，

$\mathrm{Hom}_Z(M \otimes_R N, G) \simeq \mathrm{Bal}_R(M, N ; G)$ というわけである.

[**定理 23.1 の証明**] まず, テンソル積の一意性から示す. $(T', \tau')$ を別のテンソル積とすると, $G = T'$, $\varphi = \tau'$ に普遍性を適用して, $f : T \longrightarrow T'$, $\tau' = f \circ \tau$ なる準同型がある. 逆に, $f' : T' \longrightarrow T$, $\tau = f' \circ \tau'$ なるものも存在し, $\tau' = (f \circ f') \circ \tau'$, $\tau = (f' \circ f) \circ \tau$. $G = T$, $\varphi = \tau$ とおくと, $\tau = \mathrm{Id}_T \circ \tau$. したがって一意性から, $f' \circ f = \mathrm{Id}_T$, $f \circ f' = \mathrm{Id}_{T'}$ でなければいけない. したがって, $f, f'$ は加法群の同型を与える.

次に $T$ の存在を示す. 集合 $M \times N$ を基底とする自由 $Z$ 加群を $\mathcal{J}$ とする. すなわち, $\mathcal{J}$ の元は $(x_i, y_i)$ $(x_i \in M,\ y_i \in N)$ を文字と考えて,

$$\sum_{\text{有限和}} n_i(x_i, y_i) \qquad (n_i \in Z)$$

の形をしている. $\mathcal{J}$ の部分群 $\mathcal{N}$ を次のような形の元全体から生成されるものと定義する.

$$(*) \quad \begin{cases} (x + x', y) - (x, y) - (x', y), \\ (x, y + y') - (x, y) - (x, y'), \\ (xa, y) - (x, ay). \end{cases} \quad \begin{pmatrix} x, x' \in M, \\ y, y' \in N, \\ a \in R \end{pmatrix}$$

$T := \mathcal{J}/\mathcal{N}$ とおいて, $\tau : M \times N \longrightarrow T$ を自然な射影 $p : \mathcal{J} \longrightarrow T$ を通して, $\tau(x, y) := p((x, y))$ $(x \in M,\ y \in N)$ と定義する. このとき, $(T, \tau)$ は定理をみたすことを示そう.

バランス写像 $\varphi : M \times N \longrightarrow G$ が与えられたとき, 準同型 $F : \mathcal{J} \longrightarrow G$ を, 基底 $(x, y) \in M \times N$ に対して $F((x, y)) = \varphi(x, y)$ と定義する. このとき, 部分群 $\mathcal{N}$ の生成元 $(*)$ は, その形からすべて $\mathrm{Ker}\, F$ に属する. したがって $\mathcal{N} \subset \mathrm{Ker}\, F$. ゆえに $F$ は準同型 $f : T = \mathcal{J}/\mathcal{N} \longrightarrow G$ をひき起し, $\tau, F$ の定義から, $\varphi = f \circ \tau$ が成り立つ.

$f$ の一意性については, もし, $\varphi = f' \circ \tau$ ならば, $f(\tau(x, y)) = f'(\tau(x, y))$ となり, $T$ が $\tau(x, y)$ $(x \in M,\ y \in N)$ で生成されていることから $f = f'$ が導かれる.

これで定理の主張がすべて証明された. $\square$

テンソル積のいくつかの基本的性質を述べる.

**命題 23.1** (i) テンソル積 $M \otimes_R N$ は $x \otimes y$ $(x \in M,\ y \in N)$ の形の元で生成される. すなわち, $M \otimes_R N$ の元は有限和 $\sum x_i \otimes y_i$ $(x_i \in M,\ y_i \in N)$

の形をしている（一意的な表示ではない）.

（ii）　右 $R$ 加群の準同型 $f: M \longrightarrow M'$, 左 $R$ 加群の準同型 $g: N \longrightarrow N'$ に対し，図式

$$
\begin{array}{ccc}
M \times N & \xrightarrow{\ \otimes\ } & M \otimes_R N \\
{\scriptstyle f \times g}\big\downarrow & & \big\downarrow{\scriptstyle f \otimes g} \\
M' \times N' & \xrightarrow{\ \otimes\ } & M' \otimes_R N'
\end{array}
$$

を可換にする加法群の準同型 $f \otimes g$ が唯一つ存在する.

（iii）　テンソル積の構成は直和の構成と可換,

$$
\Big( \bigoplus_{i \in I} M_i \Big) \otimes_R N \simeq \bigoplus_{i \in I} M_i \otimes_R N.
$$

[**証明**]　（i）　定理 23.1 の証明から明らかであるが，敢えて，定理 23.1 の普遍性から導いてみよう. $x \otimes y \in M \otimes_R N$ $(x \in M,\ y \in N)$ で生成される $M \otimes_R N$ の部分群を $T'$ とおき，バランス写像 $M \times N \ni (x, y) \longmapsto x \otimes y \in T'$ に対する準同型 $f: M \otimes_R N \longrightarrow T'$ を考える. ところが，$f$ は，バランス写像 $M \times N \longrightarrow T' \hookrightarrow M \otimes_R N$ に対する準同型でもあるから，一意性により $f = \mathrm{Id}_{M \otimes_R N}$. これは，$T' = M \otimes_R N$ を意味する.

（ii）　$\varphi: M \times N \longrightarrow M' \otimes_R N'$ $(\varphi(x, y) = f(x) \otimes g(y))$ は $R$ バランス写像である. よって定理 23.1 から, 唯一つの準同型 $f \otimes g: M \otimes_R N \longrightarrow M' \otimes_R N'$ で $(f \otimes g)(x \otimes y) = f(x) \otimes g(y)$ なるものが存在する.

（iii）　バランス写像 $\Big( \bigoplus\limits_{i \in I} M_i \Big) \times N \longrightarrow \bigoplus\limits_{i \in I} M_i \otimes N$ $\big( (\sum_i x_i, y) \longmapsto \sum_i x_i \otimes y \big)$ に対する準同型は $f: \Big( \bigoplus\limits_{i \in I} M_i \Big) \otimes_R N \longrightarrow \bigoplus\limits_{i \in I} M_i \otimes_R N$ $\big( f((\sum_i x_i) \otimes y) = \sum_i x_i \otimes y \big)$. 一方, 各 $j \in I$ について, バランス写像 $M_j \times N \longrightarrow \Big( \bigoplus\limits_{i \in I} M_i \Big) \otimes_R N$ $((x_j, y) \longmapsto \tilde{x}_j \otimes y,\ \tilde{x}_j = (z_i),$ $z_j = x_j,\ z_i = 0\ (i \neq j))$ は準同型 $g_j: M_j \otimes_R N \longrightarrow \Big( \bigoplus\limits_{i \in I} M_i \Big) \otimes_R N$ を与え，これらは，

$$
g := \bigoplus_{i \in I} g_i: \bigoplus_{i \in I} M_i \otimes_R N \longrightarrow \Big( \bigoplus_{i \in I} M_i \Big) \otimes_R N
$$

をひき起す. $f$ と $g$ が互いに他の逆を与えていることが容易に見られ，$f, g$ 共に同型を与えている.　□

**命題 23.2**　$F = \bigoplus\limits_{i \in I} x_i R$ を $(x_i)_{i \in I}$ を基底とする右 $R$ 自由加群とすると,

$F \otimes_R N \simeq N^{\oplus I}$ $(:= N$ の $\sharp I$ だけの直和$)$ で, $F \otimes_R N$ の元は一意的に $\sum_i x_i \otimes y_i$ $(y_i \in N)$ とかける.

[**証明**] 命題 23.1 (iii) より, $F \otimes_R N \simeq \bigoplus_{i \in I}(x_i R \otimes_R N)$. ところが, 各 $i$ について, $N \ni y \longmapsto x_i \otimes y \in x_i R \otimes_R N$ が $R$ バランス写像 $x_i R \times N \ni (x_i a, y) \longmapsto ay \in N$ に対する準同型 $x_i R \otimes_R N \longrightarrow N$ の逆を与えるから, $N \simeq x_i R \otimes_R N$. よって命題がいえる. □

**命題 23.3** 右 $R$ 加群の完全列

$$M_1 \xrightarrow{f} M_2 \xrightarrow{g} M_3 \longrightarrow 0$$

と, 任意の左 $R$ 加群 $N$ に対して,

$$M_1 \otimes_R N \xrightarrow{f \otimes I} M_2 \otimes_R N \xrightarrow{g \otimes I} M_3 \otimes_R N \longrightarrow 0 \qquad (I := \mathrm{Id}_N)$$

はまた完全列をなす.

[**証明**] $g \otimes I$ が全射であること, および $\mathrm{Im}\, f \otimes I \subset \mathrm{Ker}\, g \otimes I$ は命題 23.1 (i) から容易にわかる. $\mathrm{Ker}\, g \otimes I \subset \mathrm{Im}\, f \otimes I$ をいえばよい. $g$ は同型 $M_2/\mathrm{Im}\, f \simeq M_3$ をひき起す. ここで, 写像

$$\varphi : M_3 \times N \longrightarrow (M_2 \otimes_R N)/\mathrm{Im}\, f \otimes I$$

を $\varphi(g(x), y) := x \otimes y \mod \mathrm{Im}\, f \otimes I$ で定義することができる. 実際, $g(x) = g(x')$ ならば, $\mathrm{Ker}\, g = \mathrm{Im}\, f$ だから, $x \otimes y = x' \otimes y \mod \mathrm{Im}\, f \otimes I$. このとき, $\varphi$ は $R$ バランスで, したがって, 準同型 $\psi : M_3 \otimes_R N \longrightarrow (M_2 \otimes_R N)/\mathrm{Im}\, f \otimes I$, $\varphi = \psi \circ \otimes$ なるものをひき起す. そこで, $\sum_i x_i \otimes y_i \in \mathrm{Ker}\, g \otimes I$ とすると, $\sum_i g(x_i) \otimes y_i = 0$. ゆえに, $0 = \psi\left(\sum_i g(x_i) \otimes y_i\right) = \sum_i \varphi(g(x_i), y_i) = \sum_i x_i \otimes y_i \mod \mathrm{Im}\, f \otimes I$. これは, $\sum_i x_i \otimes y_i \in \mathrm{Im}\, f \otimes I$ を意味し, $\mathrm{Ker}\, g \otimes I \subset \mathrm{Im}\, f \otimes I$ がいえた. □

任意の右 $R$ 加群の単準同型 $f : M_1 \hookrightarrow M_2$ に対し, $f \otimes \mathrm{Id}_N : M_1 \otimes_R N \longrightarrow M_2 \otimes_R N$ がまた単射になるような左 $R$ 加群 $N$ を**平坦加群**という. 命題 23.3 より, $N$ が平坦であるためには, 右 $R$ 加群の短完全列

$$0 \longrightarrow M_1 \longrightarrow M_2 \longrightarrow M_3 \longrightarrow 0$$

を短完全列

$$0 \longrightarrow M_1 \otimes_R N \longrightarrow M_2 \otimes_R N \longrightarrow M_3 \otimes_R N \longrightarrow 0$$

にうつすことが必要十分である.

**定理 23.2**　射影加群は平坦である.

[証明]　定理 22.1 より, 射影加群 $M$ は自由加群 $F$ の直和因子, すなわち, $F = M \oplus N$ となる. $M_1 \hookrightarrow M_2$ を右 $R$ 加群の単準同型とすると, 命題 23.2 によって $M_1 \otimes_R F \hookrightarrow M_2 \otimes_R F$ も単射. ところが, 命題 23.1 (iii) より $M_i \otimes_R F \simeq M_i \otimes_R M \oplus M_i \otimes_R N$ $(i = 1, 2)$. よって, 直和因子についても, $M_1 \otimes_R M \longrightarrow M_2 \otimes_R M$ は単射である. ゆえに $M$ は平坦である. ☐

**問 23.1**　$M$ を有限生成射影的左 $R$ 加群とするとき, 任意の左 $R$ 加群 $N$ に対して, 自然な同型

$$\widehat{M} \otimes_R N \simeq \mathrm{Hom}_R(M, N) \qquad (\xi \otimes y \longmapsto (x \longmapsto \xi(x)y))$$

が成り立つ $(\widehat{M} := \mathrm{Hom}_R(M, R))$.

# §24.　テンソル積 (2)

右 $R$ 加群 $M$ が同時に他の環 $R'$ に対しても左 $R'$ 加群になっており, 互いの作用が可換, すなわち

$$b(xa) = (bx)a \qquad (x \in M, \ a \in R, \ b \in R')$$

のとき $M$ を**両側 $(\boldsymbol{R'}, \boldsymbol{R})$ 加群**という.

このとき, 左 $R$ 加群 $N$ とのテンソル積 $M \otimes_R N$ は自然に左 $R'$ 加群になる. 実際, $b \in R'$ に対して, $l_b \in \mathrm{End}_R M := \mathrm{Hom}_R(M, M)$ を $l_b(x) := bx$ $(x \in M)$ で定義すると, 命題 23.1 (ii) より, $l_b \otimes \mathrm{Id}_N \in \mathrm{End}_{\boldsymbol{Z}}(M \otimes_R N)$. この作用を

$$b(x \otimes y) = (bx) \otimes y \qquad (b \in R', \ x \otimes y \in M \otimes_R N)$$

とかけば, $M \otimes_R N$ は左 $R'$ 加群である.

同様に, $N$ が両側 $(R, R')$ 加群で, $M$ が右 $R$ 加群ならば, $M \otimes_R N$ は右 $R'$ 加

群になる.

**例 24.1**　$I$ を $R$ の両側イデアルとし, $N$ を左 $R$ 加群とする. $IN$ を $ax$ $(a \in I,\ x \in N)$ で生成される $N$ の部分 $R$ 加群とすると, 左 $R$ 加群としての自然な同型

$$R/I \otimes_R N \simeq N/IN$$

が得られる. 実際, 命題 23.3 より, 短完全列

$$0 \longrightarrow I \longrightarrow R \longrightarrow R/I \longrightarrow 0$$

に対して,

$$I \otimes_R N \xrightarrow{\ g\ } R \otimes_R N \longrightarrow R/I \otimes_R N \longrightarrow 0$$

は完全列. ところが, $R \otimes_R N \simeq N$ で, $IN = \operatorname{Im} g$. よって, $N/IN \simeq (R \otimes_R N)/\operatorname{Im} g \simeq R/I \otimes_R N$. これは $R$ (また, $R/I$) 加群としての同型であることも直ちに見られる.

**問 24.1**　$m, n \in \mathbf{Z}$ の最大公約数を $d$ とすると,

$$\mathbf{Z}/\mathbf{Z}m \otimes_{\mathbf{Z}} \mathbf{Z}/\mathbf{Z}n \simeq \mathbf{Z}/\mathbf{Z}d.$$

次の命題の証明も容易であろう.

**命題 24.1**　(i)　$M$ を右 $R$ 加群, $N$ を両側 $(R, R')$ 加群, $L$ を左 $R'$ 加群とする. このとき次の同型が成り立つ.

$$(M \otimes_R N) \otimes_{R'} L \simeq M \otimes_R (N \otimes_{R'} L)$$

$$((x \otimes y) \otimes z \longmapsto x \otimes (y \otimes z)).$$

(ii)　$M$ を左 $R$ 加群, $N$ を両側 $(R, R')$ 加群, $L$ を左 $R'$ 加群とする. このとき, 次の同型が成り立つ.

$$\operatorname{Hom}_R(N \otimes_{R'} L, M) \simeq \operatorname{Hom}_{R'}(L, \operatorname{Hom}_R(N, M)),$$

ただし, 左辺の $\varphi$ に対し, 右辺 $\psi$ は, $\psi(x)(y) = \varphi(y \otimes x)$ $(x \in L,\ y \in N)$ を対応させる.

**[証明]**　略.　□

$R$ が可換環の場合, $R$ 加群は上にいった意味で両側 $(R, R)$ 加群であること
に注意しよう. したがって, 可換環 $R$ 上の加群 $M, N$ のテンソル積 $M \otimes_R N$
は再び自然に $R$ 加群になる.

以下しばらく $R$ を可換環とする. まず注意しておくことは, $R$ 加群 $L$ への
$R$ バランス写像 $\varphi : M \times N \longrightarrow L$ がさらに **$R$ 双線型**のとき, すなわち,

$$\varphi(ax, y) = \varphi(x, ay) = a\varphi(x, y) \qquad (a \in R, \ x \in M, \ y \in N)$$

のとき, 自然な準同型 $M \otimes_R N \longrightarrow L \ (x \otimes y \longmapsto \varphi(x, y))$ は $R$ 準同型になって
いることである. したがってこのとき, $\mathrm{Hom}_R(M, N ; L)$ によって, $M \times N$
から $L$ への $R$ 双線型写像全体のなす $R$ 加群を表すと, $R$ 加群の同型

$$\mathrm{Hom}_R(M, N ; L) \simeq \mathrm{Hom}_R(M \otimes_R N, L)$$

を得る. このように, 可換環 $R$ 上の加群の場合は, テンソル積の概念構成はす
べて $R$ 加群の範囲で考えられる. 次の事実は, 前節の結果または定義から直ち
に得られるが, 命題としてまとめておこう.

**命題 24.2** $R$ を可換環とし, $M, N, L$ を $R$ 加群とする.

(i) $\qquad\qquad M \otimes_R N \simeq N \otimes_R M \qquad (x \otimes y \longmapsto y \otimes x)$

(ii) $\qquad\qquad (M \otimes_R N) \otimes_R L \simeq M \otimes_R (N \otimes_R L).$

特に, $R$ 加群

$$M^{\otimes n} := M \otimes_R M \otimes_R \cdots \otimes_R M \qquad (n \text{ 個})$$

が同型を除いて唯一つ定まる.

(iii) $M, N$ を有限生成射影加群とすると,

$$(\widehat{M} \otimes_R \widehat{N}) \otimes_R L \simeq (M \otimes_R N)^{\wedge} \otimes_R L \simeq \mathrm{Hom}_R(M, N ; L).$$

[**証明**] 略. □

## 係 数 拡 大

環 $R'$ を $R$ 代数とする. すなわち, 環準同型 $R \longrightarrow R'$ が与えられているも
のとする. 左 $R$ 加群 $M$ に対して, テンソル積 $R' \otimes_R M$ は左 $R'$ 加群になる.
$R' \otimes_R M$ を $R$ 加群 $M$ の $R'$ への**係数拡大**という. 任意の左 $R'$ 加群 $N$ に対し

て,

$$\mathrm{Hom}_{R'}(R' \otimes_R M, N) \simeq \mathrm{Hom}_R(M, N)$$

となることに注意しよう.

$R$ を可換環とし, さらに, $R$ 代数 $R'$ において $R$ の元は $R'$ で中心的, すなわち, $\varphi(a)b' = b'\varphi(a)$ $(\varphi : R \longrightarrow R', \ a \in R, \ b' \in R')$ と仮定する. 以下 $R$ 代数 $R'$ といえばこの条件をみたすものとする. 別の $R$ 代数 $R''$ に対して, テンソル積 $R' \otimes_R R'' \simeq R'' \otimes_R R'$ は, 生成元について

$$(x \otimes y)(x' \otimes y') = xx' \otimes yy'$$

をみたす乗法によって再び $R$ 代数になる. $R \longrightarrow R' \otimes_R R''$ は $a \longmapsto \varphi(a) \otimes 1$ $= 1 \otimes \psi(a)$ $(\varphi : R \longmapsto R', \ \psi : R \longrightarrow R'')$ によって与えられる.

**問 24.2** 多項式環について, $R[X] \otimes_R R[Y] \simeq R[X, Y]$.

**問 24.3** 全行列環について, $M_n(R) \otimes_R M_m(R) \simeq M_{mn}(R)$.

可換環 $R$ の積閉集合 $S$ を固定しておく. $R$ 加群 $M$ に対しても §20 と同様に $S$ による分数化を $M \times S$ に同値関係

$$(x, s) \sim (x', s') \iff t(s'x - sx') = 0 \text{ なる } t \in S \text{ が存在する},$$

と定義して, $(x, s)$ の属する同値類を $x/s \in S^{-1}M := M \times S/\sim$ とかくと, 加法と分数環 $S^{-1}R$ の作用

$$x/s + x'/s' := (s'x + sx')/(ss')$$
$$(a/t)(x/s) := (ax)/(ts)$$

によって $S^{-1}M$ は $S^{-1}R$ 加群となる (**分数加群**).

特に, $R$ の素イデアル $P$ に対する積閉集合 $S := R \setminus P$ を考えるとき, $M_P := S^{-1}M$ を $P$ における $M$ の**局所化**ということも同様である. これは局所環 $R_P$ 上の加群である.

**問 24.4** $S^{-1}R \otimes_R M \simeq S^{-1}M$ $((a/t, x) \longmapsto ax/t)$.

**問 24.5** $0 \longrightarrow M_1 \longrightarrow M_2 \longrightarrow M_3 \longrightarrow 0$ を $R$ 加群の短完全列とすると,

$$0 \longrightarrow S^{-1}M_1 \longrightarrow S^{-1}M_2 \longrightarrow S^{-1}M_3 \longrightarrow 0$$

もまた完全列である．したがって，$R$ 加群として分数環 $S^{-1}R$ は平坦である．

## テンソル代数

$M$ を可換環 $R$ 上の加群とする．このとき命題 24.2 (ii) によって，$R$ 加群

$$M^{\otimes n} := M \otimes_R M \otimes_R \cdots \otimes_R M \qquad (n \text{ 個})$$

が考えられる．いま，$R$ 双線型写像

$$M^{\otimes m} \times M^{\otimes n} \longrightarrow M^{\otimes (m+n)}$$

を $(x_1 \otimes \cdots \otimes x_m,\ y_1 \otimes \cdots \otimes y_n) \longmapsto x_1 \otimes \cdots \otimes x_m \otimes y_1 \otimes \cdots \otimes y_n$ と定義すると，$M^{\otimes n}$ の直和

$$TM := \bigoplus_{n=0}^{\infty} M^{\otimes n}$$

はこの積によって $M^{\otimes 0} := R$ 上の代数と見なせる．この $R$ 代数を $M$ の $R$ 上の**テンソル代数**という．

**命題 24.3** $R$ 加群 $M$ から $R$ 代数 $R'$ への $R$ 加群としての準同型 $M \longrightarrow R'$ は自然な $R$ 代数の準同型 $TM \longrightarrow R'$ をひき起す．

[**証明**] 各 $n$ について，$M^{\otimes n} \ni x_1 \otimes \cdots \otimes x_n \longmapsto x_1 \cdots x_n \in R'$ とすればよい．  □

テンソル代数は種々の代数の構成に用いられる．例えば，$M = \bigoplus_{i \in I} RX_i$ を $(X_i)_{i \in I}$ を基底とする自由加群とすれば，$M \ni X_i \longmapsto X_i \in R[X_i]_{i \in I}$（多項式環）は $R$ 代数の全準同型

$$f : TM \longrightarrow R[X_i]_{i \in I}$$

をひき起す．このとき，$\operatorname{Ker} f$ は，$X_i \otimes X_j - X_j \otimes X_i \in M^{\otimes 2}$ $(i, j \in I)$ で生成される両側イデアルになっている．

特に興味深いものにクリフォード（Clifford）代数がある．$R$ 加群 $M$ 上に **2 次形式** $q : M \longrightarrow R$ が与えられているとする．すなわち，$q$ は

$$q(ax) = a^2 q(x), \qquad (a \in R,\ x, y \in M)$$

$$q(x + y) - q(x) - q(y) \quad \text{は } R \text{ 双線型},$$

をみたすものとする. このとき, テンソル代数 $TM$ において, $x \otimes x - q(x) \in R \oplus M^{\otimes 2}$ $(x \in M)$ が生成する両側イデアルを $I(q)$ とおくとき,

$$C(M, q) := TM / I(q)$$

を $(M, q)$ の**クリフォード代数**という.

特に, $q = 0$ のとき, $\wedge M := C(M, 0)$ とかいて, $M$ の**外積**（または, **グラスマン**（Grassmann））**代数**という.

これらは, $M$ が体 $K$ 上の有限次元ベクトル空間の場合でも, 数学や物理学の諸方面に現れてくる. 特にクリフォード代数は, 直交群の普遍被覆群であるスピン群の構成や, 量子物理におけるスピノールの議論の基礎をなしている.

**問 24.6** $M$ を基底 $x_1, \cdots, x_n$ をもつ自由 $R$ 加群とすると, 外積代数 $\wedge M$ は基底を, $1 \in R$, $x_{i_1} \wedge x_{i_2} \wedge \cdots \wedge x_{i_k}$ $(1 \le i_1 < \cdots < i_k \le n)$ とする自由 $R$ 加群である. ただし, $\wedge M$ の元 $y_1 \wedge y_2 \wedge \cdots \wedge y_k$ は $y_1 \otimes y_2 \otimes \cdots \otimes y_k \in M^{\otimes k} \subset TM$ の像である.

# §25. ネーター加群とアルチン加群

環 $R$ 上の加群 $M$ が**昇鎖条件**をみたすとき, すなわち, 任意の部分 $R$ 加群の増大列

$$M_1 \subset M_2 \subset \cdots \subset M_i \subset \cdots$$

に対して, $M_n = M_{n+1} = \cdots$ となる $n$ が存在するとき, $M$ を**ネーター加群**という. 次の命題の証明は命題 9.6 の証明と全く同じである.

**命題 25.1** $R$ 加群 $M$ に関する次の条件は同値である.

(i) $M$ はネーター加群である.

(ii) $M$ の部分 $R$ 加群から成る空でない集合は包含関係に関して極大元をもつ（**極大条件**）.

(iii) $M$ の部分 $R$ 加群は有限生成である.

［証明］　命題 9.6 の証明において，イデアルという言葉を部分加群におき換えよ．
□

ネーター加群と双対的な概念を考える．$R$ 加群 $M$ が**降鎖条件**をみたすとき，
すなわち，任意の部分加群の減少列

$$M^1 \supset M^2 \supset \cdots \supset M^i \supset \cdots$$

に対して，$M^n = M^{n+1} = \cdots$ なる $n$ が存在するとき，$M$ を**アルチン加群**という．
ネーター加群の場合の順序関係を逆にしただけだから，$M$ がアルチン加群であ
るためには，$M$ の部分加群からなる空でない集合が極小元をもつ（**極小条件**）
ことが必要十分であることがわかる．

**定理 25.1**　$R$ 加群の短完全列

$$0 \longrightarrow M_1 \longrightarrow M_2 \longrightarrow M_3 \longrightarrow 0$$

があるとき，次は同値である．

　$M_2$ がネーター（アルチン）加群 $\Longleftrightarrow M_1$ も $M_3$ もネーター（アルチン）加群．

［証明］　アルチン加群の場合も同様だから，ネーター加群の場合のみ示す．

　$\Longrightarrow$）　$M_2$ の極大条件は $M_1$ のそれを導くから，$M_1$ はネーター的，また，$M_3$ の部
分加群に対して，$\pi : M_2 \longrightarrow M_3$ による逆像のなす $M_2$ の部分加群を対応させれば，
$M_3$ の極大条件も導く．

　$\Longleftarrow$）　$M_2$ の部分加群の増大列

$$N_1 \subset N_2 \subset \cdots \subset N_i \subset \cdots$$

に対して，$M_1, M_3$ の増大列

$$M_1 \cap N_1 \subset M_1 \cap N_2 \subset \cdots,$$
$$\pi N_1 \subset \pi N_2 \subset \cdots$$

を考えると，$M_1, M_3$ の昇鎖条件から，共通の $n$ があって

$$M_1 \cap N_n = M_1 \cap N_{n+1} = \cdots, \quad \pi N_n = \pi N_{n+1} = \cdots.$$

したがって，$i \geq n$ に対して $N_i / M_1 \cap N_n = N_i / M_1 \cap N_i = \pi N_i = \pi N_n = N_n / M_1 \cap$
$N_n$．ゆえに $N_i = N_n$．□

**定理 25.2** $R$ 加群 $M$ が組成列をもつためには, $M$ がネーターかつアルチン加群であることが必要十分である.

[証明] $M$ がネーターかつアルチン的であるとする. 極小条件より, $M_1 \neq 0$ なる $M$ の極小部分群が存在する. 次に $\{M' \subsetneqq M_1\}$ なる部分加群のなす集合の極小元を選んで $M_1 \subsetneqq M_2$ がとれる. 順に部分加群の増大列

$$M_1 \subsetneqq M_2 \subsetneqq \cdots \subsetneqq M_i \subsetneqq \cdots \qquad (M_i/M_{i-1} \text{ は単純})$$

を選べば, 昇鎖条件からある $n$ に対して $M_n = M$ となり, $M$ の組成列を得る.

逆に, 長さ $n$ の組成列が存在するとする. $n$ に関する帰納法を用いる. $n = 1$ のときは $M$ は単純だから, 部分加群は自明なもののみで明らか. $M_{n-1}$ は長さ $n-1$ の組成列をもつから仮定によってネーターかつアルチン的である. $M/M_{n-1}$ は単純だから, やはりネーターかつアルチン的, よって定理 25.1 から $M$ もそうである. □

## ネーター環, アルチン環

環 $R$ は自身左 $R$ 加群でもある. 左 $R$ 加群として, $R$ がネーター (アルチン) 加群のとき, $R$ を**左ネーター (アルチン) 環**という. 右ネーター (アルチン) 環も同様に定義される. これは, 明らかに, それぞれ左 (または, 右) イデアルに関する昇 (降) 鎖条件 ($\Longleftrightarrow$ 極大 (小) 条件) をみたす環のことである. また, 命題 25.1 によって, 左ネーター環とは, その任意の左イデアルが有限生成であるような環のことである.

**定理 25.3** $R$ を左ネーター (アルチン) 環とする. このとき有限生成左 $R$ 加群はネーター (アルチン) 加群である.

[証明] $M = \sum_{i=1}^{n} Rx_i$ ($x_i$ は生成元) とする. $n$ に関する帰納法を用いる. $n = 1$ のときは, $Rx_1 \simeq R/\mathrm{Ann}\, x_1$ だから, 左 $R$ 加群 $R$ の剰余加群となり, 定理 25.1 から明らか. $n-1$ まで正しいとするとき, $N = \sum_{i=1}^{n-1} Rx_i$ とおくと, 完全列

$$0 \longrightarrow N \longrightarrow M \longrightarrow Rx_n/N \cap Rx_n \longrightarrow 0$$

を得る. $N$, $Rx_n/N \cap Rx_n$ がネーター (アルチン) 的であるから, 再び定理 25.1 によ

って, $M$ もそうである.  □

**命題 25.2** 左ネター（アルチン）環の剰余環もまた左ネター（アルチン）環である.

［**証明**］ $R$ を左ネター環とし, $I$ をその両側イデアルとする. $R/I$ の左イデアルについての極大条件は $R$ のそれから導かれる.  □

**問 25.1** 可換環 $R$ がネター（アルチン）環ならば, 分数環 $S^{-1}R$ もまたネター（アルチン）環である.

**問 25.2** 体 $K$ 上の多項式環 $K[X]$ はアルチン環ではないことを示せ.

**問 25.3** 単項イデアル整域 $R$ の元 $a \neq 0$ に対して, $R/Ra$ はアルチン環である.

**問 25.4** 可除環 $D$ 上の全行列環 $M_n(D)$ は左アルチン環である.

実は, 次節で示すように, 左アルチン環は左ネター環になる. 逆は一般に成立せず, ネター環のクラスは, アルチン環に比べると膨大なものである.

## ヒルベルトの基底定理

**定理 25.4**（ヒルベルト） 可換ネター環上の有限生成可換代数はネター環である.

［**証明**］ $R$ を可換ネター環, $R'$ を $R$ 上有限生成可換代数とすると, 命題 8.1 から, $R'$ は $R$ 上の有限生成多項式環 $R[X_1, \cdots, X_n]$ の剰余環に同型である. したがって, 命題 25.2 より, 多項式環についていえればよい. 不定元に関する帰納法により, さらに 1 変数の場合 $R[X]$ がネター環であることを示せばよい. よって, $R$ がネター環のとき, $R[X]$ のイデアル $I$ が有限生成であることを示す.

まず, $R$ の部分集合

$$I_0 := \{a \in R \mid aX^n + a_{n-1}X^{n-1} + \cdots + a_0 \in I \text{ となる } a_i \in R \text{ がある}\}$$

と定義する. $I$ が $R[X]$ のイデアルであることから, $I_0$ は $R$ のイデアルになることがわかる. 実際, $aX^n + \cdots, bX^m + \cdots \in I$ とすると, $m \geq n$ ならば, $X^{m-n}$ を掛けて

加えれば, $(a + b)X^m + \cdots \in I$. また, 任意の $c \in R$ に対して, $caX^n + \cdots \in I$. よって $I_0$ はイデアルである. $R$ はネター環だから, $I_0$ の有限個の生成元 $a_1, a_2, \cdots, a_n \in I_0$ を選んでおく. 各 $a_i$ に対して, $f_i(X) = a_i X^{r_i} + \cdots \in I$ をとり, $r := \underset{1 \le i \le n}{\mathrm{Max}} \{r_i\}$ とおく. また, $f_i(X)$ が生成する $R[X]$ のイデアルを $I' := \sum_{i=1}^{n} R[X] f_i(X) \subset I$ とおく.

さてこのとき, 任意の $f(X) \in I$ に対して, $\deg(f - g) < r$ なる $g(X) \in I'$ が存在することがいえる. 実際, $f(X) = aX^m + \cdots \in I$ とすると, $a \in I_0$ ゆえ, $a = \sum_{i=1}^{n} b_i a_i$ ($b_i \in R$) とかける. このとき, $m \ge r$ とすると,

$$f(X) - \sum_{i=1}^{n} b_i X^{m-r_i} f_i(X)$$

は次数が $m$ より本当に小さくなる. 順にこの操作を行えば, いずれ次数が $< r$ となる.

次に, $R[X]$ の部分 $R$ 加群 $M := \sum_{i=0}^{r-1} RX^i$ を考えると, いま示したことから, 部分 $R$ 加群としては $I \subset M + I'$, すなわち, $I = M \cap I + I'$ が導かれる. $M$ はネター環 $R$ 上の有限生成 $R$ 加群だから, 定理 25.3 より, ネター加群である. したがって, その部分 $R$ 加群 $M \cap I$ も $R$ 上有限生成である. その $R$ 加群としての生成元 (有限個) をとると, $I'$ の $R[X]$ 上の生成元 $f_i$ ($1 \le i \le n$) と合せて $I$ の $R[X]$ 上の生成元となり, $I$ が有限生成であることが示された. □


# §26. 根基と半単純性

環 $R$ のすべての極大左イデアルの共通部分を $R$ の (**ジェイコブソン** (Jacobson)) **根基**といい, $\mathrm{Jac}\, R$ とかく. 例えば, 局所環の根基はその (唯一つの) 極大イデアルである.

左 $R$ 加群 $M$ に対して,

$$\mathrm{Ann}\, M := \{a \in R \mid ax = 0 \ (x \in M)\}$$

とおくと, $\mathrm{Ann}\, M$ は $R$ の両側イデアルである ($M$ の**零化イデアル**).

**命題 26.1**  $R$ の根基は, すべての単純左 $R$ 加群 $M$ の零化イデアル Ann $M$ の共通部分と一致する. すなわち,

$$\text{Jac } R = \bigcap_{M:\text{単純}} \text{Ann } M.$$

特に, 根基は両側イデアルである.

［証明］ まず, $M$ が単純であることと, $R$ のある極大左イデアル $L$ に対して, $M \simeq R/L$ であることが同値であることに注意しておく. したがって, 任意の単純な $M$ に対して, $a \in \text{Ann } M$ ならば, 任意の極大左イデアル $L$ に対して $a \in \text{Ann } R/L \subset L$. よって,

$$\text{Jac } R \supset \bigcap_{M:\text{単純}} \text{Ann } M.$$

逆に, $a \in \text{Jac } R$ とする. 単純な $M$ の元 $x \neq 0$ に対して, $M = Rx \simeq R/\text{Ann } x$. ここで, $\text{Ann } x := \{b \in R \mid bx = 0\}$ は $R$ の極大左イデアルであるから, $a \in \text{Ann } x$, すなわち, $\text{Jac } R \subset \text{Ann } x$ $(x \in M)$ がいえた. よって, 任意の単純な $M$ に対して, $\text{Jac } R \subset \text{Ann } M$, すなわち, $\text{Jac } R \subset \bigcap \text{Ann } M$.

最後に Ann $M$ は両側イデアルだから, その共通部分である Jac $R$ も両側イデアルになる.  □

$R \neq 0$ ならば, $\text{Jac } R \neq R$ であるから, 命題 26.1 より **単純環**(自明でない両側イデアルをもたない零でない環)の根基は 0 である.

次は簡単ではあるが重要な定理で, 通常**中山の補題**とよばれている.

**定理 26.1**(クルル(Krull)・東屋・中山) 有限生成左 $R$ 加群 $M$ とその部分加群 $N$ について, $M = N + (\text{Jac } R)M$ ならば $M = N$. 特に, $M = (\text{Jac } R)M$ ならば, $M = 0$.

［証明］ まず, $M \neq N$ ならば, $N$ を含む極大部分加群 $M'$ が存在することを示す. $N$ を含む $M$ の真部分加群全体のなす集合を $\mathscr{M}$ とおくと, これは帰納的順序集合である. 実際, $\{M_\alpha\}$ $(M_\alpha \subset M_\beta$ か $M_\beta \subset M_\alpha)$ を $\mathscr{M}$ の増大列とする. このとき, $M_\infty := \bigcup_\alpha M_\alpha$ は $M$ の部分加群である. $M_\infty \neq M$ を示せば, $M_\infty \in \mathscr{M}$ となり, $\mathscr{M}$ が帰納的であることがいえる. $M$ は有限生成だから, 生成元 $x_1, \cdots, x_n$ をもつ. もし $M_\infty = M$ と

すると，ある $\alpha$ について，$x_1, \cdots, x_n \in M_\alpha$ となるから，$M = M_\alpha \in \mathscr{M}$ となり矛盾する.

さて，$M \neq N$ と仮定して，$(N \subset) M'$ を $M$ の極大部分加群（ツォルンの補題によって $\mathscr{M}$ の極大元として存在する）とすると，$M/M'$ は単純である．したがって命題26.1より，$\mathrm{Jac}\, R \subset \mathrm{Ann}\, M/M'$，すなわち，$(\mathrm{Jac}\, R)M \subset M'$. ゆえに，$N + (\mathrm{Jac}\, R)M \subset N + M' = M' \neq M$ となり，定理の仮定に反する．よって，$M = N$. □

### 命題 26.2

$$\mathrm{Jac}\, R = \{a \in R \mid R(1 - xa) = R \ (\forall x \in R)\}.$$

［証明］ $a \in \mathrm{Jac}\, R$ とする．$1 = xa + (1 - xa)$ とかくとき，$xa \in \mathrm{Jac}\, R \neq R$. もし $R(1 - xa) \neq R$ とすると，$1 - xa \in L$ なる極大左イデアルが存在し，$xa \in L$ だから，$1 \in L$ となり矛盾．ゆえに $R(1 - xa) = R$.

逆に，$a \notin \mathrm{Jac}\, R$ ならば，$a \notin L$ なる極大左イデアル $L$ に対して $Ra + L = R$. すなわち，$xa + y = 1$ なる $x \in R$, $y \in L$ がとれる．このとき，$R(1 - xa) = Ry \subset L \neq R$ だから，$a$ は命題26.2の右辺の集合に属さない．

これで等号がいえた．□

**問 26.1** $R$ のイデアル $I$ のすべての元が巾零ならば，$I \subset \mathrm{Jac}\, R$.

## アルチン環の場合

左イデアル $I$ が**巾零**であるとは，ある $n$ に対して，$I^n = 0$ となることである．ここに，$I^n$ は $x_1 x_2 \cdots x_n \ (x_i \in I)$ の形の元で生成されるイデアルである．巾零イデアルの元は明らかに巾零である．

**問 26.2** 可換ネーター環において，巾零元から成るイデアルは巾零イデアルである．

**命題 26.3** 左アルチン環の根基は巾零イデアルである．

［証明］ $J := \mathrm{Jac}\, R$ とおくと，イデアルの巾について
$$J \supset J^2 \supset \cdots \supset J^i \supset \cdots.$$
降鎖条件より，ある $n$ について，$J^n = J^{n+1} = \cdots$. いま $J^n \neq 0$ とすると，左イデアルの集合 $\mathscr{L} := \{I \mid J^n I \neq 0$ なる左イデアル$\}$ は空でなく，極小条件より，極小元 $I_0 \in \mathscr{L}$

が存在する．このとき，$J^n(JI_0) = J^n I_0 \neq 0$ かつ $JI_0 \subset I_0$ ゆえ，極小性から $JI_0 = I_0$.
また，$J^n x \neq 0$ なる $x \in I_0$ は $I_0$ を生成するから $I_0$ は有限生成．したがって，中山の
補題（定理 26.1）から，$I_0 = 0$. これは矛盾である．よって $J^n = 0$.  □

問 26.1 から，巾零元から成るイデアルは根基に含まれるゆえ，アルチン環の
とき，根基は最大の巾零イデアルとして特徴づけられる．


## 半単純加群

一般に左 $R$ 加群 $M$ について，$M$ の任意の部分加群 $N$ が直和因子であると
き，すなわち，ある $N'$ に対して $M = N \oplus N'$ となるとき，$M$ を**半単純**（また
は，**完全可約**）という．単純加群は明らかに半単純である．

**命題 26.4**  半単純加群の部分加群，剰余加群はまた半単純である．

［証明］ $M$ を半単純とし，$N$ をその部分加群とする．このとき，$N$ の部分加群 $L$
に対し，$M = L \oplus L'$ となるが，$N = L \oplus (L' \cap N)$ となることが容易に見られる．ゆ
えに $N$ も半単純である．

また，部分加群 $N$ に対し，$M \simeq N \oplus M/N$ だから，$M/N$ も $M$ の部分加群と見な
せ，半単純である．  □

**定理 26.2**  加群が半単純であるためには，単純加群の直和となることが必
要十分である．

［証明］（十分性） $M = \bigoplus_{i \in I} M_i$ ($M_i$：単純) とし，$N$ を $M$ の部分加群とする．$N \cap$
$N' = 0$ なる $M$ の部分加群 $N'$ の全体は帰納的順序集合をなすので，ツォルンの補題
より，その極大元をとり，改めて極大なものを $N'$ とおく．このとき，$N + N' = N$
$\oplus N'$ だから，$N + N' = M$ を示せばよい．いま，$N + N' \neq M$ と仮定すると，$M_i$
$\not\subset N + N'$ となる $i \in I$ がある．$M_i$ は単純だから $M_i \cap (N + N') = 0$. したがって
$N + N' + M_i = N \oplus N' \oplus M_i$ となり，$N \cap (N' \oplus M_i) = 0$, $N' \subsetneqq N' \oplus M_i$ ゆえ，
$N'$ の極大性に反する．よって $N + N' = M$ でなければならない．

（必要性）  $M \neq 0$ を半単純とする．まず $M$ が単純加群を含むことを示す．実際

$M$ の元 $x \neq 0$ に対して，部分加群 $Rx$ は有限生成だから極大部分加群 $L \subset Rx$ がある（定理 26.1 の証明の最初の部分）．命題 26.4 より $Rx$ も半単純ゆえ，$Rx = L \oplus L'$ で，ここに $L' \simeq Rx/L$ は単純である．

次に $\{M_i\}_{i \in I}$ を $M$ の単純部分加群全体とすると，いま示したことからこれは空でない．

$$\mathcal{J} := \left\{ J \subset I \;\middle|\; \sum_{j \in J} M_j = \bigoplus_{j \in J} M_j \right\}$$

とおくと，$\mathcal{J}$ も空ではない帰納的順序集合をなす．ツォルンの補題より，$\mathcal{J}$ の極大元を $J_0$ とする．このとき，$M = \bigoplus_{j \in J_0} M_j$ である．実際，$M \neq \bigoplus_{j \in J_0} M_j$ とすると，$M$ は半単純ゆえ $M = \bigoplus_{j \in J_0} M_j \oplus N$ $(N \neq 0)$．$N$ の単純部分加群 $M_{j_0} \subset N$ をとると $J_0 \cup \{j_0\} \in \mathcal{J}$ となり，これは $J_0$ の極大性に反する．よって，$M$ は単純部分加群の直和になる． $\square$

**命題 26.5**（シュアー（Schur）の補題）　(i)　組成列をもつ左 $R$ 加群 $M, N$ が共通の組成因子をもたなければ，$\operatorname{Hom}_R(M, N) = 0$.

(ii)　$M$ が単純加群ならば，$\operatorname{End}_R M := \operatorname{Hom}_R(M, M)$ は可除環である．

[**証明**] (i)　$f : M \longrightarrow N$ を $f \neq 0$ とすると $0 \neq f(M) \simeq M/\operatorname{Ker} f$ の組成因子は，$M, N$ 共通の組成因子を与える．

(ii)　$0 \neq f \in \operatorname{End}_R M$ とすると $M$ の単純性から $\operatorname{Ker} f = 0$, $\operatorname{Im} f = M$. よって $f$ は同型で可逆である． $\square$

**問 26.3**　$M$ が半単純ならば，$(\operatorname{Jac} R)M = 0$.

## 半単純環

根基が $0$ である環を**半単純環**という．$R \neq 0$ のとき根基 $\operatorname{Jac} R$ は真の両側イデアルだから，単純環は半単純である．また，一般の環 $R$ に対して，$R/\operatorname{Jac} R$ は半単純環である．半単純アルチン環について次の構造定理は有名である．

**定理 26.3**（ウェダバーン）　次は同値である．

(1)　左 $R$ 加群 $R$ は半単純加群である．

(2) すべての左 $R$ 加群は半単純である.

(3) すべての左 $R$ 加群は射影加群である.

(4) $R$ は半単純左アルチン環である.

(5) $R$ は左アルチン環で,有限個の単純環の直積である.

(6) 可除環 $D_1, D_2, \cdots, D_r$ に対して,

$$R \simeq M_{n_1}(D_1) \times M_{n_2}(D_2) \times \cdots \times M_{n_r}(D_r).$$

ここに,$M_n(D)$ は $D$ 上の $n$ 次全行列環である.

[**証明**] 次の順序に従って証明する.

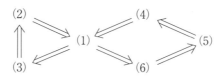

(2) $\Longrightarrow$ (1). 明らか.

(3) $\Longrightarrow$ (2). $N$ を $M$ の部分加群とする.$M/N$ は射影的だから,$\pi : M \longrightarrow M/N$ に対して,$\iota : M/N \hookrightarrow M$, $\pi \circ \iota = \mathrm{Id}_{M/N}$ なるものが存在し,$M \simeq N \oplus \mathrm{Im}\,\iota$, すなわち,$N$ は $M$ の直和因子になる.

(1) $\Longrightarrow$ (3). $M$ を左 $R$ 加群とし,自由加群 $F$ からの全準同型 $\pi : F \longrightarrow M$ を選んでおく.仮定より,$R$ は半単純加群ゆえ,その直和である $F$ も定理 26.2 によって半単純である.したがって,$F = \mathrm{Ker}\,\pi \oplus \overline{M}$, $\overline{M} \simeq M$ となり,$M$ は自由加群の直和因子となり,したがって定理 22.1 より射影加群になる.

(6) $\Longrightarrow$ (5). 可除環 $D$ 上の全行列環 $M_n(D)$ は単純環であることが,行列計算によって容易に検証できる.有限生成 $D$ 加群は,可換体の場合と同様,自由加群となり,基底の濃度は一定である.したがって,組成列をもつ.特に,$M_n(D)$ は左イデアルの組成列をもち,その直積も同様である.よって,$R$ は左アルチン的(かつネター的)である.

(5) $\Longrightarrow$ (4). $\mathrm{Jac}(R_1 \times R_2 \times \cdots \times R_r) = \mathrm{Jac}\,R_1 \times \mathrm{Jac}\,R_2 \times \cdots \times \mathrm{Jac}\,R_r$ より明らか.

(4) $\Longrightarrow$ (1). まず,$R$ が半単純左アルチン環のとき,$R$ の極大左イデアル $L_1, \cdots, L_n$ で $\bigcap_{i=1}^{n} L_i = 0$ なるものが存在することに注意しよう.実際,極大左イデアル全体の

集合を $\mathcal{L}$ とすると $\bigcap_{L \in \mathcal{L}} L = \mathrm{Jac}\, R = 0$. したがって，任意の $x \neq 0$ に対して必ず，$x \notin L$ なる $L \in \mathcal{L}$ が存在し $\bigcap_{i=1}^{n} L_i \neq 0$ ならば，ある $L_{n+1} \in \mathcal{L}$ が存在して $\bigcap_{i=1}^{n} L_i \supsetneqq \bigcap_{i=1}^{n+1} L_i$. よって降鎖条件から主張がいえる.

さて $\bigcap_{i=1}^{n} L_i = 0$ ならば，自然な準同型

$$R \hookrightarrow \bigoplus_{i=1}^{n} R/L_i$$

は単射である．すなわち，左 $R$ 加群 $R$ は，単純加群 $R/L_i$ の直和の部分加群と見なせる．したがって，定理 26.2 から右辺は半単純 $R$ 加群，その部分加群 $R$ は命題 26.4 より半単純左 $R$ 加群となる．

(1) $\Longrightarrow$ (6). 一般に，環 $R$ に対し，積を $a \cdot b := ba$ と定義しなおした環を $R^0$ とかいて**反対環**ということにする．このとき，$a \in R$ に対して，$r_a \in \mathrm{End}_R R$（$R$ を左 $R$ 加群とみたときの自己準同型環）を $r_a(x) = xa$ $(x \in R)$ と定義すると $a \longmapsto r_a$ は環同型 $R^0 \simeq \mathrm{End}_R R$ を与える．いま，$\mathrm{End}_R R$ が (6) に述べるような環になっていることが示されれば，可除環 $D$ に対して，全行列環 $M_n(D)$ の反対環 $M_n(D)^0$ は，$M_n(D)^0 \ni x \longmapsto {}^t x \in M_n(D^0)$（${}^t x$ は行列の転置）によって，やはり可除環 $D^0$ 上の全行列環に同型になり，主張が示される．

よって，$R$ が (1) をみたすとき，環 $\mathrm{End}_R R$ が (6) の形をしていることを示そう．仮定より，左 $R$ 加群として $R$ は半単純だから，定理 26.2 より，極小左イデアルの直和になる．いま，$R = \bigoplus_{i \in A} I_i$ $(I_i : 極小)$ とすると，$1 = \sum_{i \in A} e_i$ $(e_i \in I_i)$. ところが，この 1 の分解に現れる $e_i \in I_i$ は有限個だから，$R = \sum_{i \in A} Re_i$ は有限直和（$\sharp A < \infty$）である．$I_i$ $(i \in A)$ のうち，左 $R$ 加群として同型なもの同士を集めてその和を改めて，$L_j := \bigoplus_{i=1}^{n_j} I_i$ $(I_1, \cdots, I_{n_j}$ はすべて同型$)$ とおけば，

$$R = \bigoplus_{j=1}^{r} L_j$$

となる．ここに，$L_j$ の直和因子はすべて同型で，$j \neq k$ のとき，$L_j$ と $L_k$ は共通な組成因子を含まない．

このとき，環の同型

$$\mathrm{End}_R R \simeq \mathrm{End}_R L_1 \times \mathrm{End}_R L_2 \times \cdots \times \mathrm{End}_R L_r$$

を得る. 実際, $f \in \mathrm{End}_R\left(\bigoplus_{j=1}^{r} L_j\right)$ に対し, 命題 26.5 より, $\mathrm{Hom}_R(L_j, L_k) = 0 \ (j \neq k)$ ゆえ, $f(L_j) \subset L_j$. よって, $f \longmapsto (f \mid L_1, f \mid L_2, \cdots, f \mid L_r)$ は同型を与える.

したがって, (6) を示すためには, $L$ がある単純加群 $I$ の $n$ 個の直和のとき, ある可除環 $D$ があって $\mathrm{End}_R L \simeq M_n(D)$ となることを示せばよい. まず, 命題 26.5 によって, $\mathrm{End}_R I =: D$ は可除環である. $L = I_1 \oplus I_2 \oplus \cdots \oplus I_n$ として, 同型 $e_i : I_i \simeq I$ $(1 \leq i \leq n)$ を 1 つ固定しておく. このとき, $f \in \mathrm{End}_R L$ に対して, $p_i : L \longrightarrow I_i$ を自然な射影とするとき,

$$f_{ij} : I_j \longrightarrow I_i, \qquad f_{ij} := p_i \circ (f \mid I_j)$$

とおく. このとき, $a_{ij}(f) := e_i \circ f_{ij} \circ e_j^{-1} \in \mathrm{End}_R I = D$ ゆえ, 写像

$$a : \mathrm{End}_R L \longrightarrow M_n(D) \qquad (a(f) := (a_{ij}(f)))$$

を得る. 定義から, $a$ は環同型を与えることが検証される. □

### 系 26.1 左アルチン環は左ネーター環である.

[**証明**] $R$ を左アルチン環とするとき, $R$ は左イデアルから成る組成列をもつことを示せばよい. まず, $R/\mathrm{Jac}\,R$ は半単純左アルチン環だから, 定理 26.3 の (6) によって左イデアルの組成列をもつ ((6) $\Longrightarrow$ (5) の証明参照). よって $J = \mathrm{Jac}\,R$ が左 $R$ 加群として組成列をもてばよい. 命題 26.3 によって, $J$ は巾零だから, $J^n = 0$ なる $n$ がある. ゆえに $M := J^i/J^{i+1}$ が組成列をもてばよい. $JM = 0$ だから, $M$ は半単純アルチン環 $\overline{R} := R/J$ 上の加群と見なせる. ところが, $R$ が左アルチン的だから, $M$ もアルチン加群である. すなわち, $\overline{R}$ 加群として, アルチン的かつ, 定理 26.3 より, 半単純である. したがって, $M$ は単純加群の有限直和に分解し組成列をもつ. □

## 群 環

半単純アルチン環の重要な例として, 有限群の群環がある. 群 $G$ と可換環 $R$ に対して, $R[G]$ を $G$ の元を基底とする自由 $R$ 加群とし, 積を

$$(ax)(by) := (ab)(xy) \qquad (x, y \in G, \ a, b \in R)$$

と定義する（一般の $R[G]$ の元に対しては $R$ 上双線型的に拡張する）ことにより, $R[G]$ は $R$ 上の代数になる. この環 $R[G]$ を $G$ の $R$ 上の**群環**という.

**定理 26.4**（マシュケ（Maschke）） $G$ を有限群とし，$K$ をその標数が $G$ の位数と互いに素な体とする．このとき群環 $K[G]$ は半単純アルチン環である．

[証明] 定理 26.3 によって，任意の左 $K[G]$ 加群が半単純であることを示せばよい．$N$ を $M$ の部分加群，$p: M \longrightarrow M/N$ を自然な射影とする．共に，$K$ 上のベクトル空間であるから，$K$ 線型な単射 $\varphi: M/N \hookrightarrow M$ で $p \circ \varphi = \mathrm{Id}_{M/N}$ なるものが選べる．このとき，$\psi: M/N \longrightarrow M$ を

$$\psi(x) := (\sharp G)^{-1} \sum_{g \in G} g\varphi(g^{-1}x) \qquad (x \in M/N)$$

とおくと（$K$ の標数に関する仮定から $(\sharp G)^{-1} \in K$），$\psi(hx) = h\psi(x)$ $(h \in G)$ が確かめられる．したがって，$\psi$ は $K[G]$ 準同型で，しかも $p \circ \psi = \mathrm{Id}_{M/N}$ もみたす．ゆえに，$M = N \oplus \mathrm{Im}\,\psi$ は $K[G]$ 加群としての直和になり，$M$ は半単純 $K[G]$ 加群である．□

**系 26.2** $K$ をさらに代数的閉体と仮定すると

$$K[G] \simeq M_{n_1}(K) \times M_{n_2}(K) \times \cdots \times M_{n_r}(K)$$

となり，単純左 $K[G]$ 加群の同型類は $r$ 個で，その $K$ 上の次元 $n_i$ について

$$\sum_{i=1}^{r} n_i{}^2 = \sharp G$$

が成り立つ．

[証明] 定理 26.3, 4 によって，$K[G]$ は可除環上の全行列環の有限直積に同型である．しかもこのとき，$K[G]$ は $K$ 上有限次元ベクトル空間だから，各可除環も $K$ 上有限次元の $K$ 代数になっている．よって，代数的閉体 $K$ 上の可除環 $D$ で $\dim_K D < \infty$ なるものについて $D = K$ を示せば，$K[G]$ が $K$ 上の全行列環の有限直積になることがいえる．もし $K \subsetneqq D$ とすると，$x \in D \setminus K$ に対して，$x$ が生成する $K$ 上の可換代数 $K[x] \subset D$ で $\dim_K K[x] < \infty$ なるものが得られる．多項式環から全準同型 $\pi: K[T] \longrightarrow K[x]$ $(\pi(T) = x)$ を考えると，$\dim_K K[x] < \infty$ ゆえ，$\mathrm{Ker}\,\pi \neq 0$．よって，$\mathrm{Ker}\,\pi = K[T]p(T)$ となる $p(T) \neq 0$ がある．ところが，$p(x) = 0$ ゆえ，$p(T)$ の根 $x$ は $K$ に属する（$K$ は代数的閉体）．これは矛盾であり，したがって $D = K$ が示された．

後半の部分は次の命題から明らかである．□

系 26.2 の $r$ は，有限群 $G$ の共役類の個数に等しい（章末問題 12）.

**命題 26.6**　単純アルチン加群 $M_n(D)$（$D$ は可除環）上の単純左加群は，自然な加群 $D^n$ に同型である.

　[**証明**]　$R = M_n(D)$ とおく. 単純左 $R$ 加群は $L$ を $R$ の極大左イデアルとするとき，$R/L$ に同型で，$R$ は定理 26.3 より半単純左 $R$ 加群だから，さらにこれは極小左イデアルに同型である. $D^n$ が単純であることは容易に見られるから，$R$ の極小左イデアルがすべて加群として同型であることを見ればよい. いま，$I_1, I_2 \subset R$ を互いに同型でない極小左イデアルとする. このとき，$I_1 \cap I_2 \neq I_2$ ゆえ，$I_1 \cap I_2 = 0$. したがって $I_1 + I_2 = I_1 \oplus I_2$ で，$R$ の左 $R$ 半単純性から，結局，$R = L_1 \oplus L_2 \oplus \cdots$，$I_1 \subset L_1$，$I_2 \subset L_2$，$\cdots$，$L_1$ は $I_1$ に同型な極小左イデアルの直和，$L_2$ は $I_2$ に同型な極小左イデアルの直和$\cdots$，と分解する. よって，命題 26.5 をつかうと，$R^0 \simeq \operatorname{End}_R R = \operatorname{End}_R L_1 \times \operatorname{End}_R L_2 \times \cdots$ と分解し，$R$ の反対環 $R^0$ は単純環ではない. これは $R$ の単純性に反する.　□

## 有限群の表現論

　群の表現論のなかでも，有限群の場合は，一般論は近づき易く，さらに個別の群に対してもそれぞれ美事なほどの個性的かつ芸術的世界が開けている. 本書で少し触れた単純アルチン環からのアプローチも 1 つの選択であるが，これと全く独立にも初等的に指標の理論を学ぶことができる.

　本格的な表現論の発生は，19 世紀末のデデキントによる群指標に始まると思われるが，フロベニウス（Frobenius）によって直ちに対称群の既約指標が決定された. これは対称式のもつ美しい世界を垣間見せてくれる.

　その後，近年になって得られた，グリーン（Green）による $GL_n(\boldsymbol{F}_q)$ の既約指標の決定（1955）も美事な理論である.

　これらを引継いで，70 年代の初めから爆発的な発展を見せている有限シュヴァレー群の表現論は，主としてルスチック（Lusztig）によって主導されてきたが，日本人の貢献も目立つ. ここでは，現代的な代数幾何，位相幾何，組

合せ論等の渾然一体となった絢爛な世界が展開している．この世界はさらに，リー群，$p$ 進群などを含めた代数群の表現論の統一的世界の一端であることが徐々に解明されつつある．これらは，前に語った双対性の追求の大きな成果であると思われる．

# §27.　次数環と次数加群

環 $R$ について，各 $n \in \mathbf{Z}$ に対して，部分加法群 $R_n \subset R$ が定められていて，
$$R = \bigoplus_{n \in \mathbf{Z}} R_n, \qquad R_n R_m \subset R_{n+m} \quad (n, m \in \mathbf{Z}), \ 1 \in R_0$$
をみたすとき，$R$ を**次数（つき）環**という．このとき $R_0 R_0 \subset R_0$ ゆえ $R_0$ は $R$ の部分環で，各 $R_n$ は（両側）$R_0$ 加群，$R$ は $R_0$ 代数になる．$R_n$ を **$n$ 次斉次部分**，その元 $x \in R_n$ を**次数 $n$ の斉次元**といい，$\deg x = n$ とかく．

以下この節では，断らない限り，さらに $R_0$ は可換環で，$R_0$ の元はすべての $R$ の元と可換，$R_n = 0$（$n < 0$）と仮定しよう．したがってこのとき，$R_+ := \bigoplus_{n > 0} R_n$ は $R$ の両側イデアルとなる．

**例 27.1**　可換環 $R_0$ 上の多項式環 $R = R_0[X_1, X_2, \cdots, X_n]$ は $R_i := \{i$ 次斉次多項式$\}$ によって次数環をなす．ただし，多項式が $i$ 次斉次であるとは，
$$\sum_{j_1 + j_2 + \cdots + j_n = i} a_{j_1 j_2 \cdots j_n} X_1^{j_1} X_2^{j_2} \cdots X_n^{j_n} \qquad (a_{j_1 j_2 \cdots j_n} \in R_0)$$
の形をしていることである．

**例 27.2**　可換環 $R_0$ 上の加群 $M$ に対し，テンソル代数 $T(M) = \bigoplus_{n \geq 0} M^{\otimes n}$ は $M^{\otimes n}$ を $n$ 次斉次部分とする次数環である．

**例 27.3**　可換環 $R_0$ のイデアル $I$ に対し，
$$R := \bigoplus_{n=0}^{\infty} I^n \qquad (I^0 = R_0)$$

は，イデアルの巾 $I^n$ を $n$ 次斉次部分とする次数環である.

以下簡単のため，可換次数環のみ考える.

**定理 27.1** 可換次数環 $R = \bigoplus_{n=0}^{\infty} R_n$ がネーター環であるためには，$R_0$ がネーター環で，$R$ が $R_0$ 上有限個の斉次元で生成されることが必要十分である.

[**証明**] 十分性は，ヒルベルトの基底定理（定理 25.4）から明らかである. よって必要なことを示す. まず，$R_0 \simeq R/R_+$（$R_+ := \bigoplus_{n>0} R_n$）ゆえ $R_0$ はネーター環である. さらに，仮定より，イデアルとして $R_+$ は有限生成だから，生成元 $x_1, x_2, \cdots, x_s$ をもつ. さらに必要ならば，$x_i = x_{i_1} + \cdots + x_{i_k}$（$x_{i_j}$ : 斉次元）と分解しておくことにより，初めから生成元 $x_i$ は斉次元であるとしてよい. $R' := R_0[x_1, x_2, \cdots, x_s]$ とおくとき，$R' = R$ をいおう. このためには，各 $R_n$ について $R_n \subset R'$ を示せばよい.

$n$ についての帰納法を用いる. $n = 0$ のときは明らか. $x \in R_n$ $(n > 0)$ とすると，$x \in R_+$ だから，$x = \sum_{i=1}^{s} a_i x_i$ $(a_i \in R)$. ここで，$\deg x_i = n_i$ とすると，$\deg a_i = n - n_i$ と仮定してよい. 実際，$a_i = a_i^0 + a_i^1$（$a_i^0 \in R_{n-n_i}$, $a_i^1 \in \bigoplus_{k \neq n-n_i} R_k$）と分解すると，$x$ の次数と比較して $\sum_i a_i^1 x_i = 0$ でなければいけない. すなわち，$x = \sum_i a_i^0 x_i$. $n_i > 0$ だから，$a_i \in R_{n-n_i}$ は帰納法の仮定から $R_0$ 上 $x_1, x_2, \cdots, x_s$ の多項式でかける. ゆえに $x$ も同じで，$x \in R'$. よって定理が証明された. $\square$

次数環 $R = \bigoplus_{n=0}^{\infty} R_n$ 上の加群 $M$ が**次数（つき）加群**であるとは，各 $i \in \mathbf{Z}$ に対して部分加法群 $M_i \subset M$ が定まっていて次をみたすときをいう.

$$M = \bigoplus_{i \in \mathbf{Z}} M_i, \qquad R_n M_i \subset M_{n+i} \quad (n, i \in \mathbf{Z}), \qquad M_i = 0 \ (i \ll 0).$$

ここに，実数 $a$ に対して，$a \ll 0$ は $a$ が十分小さいこと，$a \gg 0$ は $a$ が十分大きいことを意味する.

特に，各 $M_i$ は $R_0$ 加群である. $M_i$ の元 $x$ を**次数 $i$ の斉次元**，$\deg x = i$ とかくのも次数環の場合と同じである. また，次数環 $R$ は次数 $R$ 加群である.

次数環 $R$ のイデアル $I$ が, $I_n := R_n \cap I$ とおいて, $I = \bigoplus_{n \geq 0} I_n$ と直和分解するとき, $I$ を**斉次イデアル**という. 斉次イデアルは次数加群である. また, $I$ が斉次イデアルであるためには, $I$ が斉次元で生成されていることが必要十分である.

**命題 27.1** 可換なネーター次数環 $R$ 上の有限生成次数加群 $M$ は, 有限個の斉次元で生成され, 各斉次部分 $M_n$ は $R_0$ 上有限生成である.

[**証明**] $M = \sum_{i=1}^{r} Ru_i$ とすると, $u_i$ を斉次元の和に分解することにより, 定理 27.1 の証明と同様, 初めから $u_i$ を斉次としてよい. したがって $\deg u_i = n_i$ とすると, $M_n = \sum_{i=1}^{r} R_{n-n_i} u_i$ とかける. 定理 27.1 より, $R$ は $R_0$ 上有限生成だから, 各 $R_{n-n_i}$ は $R_0$ 上有限生成加群になり, したがって $M_n$ も $R_0$ 上有限生成加群である. □

## ヒルベルト多項式

一般に環を 1 つ固定して, その上の有限生成加群の同型類上の $\mathbf{Z}$ 値関数 $\lambda$ を考える. すなわち, 有限生成加群 $M$ に対して, $\lambda(M) \in \mathbf{Z}$ が定められ, $M \simeq M'$ なら $\lambda(M) = \lambda(M')$ となるものが与えられているとする.

このとき, 任意の短完全列
$$0 \longrightarrow M_1 \longrightarrow M_2 \longrightarrow M_3 \longrightarrow 0$$
に対して, $\lambda(M_2) = \lambda(M_1) + \lambda(M_3)$ が成り立つとき, $\lambda$ を**加法的**という. 特に, $\lambda(0) = 0$ である. 例えば, 環が体のとき, $\lambda(M) := \dim M$ は加法的である.

**問 27.1** $\lambda$ が加法的ならば, 完全列
$$0 \longrightarrow M_0 \longrightarrow M_1 \longrightarrow \cdots \longrightarrow M_n \longrightarrow 0$$
に対して $\sum_{i=0}^{n} (-1)^i \lambda(M_i) = 0$ である.

$R = \bigoplus_{n=0}^{\infty} R_n$ を可換なネーター次数環とし, ネーター環 $R_0$ 上の有限生成加群の同

型類上の加法的関数 $\lambda$ が与えられているとする．このとき，$R$ 上の有限生成次
数加群 $M$ に対して，各斉次部分 $M_n$ は命題 27.1 によって $R_0$ 上有限生成加群
だから，$\lambda(M_n) \in \mathbf{Z}$ が定まる．$T$ を不定元として，この整数列の**母関数**

$$P_\lambda(M, T) := \sum_{n \in Z} \lambda(M_n) T^n$$

を $M$ の $\lambda$ に関する**ポアンカレ級数**という．

　$M_n = 0$ $(n < 0)$ なる次数加群 $M$ に対しては，そのポアンカレ級数 $P_\lambda(M, T)$
は**形式的巾級数**をなす．すなわち，一般に可換環 $A$ に対して，$\sum\limits_{n=0}^{\infty} a_n T^n$
$(a_n \in A)$ なる形式を $A$ を係数とする形式的巾級数といい，そのようなもの全
体のなす集合を $A[[T]]$ とかく．$A[[T]]$ は

$$\sum_{n=0}^{\infty} a_n T^n + \sum_{n=0}^{\infty} b_n T^n = \sum_{n=0}^{\infty} (a_n + b_n) T^n,$$

$$\left( \sum_{n=0}^{\infty} a_n T^n \right)\left( \sum_{m=0}^{\infty} b_m T^m \right) = \sum_{k=0}^{\infty} \left( \sum_{n+m=k} a_n b_m \right) T^k$$

によって可換環になり，この環 $A[[T]]$ を $A$ 係数の形式的巾級数環という．
$A[[T]]$ においては，例えば $1 - T$ は可逆である，すなわち，

$$(1 - T)^{-1} = \sum_{n=0}^{\infty} T^n.$$

　**定理 27.2**（ヒルベルト）　可換ネーター次数環 $R = R_0[x_1, x_2, \cdots, x_r]$ $(\deg x_i$
$= n_i)$ 上の有限生成次数加群 $M$ $(M_n = 0$ $(n < 0))$ のポアンカレ級数 $P(M, T)$
$:= P_\lambda(M, T) \in \mathbf{Z}[[T]]$ は，ある整係数多項式 $f_M(T) \in \mathbf{Z}[T]$ が存在して，

$$P(M, T) = \frac{f_M(T)}{\prod\limits_{i=1}^{r} (1 - T^{n_i})}$$

とかける．

　[**証明**]　$R$ の $R_0$ 上の生成元の個数 $r$ についての帰納法を用いる．$r = 0$ のとき，
$R = R_0$, $M_n = 0$ $(n \gg 0)$ ゆえ，$P(M, T) = f_M(T) \in \mathbf{Z}[T]$ となり正しい．

　$r > 0$ とし，$r-1$ まで定理の主張は正しいと仮定する．$\deg x_r = n_r$ だから，$R_0$ 加
群の準同型

$$M_n \xrightarrow{x_r} M_{n+n_r} \qquad (a \longmapsto x_r a \ (a \in M_n))$$

が存在する. $K_n := \mathrm{Ker}(x_r)$, $L_{n+n_r} := \mathrm{Coker}(x_r) = M_{n+n_r}/x_r M_n$ とおくと $R_0$ 加群の完全列

$$(*) \qquad 0 \longrightarrow K_n \longrightarrow M_n \longrightarrow M_{n+n_r} \longrightarrow L_{n+n_r} \longrightarrow 0$$

を得る.

ここで, $K := \overset{\infty}{\underset{n=0}{\bigoplus}} K_n$, $L := \overset{\infty}{\underset{m=0}{\bigoplus}} L_m \ (L_m = M_m \ (m < n_r))$ とおくと, $K = \mathrm{Ker}(x_r, M)$, $L = M/x_r M$ となり, それぞれ $R$ 次数加群の部分加群, 剰余加群として再び次数加群である. 特に $K, L$ は, 生成元 $x_r$ は $0$ で作用し, 次数環 $R' := R_0[x_1, x_2, \cdots, x_{r-1}]$ 上有限生成である. したがって, 帰納法の仮定から, $R'$ 次数加群 $K, L$ に定理が適用できて,

$$(**) \qquad \begin{cases} P(K, T) = \dfrac{f_K(T)}{\prod\limits_{i=1}^{r-1}(1 - T^{n_i})}, \\[4mm] P(L, T) = \dfrac{f_L(T)}{\prod\limits_{i=1}^{r-1}(1 - T^{n_i})} \end{cases} \qquad (f_K(T), f_L(T) \in \boldsymbol{Z}[T])$$

を得る.

ところが, 完全列 $(*)$ から, 加法的関数 $\lambda$ に対して

$$\lambda(K_n) - \lambda(M_n) + \lambda(M_{n+n_r}) - \lambda(L_{n+n_r}) = 0.$$

したがって, ポアンカレ級数に対して

$$P(K, T)T^{n_r} - P(M, T)T^{n_r} + P(M, T) - P(L, T) + g(T) = 0$$

となる $g(T) \in \boldsymbol{Z}[T]$ ($M_n, L_n$ の $n \leq n_r$ の部分の寄与) が存在する. よって,

$$(1 - T^{n_r})P(M, T) = P(L, T) - P(K, T)T^{n_r} - g(T)$$

となり, $(**)$ を代入することにより, $P(M, T)$ に関する主張が導かれる. □

ポアンカレ級数は, 数列 $\lambda(M_n)$ の母関数であり, 文字通り (母!), $\lambda(M_n)$ に関する情報をすべて含んでいる. 例えば, 次の系に見られるように, その $T = 1$ での**極の位数** $d(M)$ は, $\lambda(M_n)$ の $n$ に関する増大度を与えている.

ただし, 極の位数とは, 定理 27.2 によって $P(M, T)$ を $T$ の有理関数とみたとき

$$P(M, T) = (T - 1)^{-d(M)}\varphi(T), \qquad \varphi(T) \in \boldsymbol{Q}(T), \ \varphi(1) \neq 0$$

となる $d(M) \in \mathbf{Z}$ のことである.

**系 27.1** $R$ の生成元 $x_i$ の次数について $\deg x_i = n_i = 1$ と仮定し, $T$ の有理関数として $P(M, T)$ の $T = 1$ における極の位数を $d = d(M)$ とおく. このとき, $\lambda$ と $M$ のみによって定まる $d - 1$ 次の多項式 $\psi_M(T) \in \mathbf{Q}[T]$ が存在して

$$\lambda(M_n) = \psi_M(n) \qquad (n \gg 0)$$

が成り立つ ($d = 0$ のときは $\psi_M(T) = 0$ と約束する).

さらに, $\psi_M(T)$ の最高次 $T^{d-1}$ の係数は

$$\frac{m(M)}{(d-1)!} \qquad (m(M) \text{ は } 0 \text{ でない整数})$$

という形をしている.

[**証明**] 定理 27.2 より

$$P(M, T) = f(T)(1 - T)^{-r} \qquad (f(T) \in \mathbf{Z}[T])$$

ゆえ, $f(T) = (1 - T)^{r-d} f_0(T)$ とおくと,

$$P(M, T) = f_0(T)(1 - T)^{-d} \qquad (f_0(T) \in \mathbf{Z}[T],\ f_0(1) \neq 0)$$

となる.

さて, $(1 - T)^{-1}$ を $T$ について巾級数展開して, $(1 - T)^{-d}$ に代入すると

$$(1 - T)^{-d} = \sum_{i=0}^{\infty} {}_d H_i T^i \in \mathbf{Z}[[T]].$$

ここに, ${}_d H_i$ は $d$ 個のものから重複をゆるして $i$ 個とる場合の数で, 良く知られているように, 2項係数を用いて

$$_d H_i = \binom{d + i - 1}{d - 1}$$

とかける. したがって, $f_0(T) = \sum_{i=0}^{N} a_i T^i \ (a_i \in \mathbf{Z})$ とすると, $f_0(T)(1 - T)^{-d}$ の展開の $T^n$ の係数は $n \geq N$ のとき,

$$\lambda(M_n) = \sum_{i=0}^{N} a_i \binom{d + n - i - 1}{d - 1}$$

となる. ここで, 2項係数を $n$ について展開すると

$$\binom{d+n-i-1}{d-1} = \frac{1}{(d-1)!}n^{d-1} + (n \text{ について } d-2 \text{ 次以下の項})$$

だから，$n$ の多項式として，$n \geq N$ のとき

$$\lambda(M_n) = \frac{m(M)}{(d-1)!}n^{d-1} + (n \text{ について } d-2 \text{ 次以下の項}),$$

$$m(M) = f_0(1) = \sum_{i=0}^{N} a_i \neq 0$$

を得る．　□

**系 27.2**　系 27.1 と同じ仮定の下で，$\lambda$ と $M$ のみによる次数 $d$ の多項式 $\chi_M(T) \in \mathbf{Q}[T]$ が存在して，

$$\sum_{i=0}^{n} \lambda(M_i) = \chi_M(n) \qquad (n \gg 0)$$

が成り立つ．ここに，$\chi_M(T)$ の最高次 $T^d$ の係数は $m(M)/d!$ となる．

　　[**証明**]　$\chi_M(T) - \chi_M(T-1) = \psi_M(T)$ を $\mathbf{Q}[T]$ に関する未定係数法で解けばよい．
□

　　これらの多項式 $\psi_M(T), \chi_M(T) \in \mathbf{Q}[T]$ を加法的関数 $\lambda$ に関する $M$ の**ヒルベルト多項式**という．ヒルベルト多項式の次数 $d-1, d$ のみならずその最高次の係数から定まる $m(M)$ も次数加群 $M$ の重要な不変量で，"重複度"の理論と関係する．次章でその一端を見ることができるだろう．

# 問　　題

**1.**　$S$ を可換環 $R$ の積閉集合，$M, N$ を $R$ 加群とする．このとき次を示せ．
　　(i)　$S^{-1}(M \otimes_R N) \simeq S^{-1}M \otimes_{S^{-1}R} S^{-1}N$.
　　(ii)　$M$ が有限表示，すなわち完全列 $R^m \longrightarrow R^n \longrightarrow M \longrightarrow 0$ が存在するとき，
$$S^{-1} \mathrm{Hom}_R(M, N) \simeq \mathrm{Hom}_{S^{-1}R}(S^{-1}M, S^{-1}N).$$

**2.** $R$ を局所環，$M, N$ を有限生成 $R$ 加群とする．このとき，$M \otimes_R N = 0$ ならば，$M = 0$ または $N = 0$.

**3.** $p, l$ を素数とし，$\boldsymbol{Z}_{(l)}$ を $\boldsymbol{Z}$ の素イデアル $\boldsymbol{Z}l$ における局所化とする．このとき，
$$\boldsymbol{Z}/\boldsymbol{Z}p \otimes_{\boldsymbol{Z}} \boldsymbol{Z}_{(l)} = \begin{cases} 0 & (p \neq l) \\ \boldsymbol{Z}/p\boldsymbol{Z} & (p = l) \end{cases}$$

**4.** $\operatorname{Spec} R$ を可換環 $R$ の素イデアル全体のなす集合とする（$R$ の**スペクトラム**）．$R$ のイデアル $I$ に対して，$V(I) := \{P \in \operatorname{Spec} R \mid I \subset P\}$ とおく．このとき次を示せ．

(i) $\quad V(1) = \varnothing, \quad V(0) = \operatorname{Spec} R.$

(ii) $\quad V(I) \cup V(J) = V(IJ) = V(I \cap J).$

(iii) $\quad \underset{\alpha \in A}{\cap} V(I_\alpha) = V\left(\sum_{\alpha \in A} RI_\alpha\right).$

(i)〜(iii) は $\operatorname{Spec} R$ の部分集合族 $\{V(I) \mid I : \text{イデアル}\}$ が閉集合の公理をみたしていることを示している．この位相を $\operatorname{Spec} R$ の**ザリスキ**（Zariski）**位相**という．

**5.** $M$ を可換環 $R$ 上の有限生成加群とする．このとき，$M$ の零化イデアル
$$\operatorname{Ann} M := \{a \in R \mid ax = 0 \ (x \in M)\}$$
に対して，
$$V(\operatorname{Ann} M) = \operatorname{Supp} M := \{P \in \operatorname{Spec} R \mid M_P \neq 0\}.$$
ただし，$M_P$ は $M$ の $P$ における局所化加群である．

**6.** 可換環 $R$ のイデアル $I$ に対し，
$$\sqrt{I} := \{a \in R \mid \text{ある } n \in \boldsymbol{N} \text{ に対して } a^n \in I\}$$
とおくと $\sqrt{I}$ は $R$ のイデアルである．

**7.**
$$\sqrt{I} = \underset{I \subset P \in \operatorname{Spec} R}{\cap} P,$$
$$\operatorname{Jac} R \supset \sqrt{0},$$
$$V(I) = V(\sqrt{I}).$$
（$\sqrt{0}$ を可換環 $R$ の**巾零根基**という．）

**8.** $M$ が環 $R$ 上の平坦加群であれば，次をみたす．

$\sum_{i=1}^{n} a_i x_i = 0 \ (a_i \in R, \ x_i \in M)$ ならば，

$$x_i = \sum_{j=1}^{m} b_{ij} y_j \quad (1 \le i \le n), \qquad \sum_{i=1}^{n} a_i b_{ij} = 0$$

となる $b_{ij} \in R$, $y_j \in M$ $(1 \le i \le n,\ 1 \le j \le m)$ がある.

**9.** $M$ を局所環 $R$ 上の有限生成加群とすると,

$$M は自由 \iff M は射影的 \iff M は平坦.$$

**10.** 可換環 $A \subset B \subset C$ について, $A$ はネーター環, $C$ は $A$ 上有限生成の代数かつ $B$ 上有限生成の加群とする. このとき, $B$ は $A$ 上有限生成代数である.

**11.** $V$ を体 $K$ 上のベクトル空間とする. 群 $G$ から $GL(V) := (\mathrm{End}_K V)^{\times}$ への群準同型

$$\pi : G \longrightarrow GL(V)$$

を $G$ の $K$ 上の**表現**といい, $V$ を**表現空間**という.

(i) 群環 $K[G]$ の $V$ への作用を

$$\left( \sum_{x \in G} a_x x \right) v = \sum_{x \in G} a_x \pi(x) v \qquad (v \in V)$$

と定めることにより, $V$ は $K[G]$ 加群になる. この操作で, $G$ の $K$ 上の表現空間と $K[G]$ 加群は対応する.

(ii) 表現空間 $V, V'$ 上の $G$ の表現 $\pi, \pi'$ について, $\varphi : V \simeq V'$ ($K$ 同型) で, $\pi'(x)\varphi = \varphi\pi(x)$ $(x \in G)$ なるものが存在するとき, $\pi$ と $\pi'$ は**同値**な表現という. 表現が同値であるためには, 対応する $K[G]$ 加群が $K[G]$ 同型であることが必要十分である.

(iii) $V$ が $K$ 上有限次元のとき,

$$\chi_\pi(x) := \mathrm{Trace}\, \pi(x) \qquad (x \in G)$$

とおくと, $\chi_\pi$ は $G$ 上の $K$ 値関数である. $\chi_\pi$ は $G$ の共役類上で不変な関数で, $\pi$ と $\pi'$ が同値のとき $\chi_\pi = \chi_{\pi'}$ である. ($\chi_\pi$ を $\pi$ の**指標**という.)

(iv) 表現空間 $V$ が自明でない部分 $G$ 加群を含まぬとき, この表現は**既約**であるという. 表現が既約であるためには, 対応する $K[G]$ 加群が単純であることが必要十分である.

**12.** (i) 有限群 $G$ 上の群環 $R[G]$ の中心は, $G$ の各共役類 $\mathcal{O}$ に対しての和

$$[\mathcal{O}] := \sum_{x \in \mathcal{O}} x$$

を基底としてもつ.

(ii) $K$ を標数 0 の代数的閉体とすると, $G$ の $K$ 上の既約表現の同値類の個数は, $G$ の共役類の個数に等しい.

**13.** $D, D'$ を可除環とする. このとき,
$$M_n(D) \cong M_{n'}(D') \iff n = n', \ D \cong D'.$$

**14.** 左 $R$ 加群 $M$ が真の直和に分解できないとき, すなわち, $M \simeq M_1 \oplus M_2$ ならば, $M_1$ または $M_2$ が零加群になるとき, $M$ を**直既約**という. アルチン加群は有限個の直既約な加群の直和に分解できることを示せ. (さらに, $M$ がネター的であれば, この分解は直和因子の順番を除いて一意的であることが知られている (**クルル・レマク** (Remak)・**シュミット** (Schmidt) **の定理**). )

# ワイル代数とその加群

　本章の目標は，$b$ 関数の存在定理（§32）である．$b$ 関数の創始者は佐藤幹夫であるが，ここでは，多項式関数に対しては $b$ 関数の存在が初等的に証明できることを初めて一般的に示したベルンステイン（Berns(h)tein）の方法（1972）を紹介する．

　後に，柏原正樹，ビョルク（Björk）らにより，この理論は，強力な代数解析的方法により，正則関数にまで拡張され，さらに深い研究がなされている．

　本章の鍵は，フィルター環上のフィルター加群に前章 §27 のヒルベルト多項式を応用し，ワイル代数 $W_n(K)$ 上の加群の次元が $n$ 以上になるというベルンステイン不等式（§30）である．最小次元の加群をホロノミー加群といい，この在り方が $b$ 関数に結びつく．前章までに学んだ加群についての様々な概念が美事に生かされているのを見られたい．

　最後の節では，$b$ 関数の重要性のほんの一端を，複素関数論と積分論を学んだ読者向けに紹介する．

# §28.　ワイル代数

可換環 $R$ 上の $n$ 変数多項式環 $R[X_1, X_2, \cdots, X_n]$ を $R[X]$ と略記し，その $R$ 加群としての自己準同型環を $\operatorname{End}_R R[X]$ とかく．

$\theta \in \operatorname{End}_R R[X]$ が

$$\theta(fg) = \theta(f)g + f\theta(g) \qquad (f, g \in R[X])$$

をみたすとき，$\theta$ を $R$ 上の**導分**（または，**微分**）という．

いま，$n$ 個の自然数の組 $\alpha \in \boldsymbol{N}^n$ を**多重指数**といい，多重指数 $\alpha = (\alpha_1, \alpha_2, \cdots, \alpha_n)$ に対し，対応する単項式を

$$X^\alpha := X_1^{\alpha_1} X_2^{\alpha_2} \cdots X_n^{\alpha_n} \in R[X]$$

と略記し，その次数を $|\alpha| := \sum_{i=1}^{n} \alpha_i$ とかく．したがって，一般に $k$ 次の $n$ 変数多項式は，

$$\sum_{|\alpha| \leq k} c_\alpha X^\alpha \qquad (c_\alpha \in R)$$

とかける．

$1 \leq i \leq n$ と，$\alpha \in \boldsymbol{N}^n$ に対し

$$\alpha\langle i \rangle := (\alpha_1, \cdots, \alpha_i - 1, \cdots, \alpha_n)$$

とおき，$\partial_i \in \operatorname{End}_R R[X]$ を

$$\partial_i \left( \sum_{|\alpha| \leq k} c_\alpha X^\alpha \right) := \sum_{|\alpha| \leq k} c_\alpha \alpha_i X^{\alpha\langle i \rangle}$$

と定義すると，$\partial_i$ は $R$ 上の導分であることが容易に確かめられる．特に，

$$\partial_i X_j = \delta_{ij} \left( := \begin{cases} 0 & (i \neq j) \\ 1 & (i = j) \end{cases} \right)$$

となることに注意しておく．勿論，$\partial_i$ は偏微分作用素 $\partial/\partial X_i$ の形式化である．

任意の導分 $\theta$ は生成元 $X_1, \cdots, X_n$ に対する作用によって一意的に定まるから，いま $\theta X_i = a_i(X) \in R[X]$ とおくと，$\theta = \sum_{i=1}^{n} a_i(X)\partial_i$ と一意的に表示できる．したがって，$R$ 上の導分全体を $\operatorname{Der}_R R[X]$ とかくと，

$$\operatorname{Der}_R R[X] = \bigoplus_{i=1}^{n} R[X]\partial_i$$

となり，これは $R[X]$ 上の $\partial_1, \partial_2, \cdots, \partial_n$ を基底とする階数 $n$ の自由加群である．

　多項式 $f \in R[X]$ に多項式 $p \in R[X]$ を乗ずる作用 $f \longmapsto pf$ は $\mathrm{End}_R R[X]$ の元であるからこれを単に $p \in \mathrm{End}_R R[X]$ とかくと，

$$R[X] \hookrightarrow \mathrm{End}_R R[X]$$

と見なせる．

　このとき，$R[X]$ と $\mathrm{Der}_R R[X]$ で生成される $\mathrm{End}_R R[X]$ の部分環を $R$ 上の $n$ 次の**ワイル代数**といい，$W_n(R)$ とかく．

　$W_n(R)$ の元 $P, Q$ に対して，交換子を

$$[P, Q] := PQ - QP$$

と定義すると，明らかに関係式

$$(\ast) \qquad \begin{cases} [\partial_i, X_j] = \delta_{ij}, \\ [X_i, X_j] = [\partial_i, \partial_j] = 0 \end{cases} \qquad (1 \le i, j \le n)$$

が成り立つ．さらに導分 $\theta \in \mathrm{Der}_R R[X]$ に対しては，

$$[\theta, f] = \theta(f) \qquad (f \in R[X])$$

が成り立つことも明らかであろう．

**命題 28.1**　$R$ を標数 $0$ の環（任意の正整数 $m$ に対し $ma = 0$ ならば $a = 0$）とする．このとき，ワイル代数 $W_n(R)$ は $R$ 上 $X_1, X_2, \cdots, X_n, \partial_1, \partial_2, \cdots, \partial_n$ で生成され，その元は一意的な表示

$$(\ast\ast) \quad P(X, \partial) = \sum_{|\alpha| < \infty} p_\alpha(X) \partial^\alpha \qquad (p_\alpha(X) \in R[X])$$

$$= \sum_{|\alpha|, |\beta| < \infty} c_{\alpha, \beta} X^\beta \partial^\alpha \qquad (c_{\alpha, \beta} \in R)$$

をもつ．ただし，$\alpha = (\alpha_1, \alpha_2, \cdots, \alpha_n)$ に対して $\partial^\alpha := \partial_1{}^{\alpha_1} \partial_2{}^{\alpha_2} \cdots \partial_n{}^{\alpha_n}$．

　**[証明]**　交換関係式 $(\ast)$ を繰り返し用いることによって，$W_n(R)$ の元が正規化された多項式係数の偏微分作用素 $(\ast\ast)$ の形になることは明らかであろう．

　よって一意性を示す．$P(X, \partial) = \sum_{|\alpha| \le m} p_\alpha(X) \partial^\alpha$ として，$p_\alpha(X) \in R[X]$ が一意的に定まることをいえばよい．$|\alpha|$ についての帰納法を用いる．$|\alpha| = 0$ のとき，$\partial^\beta 1 = 0$ $(|\beta| > 0)$ より，$p_0(X) = P(X, \partial)1$．$|\alpha| < k$ まで，$p_\alpha(X)$ が定まったとする．$|\alpha| = k$

として,

$$Q(X,\partial) := P(X,\partial) - \sum_{|\beta|<k} p_\beta(X)\partial^\beta = \sum_{|\beta|\geq k} p_\beta(X)\partial^\beta$$

とおくと,

$$\partial^\beta X^\alpha = \begin{cases} 0 & (|\beta| \geq |\alpha|,\ \alpha \neq \beta) \\ \alpha! := \alpha_1!\alpha_2!\cdots\alpha_n! & (\alpha = \beta) \end{cases}$$

だから,

$$Q(X,\partial)X^\alpha = \alpha!\, p_\alpha(X).$$

よって, もし $\partial^\alpha$ の係数が $p_\alpha(X), p_\alpha{}'(X)$ の $2$ 通りあるとしても

$$\alpha!\, p_\alpha(X) = \alpha!\, p_\alpha{}'(X)$$

となり, $R$ の標数は $0$ だから

$$p_\alpha(X) = p_\alpha{}'(X)$$

が導かれる. よって一意性も示された.  □

以降, **標数 $0$ の体 $K$ 上のワイル代数**を専ら考える.

**問 28. 1**  $V$ を標数 $0$ の体 $K$ 上の $n$ 次元ベクトル空間, $\widehat{V}$ をその双対空間とする. $I(V)$ をベクトル空間 $\widehat{V} \oplus V$ 上のテンソル代数 $T(\widehat{V} \oplus V)$ の両側イデアルで,

$$[x,y],\ [\xi,\eta],\ [\xi,x] - \xi(x) \qquad (x,y \in V,\ \xi,\eta \in \widehat{V})$$

で生成されるものとする. このとき,

$$T(\widehat{V} \oplus V)/I(V) \simeq W_n(K).$$

ただし, 双対基 $\xi_i(x_j) = \delta_{ij}$ $(\xi_i \in \widehat{V},\ x_j \in V)$ をとるとき, $x_i \longmapsto X_i,\ \xi_i \longmapsto \partial_i$.

**定理 28. 1**  $W_n(K)$ は単純環である.

[**証明**]  $I \neq 0$ を $W_n(K)$ の両側イデアルとするとき, $1 \in I$ を示せばよい.

$$P = \sum_{|\alpha|,|\beta|<\infty} c_{\alpha,\beta} X^\alpha \partial^\beta \neq 0$$

を $I$ の元で, 不定元 $X_i$ について次数 $m$ とする $(m = \text{Max}\{\alpha_i \,|\, c_{\alpha,\beta} \neq 0\})$. このとき, 交換子 $[\partial_i, P]$ を計算すると,

$$[\partial_i, P] = \sum c_{\alpha,\beta} \alpha_i X^{\alpha\langle i\rangle} \partial^\beta$$

となり, $X_i$ について次数は $m-1$ である. さらに, $m \geq 1$ ならば, $[\partial_i, P] \neq 0$ で, 各

$\partial_j$ についての次数 $\mathrm{Max}\{\beta_j \mid c_{\alpha,\beta} \neq 0\}$ は増えないことに注意しよう.

ここに, $I$ は両側イデアルであるから, $[\partial_i, P] = \partial_i P - P\partial_i \in I$ であることに注意すると, $[\partial_1, \ ], \cdots, [\partial_n, \ ]$ を繰り返し $P$ に作用させることにより, "定数係数偏微分作用素" $Q(\partial) = \sum c_\beta \partial^\beta \neq 0$ $(c_\beta \in K)$ で $Q(\partial) \in I$ なるものが見出せる.

次に, 交換関係式

$$[\sum c_\beta \partial^\beta, X_i] = \sum c_\beta \beta_i \partial^{\beta(i)} \in I$$

に注目しよう (これは $[\partial_i^k, X_i] = k\partial_i^{k-1}$ より容易にわかる). この関係式から, $Q(\partial)$ に各 $\partial_i$ の次数に応じて適当に作用 $[\ , X_i]$ を施すことにより, $0$ でないスカラー $0 \neq c \in I$ が見出される. よって $1 \in I$ となり定理は証明された. □

単純可換環は, 命題 7.1 によって体である. さらに, 非可換単純環の例として, アルチン単純環 $M_n(D)$ を知っている (定理 26.3). ワイル代数 $W_n(K)$ は, アルチン的でないネター単純環の一例を与えている (ネター的であることは後で証明する).

### ～～～～～～～～～～～ ワイル代数？ ～～～～～～～～～～～

多項式係数の偏微分作用素のなす環という, 古くからあるものをワイル代数という大袈裟な名前でよぶのもどうかと思われるが, ここ 15 年くらいの慣用に従った (命名はディクスミエ (Dixmier)).

量子力学の出発点として有名なハイゼンベルク (Heisenberg) の交換関係式

$$[q_i, p_j] = \sqrt{-1}\,\hbar\delta_{ij}$$

によって定まるリー環を通常ハイゼンベルク (リー) 環とよぶが, "群論と量子力学" の著者ヘルマン・ワイルに因んで, 数学者としてはこのリー環をワイル代数とよぶべきでは, という声もあった. 本書でいうワイル代数は, ハイゼンベルク環の展開環の原始剰余環というものになっている (特殊化 $\hbar \longmapsto \sqrt{-1}$, $q_i \longmapsto X_i$, $p_j \longmapsto \partial_j$ を考えること！).

量子力学の運動方程式は, ハイゼンベルク環のユニタリ表現を考えること

　から始まるわけだが，本書のように，ワイル代数上の加群を考えることは丁度その代数的形式化を行っているわけである.

　　それにつけても思い出されるのは，量子力学に発生したこのハイゼンベルク環を一般的に $p$ 進数体の上で考え，その表現論を展開することにより整数論の 2 次形式の理論，2 次剰余の相互法則などの整数論的世界との深い結びつきが発見されたことである（60 年代中期，ヴェイユ（Weil））.

〜〜〜〜〜〜〜〜〜〜〜〜〜〜〜〜〜〜〜〜〜〜〜〜〜〜〜〜〜〜〜〜〜〜〜〜

# §29.　フィルター環とフィルター加群

　環 $R$ が**フィルター** $F$ をもつとは，各整数 $i \in \mathbf{Z}$ に対して，部分加法群 $F_i R$ が定まっていて，

$$R = \bigcup_{i \in \mathbf{Z}} F_i R,$$

$$\cdots \subset F_i R \subset F_{i+1} R \subset \cdots,$$

$$(F_i R)(F_j R) \subset F_{i+j} R, \quad 1 \in F_0 R \quad (i, j \in \mathbf{Z})$$

をみたすことをいう. このとき，$(R, F)$ を**フィルター（つき）環**という.

　フィルター環 $(R, F)$ 上の（**左**）**フィルター（つき）加群** $(M, F)$ とは，左 $R$ 加群 $M$ と，各 $i \in \mathbf{Z}$ に対して $M$ の部分加法群 $F_i M$ が定まっていて，

$$M = \bigcup_{i \in \mathbf{Z}} F_i M,$$

$$\cdots \subset F_i M \subset F_{i+1} M \subset \cdots,$$

$$(F_i R)(F_j M) \subset F_{i+j} M \qquad (i, j \in \mathbf{Z})$$

をみたすことをいう.

　フィルター環 $(R, F)$ に対し，

$$\mathrm{gr}^F R := \bigoplus_{i \in \mathbf{Z}} \overline{R}_i, \qquad \overline{R}_i := F_i R / F_{i-1} R$$

とおくと，フィルターの条件から，積

$$F_i R \times F_j R \longrightarrow F_{i+j} R \qquad (i, j \in \mathbf{Z})$$

は, 積

$$\overline{R}_i \times \overline{R}_j \longrightarrow \overline{R}_{i+j}$$

を自然にひき起し, この積によって $\mathrm{gr}^F R$ は次数環になる. また, フィルター加群 $(M, F)$ に対しても

$$\mathrm{gr}^F M := \bigoplus_{i \in \mathbf{Z}} \overline{M}_i, \qquad \overline{M}_i := F_i M / F_{i-1} M$$

とおくと, 同様に作用 $F_i R \times F_j M \longrightarrow F_{i+j} M$ は作用 $\overline{R}_i \times \overline{M}_j \longrightarrow \overline{M}_{i+j}$ をひき起し, $\mathrm{gr}^F M$ は次数環 $\mathrm{gr}^F R$ 上の次数加群になる. これらの $\mathrm{gr}^F R, \mathrm{gr}^F M$ を各々フィルター環 $(R, F)$, フィルター加群 $(M, F)$ の**次数化**という.

**例 29.1** 標数 $0$ の体 $K$ 上のワイル代数 $R := W_n(K)$ に対し,

$$F_i R := \left\{ \sum_{|\alpha| + |\beta| \le i} c_{\alpha, \beta} X^\alpha \partial^\beta \, \middle| \, c_{\alpha, \beta} \in K \right\}$$

とおくと, 命題 28.1 よりこれはワイル代数のフィルターを与える. 実際, $(F_i R)(F_j R) \subset F_{i+j} R$ となることは, 交換関係式 $[\partial_i, X_j] = \delta_{ij}$ を繰り返し用いることにより,

$$\partial^\alpha X^\beta - X^\beta \partial^\alpha \in F_{|\alpha| + |\beta| - 1} R$$

が導かれることからわかる. またこのことから次が示される.

(1)　　$[P, Q] \in F_{i+j-1} R$　　　　$(P \in F_i R, \ Q \in F_j R)$.

ワイル代数のこのフィルター $F$ を**ベルンステイン・フィルター**という. ベルンステイン・フィルターについて, 次は明らかであろう.

(2)　　$F_i R = 0$　　　$(i < 0)$

(3)　　$(F_i R)(F_j R) = F_{i+j} R$　　　$(i, j \ge 0)$

(4)　　$\dim_K F_i R = \begin{pmatrix} 2n + i \\ 2n \end{pmatrix}$　　　(命題 28.1 から).

**問 29.1** ワイル代数 $R = W_n(K)$ において,

$$F_i' R := \left\{ \sum_{|\alpha| \le i} p_\alpha(X) \partial^\alpha \, \middle| \, p_\alpha(X) \in K[X] \right\}$$

と定義してもフィルター環になることを示せ. このとき, $F'$ は, 例 29.1 の性質のうち $(1), (2), (3)$ をみたす.

**例 29.2**　環 $R$ の両側イデアル $I$ に対して，$F_{-i}R := I^i$ $(F_iR = R\ (i \geq 0))$ とおくと，$F$ は $R$ のフィルターである．

**命題 29.1**　ワイル代数 $W_n(K)$ のベルンステイン・フィルター $F$ について，その次数化 $\mathrm{gr}^F W_n(K)$ は $K$ 上の $2n$ 変数多項式環に次数環として同型である．

　[証明]　命題 28.1 より，全射

$$F_iW_n(K) \ni \sum_{|\alpha|+|\beta| \leq i} c_{\alpha,\beta} X^\alpha \partial^\beta \longmapsto \sum_{|\alpha|+|\beta|=i} c_{\alpha,\beta} \overline{X}^\alpha \overline{\partial}^\beta \in K_{(i)}[\overline{X}, \overline{\partial}]$$

を定義することができる．ただし，$K_{(i)}[\overline{X}, \overline{\partial}]$ は文字 $\overline{X}_1, \cdots, \overline{X}_n, \overline{\partial}_1, \cdots, \overline{\partial}_n$ を不定元とする多項式環の $i$ 次斉次部分である．この写像の核は $F_{i-1}W_n(K)$ となり，したがって $\mathrm{gr}^F W_n(K)$ の $i$ 次斉次部分は，$K$ ベクトル空間として，$2n$ 変数多項式環の $i$ 次斉次部分に同型である．

　この $K$ 同型で，次数環としての積が保たれることは，例 29.1 の関係式 (1) から導かれる．　□

**問 29.2**　問 29.1 のフィルター $F'$ についても同じことが成り立つことを確かめよ．


　フィルター加群 $(M, F)$ の元 $x \in M$ について，$x \in F_iM \setminus F_{i-1}M$ のとき，$i$ を $x$ の**階数**といい，$i = \mathrm{ord}\, x$ とかく．

　$F_iM = 0$ $(i \ll 0)$ のとき，$(M, F)$ は**下に有界**という．特にフィルター環 $(R, F)$ については，今後の便宜上，$F_iR = 0$ $(i < 0)$ のとき**下に有界**といおう．したがって，フィルター $F$ が下に有界の場合，その次数化は

$$\mathrm{gr}^F R = \bigoplus_{i \geq 0} \overline{R}_i$$

$$\mathrm{gr}^F M = \bigoplus_{i > -\infty} \overline{M}_i$$

となり，§27 で扱った形のものになる．

**補題 29.1**　下に有界なフィルター加群 $(M, F)$ の元 $x_1, x_2, \cdots, x_r \in M$ について，$\mathrm{ord}\, x_i = n_i$，$\overline{x}_i := x_i \bmod F_{n_i-1}M \in \overline{M}_{n_i}$ とおく．もし，$\overline{x}_1, \overline{x}_2, \cdots, \overline{x}_r$ が $\mathrm{gr}^F R$ 上 $\mathrm{gr}^F M$ を生成するならば，$x_1, x_2, \cdots, x_r$ は $R$ 上 $M$ を生成する．

特に, $\mathrm{gr}^F M$ が $\mathrm{gr}^F R$ 上有限生成ならば, $M$ も $R$ 上有限生成である.

[**証明**] $F_k M$ の元が, $R$ 上 $x_1, \cdots, x_r$ で生成されることを, $k$ についての帰納法で示す. $k \ll 0$ なら $F_k M = 0$ より明らか. $k-1$ まで正しいとすると, 仮定から, $u \in F_k M$ に対して $u - \sum_{i=1}^r a_i x_i \in F_{k-1} M$ なる元 $a_i \in F_{k-n_i} R$ が存在する. したがって, $F_{k-1} M$ についての仮定から主張が導かれる. □

**命題 29.2** 下に有界なフィルター環 $(R, F)$ について, $\mathrm{gr}^F R$ が左ネーター環ならば, $R$ も左ネーター環である.

[**証明**] $I$ を $R$ の左イデアルとし, $F_i I := I \cap F_i R$ とおくと, $I$ は下に有界なフィルター加群である. このとき, $\mathrm{gr}^F I$ は $\mathrm{gr}^F R$ の斉次イデアルとなり, $\mathrm{gr}^F R$ のネーター性から $\mathrm{gr}^F I$ は $\mathrm{gr}^F R$ 上有限生成加群である. したがって, 補題 29.1 より, $I$ は $R$ 上有限生成である. □

**系 29.1** ワイル代数 $W_n(K)$ は左ネーター環である.

[**証明**] 命題 29.1, 2 およびヒルベルトの基底定理 (定理 25.4) から明らか. □

**命題 29.3** 下に有限なフィルター環 $(R, F)$ について, $\overline{R_1}$ が $\overline{R_0}$ 上有限生成で, $\mathrm{gr}^F R$ が $\overline{R_0}$ 上 $\overline{R_1}$ で生成される可換代数ならば, 各 $F_i R$ は $F_0 R$ 上有限生成加群で,

$$(F_i R)(F_k R) = F_{i+k} R \qquad (i \geq 0, \ k \gg 0).$$

[**証明**] $\mathrm{gr}^F R = \overline{R_0}[\overline{x}_1, \overline{x}_2, \cdots, \overline{x}_m]$, $\overline{x}_i$ は次数 1 の斉次元とする. したがって, $k$ 次斉次部分について, $\overline{R}_k = F_k R / F_{k-1} R = \sum_{\sum_i \alpha_i = k} \overline{R_0} \overline{x}_1^{\alpha_1} \cdots \overline{x}_m^{\alpha_m}$. このことから, $\overline{R}_l \overline{R}_k = \overline{R}_{l+k}$ $(k \geq 1)$ が導かれる. これより, $l$ についての帰納法で, $(F_i R)(F_k R) = F_{l+k} R$ がいえる. 実際 $l = 0$ のときは明らかで, $\overline{R}_l \overline{R}_k = \overline{R}_{l+k}$ より,

$$F_{l+k} R = (F_l R)(F_k R) + F_{l+k-1} R$$
$$= (F_l R)(F_k R) + (F_l R)(F_{k-1} R) = (F_l R)(F_k R). \qquad □$$

## 良いフィルター

以下 $(R, F)$ は命題 29.3 の条件をみたすとする。$(R, F)$ 上の下に有界なフィルター加群 $(M, F)$ について，

　　i)　　　$F_i M$ は $F_0 R$ 上有限生成．

　　ii)　　$(F_i R)(F_k M) = F_{i+k} M$　　　$(i \geq 0, \ k \gg 0)$

をみたすとき，$M$ のフィルター $F$ は **良い** という．

**定理 29.1**　フィルター環 $(R, F)$ は下に有界で，$\mathrm{gr}^F R$ が $\overline{R}_0$ 上の有限生成可換代数であるとする。このとき下に有界なフィルター加群 $(M, F)$ について，次は同値である。

　(1)　$F$ は $M$ の良いフィルターである．

　(2)　$\mathrm{gr}^F M$ は $\mathrm{gr}^F R$ 上有限生成加群である．

特に，良いフィルター加群は $R$ 上有限生成である．

　[**証明**]　(1) $\Longrightarrow$ (2)．仮定から，ある $j_0$ に対して $F_{i+j_0} M = (F_i R)(F_{j_0} M) \ (i \geq 0)$．これより，$M$ は $R$ 上 $F_{j_0} M$ で生成される。よって，$\mathrm{gr}^F M$ は $\mathrm{gr}^F R$ 上 $\bigoplus_{i \leq j_0} \overline{M}_i$ で生成され，各 $\overline{M}_i$ は条件 i) より $\overline{R}_0 = F_0 R$ 上有限生成だから，$\mathrm{gr}^F M$ も $\mathrm{gr}^F R$ 上有限生成になる。

　(2) $\Longrightarrow$ (1)．$x_1, \cdots, x_r \in M$ を，$\overline{x}_1, \cdots, \overline{x}_r$ が $\mathrm{gr}^F M$ を $\mathrm{gr}^F R$ 上生成するものとする。$n_i = \mathrm{ord}\, x_i$ とすると，

$$\overline{M}_k = \sum_{i=1}^{r} \overline{R}_{k-n_i} \overline{x}_i$$

だから

$$F_k M = \sum_{i=1}^{r} (F_{k-n_i} R) x_i + F_{k-1} M.$$

$F_{k-1} M$ についても同様だから，

$$F_k M = \sum_{i=1}^{r} (F_{k-n_i} R) x_i.$$

命題 29.3 から，ある $k_0$ に対して，$k \geq k_0$ ならば，$F_{k-n_i} R = (F_{k-k_0} R)(F_{k_0-n_i} R)$．よって，$F_k M = (F_{k-k_0} R)(F_{k_0} M) \ (k \geq k_0)$．さらに，$k$ を十分大きくとり，命題 29.3 を用いると，

$$(F_iR)(F_kM) = (F_iR)(F_{k-k_0}R)(F_{k_0}M) = (F_{i+k-k_0}R)(F_{k_0}M) = F_{k+i}M \qquad (k \gg 0)$$

となり，条件ⅱ) が得られる．

条件 ⅰ) は，$F_iR$ が $F_0R$ 上有限生成であることから明らか．　□

命題 29.3 の条件をみたすフィルター環 $(R, F)$ 上の有限生成 $R$ 加群 $M = \sum_{i=1}^{r} Rx_i$ に対して，

$$F_kM := \sum_i (F_kR)x_i$$

とおくと，$F$ は $M$ 上に良いフィルターを定義することに注意しておこう．

良いフィルターは次の意味で同値である．

**命題 29.4**　下に有界なフィルター環 $(R, F)$ 上の左 $R$ 加群 $M$ が与えられているとする．このとき，$M$ の２つの下に有界なフィルター $F, G$ について，$G$ が良いフィルターならばある $i_0$ に対して，

$$G_iM \subset F_{i+i_0}M \qquad (\forall i)$$

が成り立つ．

特に，$F, G$ ともに良いフィルターならば，

$$F_{i-i_0}M \subset G_iM \subset F_{i+i_0}M \qquad (\forall i).$$

[**証明**]　$G$ が良いフィルターだから，$(F_iR)(G_jM) = G_{i+j}M$ $(j \geq j_0)$．$G_{j_0}M$ は $F_0R$ 上有限生成だからある $i_0$ について $G_{j_0}M \subset F_{i_0}M$．ゆえに

$$G_iM \subset G_{i+j_0}M = (F_iR)(G_{j_0}M) \subset (F_iR)(F_{j_0}M) \subset F_{i+i_0}M \qquad (\forall i).　□$$

## §30.　ベルンステイン不等式

この節では，ワイル代数上の有限生成加群について，§27 のヒルベルト多項式の理論を適用し，加群の"次元"についての重要な結果を得る．

まず，前節で見たように，標数 0 の体 $K$ 上のワイル代数 $W_n(K)$ はベルンス

テイン・フィルター $F$ に関して，その次数環 $\mathrm{gr}^F W_n(K)$ は $K$ 上の $2n$ 変数多項式環になり，したがって可換ネター環であり，その上の加群について，良いフィルターに関する結果がすべて適用できることに注意しておこう．

**定理 30.1** ワイル代数 $W_n(K)$ をベルンステイン・フィルターによるフィルター環と考える．$M \neq 0$ を有限生成左 $W_n(K)$ 加群とし，$M$ に良いフィルター $F$ を1つ選ぶ．このとき，有理係数多項式 $\chi(M, F ; T) \in \boldsymbol{Q}[T]$ で，

$$\chi(M, F ; i) = \dim_K F_i M \qquad (i \gg 0)$$

をみたすものが唯一つ存在する．

さらに，$\chi(M, F ; T)$ の次数を $d$ とすると，その最高次の係数はある自然数 $m > 0$ に対して $m/d!$ となり，$m, d$ は $M$ の良いフィルター $F$ のとり方によらず，$M$ のみによる定数である．

[証明] 定理 27.2 の系 27.2 を用いる．命題 29.1 によって，$\mathrm{gr}^F W_n(K)$ は多項式環に同型な次数環で，$M$ の $F$ による次数化 $\mathrm{gr}^F M = \bigoplus_i \overline{M_i}$ は定理 29.1 により，$\mathrm{gr}^F W_n(K)$ 上有限生成な次数加群である．したがってヒルベルト多項式が適用できて（必要ならば，$F_i' M = 0$ $(i < 0)$ となるようにフィルター $F$ をずらして，$F_i' M := F_{i-N} M$）

$$\dim_K F_i M = \sum_{j \leq i} \dim_K \overline{M_j} = \chi(M, F ; i) \qquad (i \gg 0)$$

なる多項式 $\chi(M, F ; T) \in \boldsymbol{Q}[T]$ が唯一つ存在し，その最高次 $T^d$ の係数は $m/d!$ $(m \in \boldsymbol{Z})$ となる．$M \neq 0$ より，$\dim_K F_i M > 0$ $(i \gg 0)$ ゆえ $m > 0$．

次に，$F'$ を $M$ の別の良いフィルターとすると，命題 29.4 より，ある $i_0$ に対して

$$F_{i-i_0}' M \subset F_i M \subset F_{i+i_0}' M \qquad (\forall i),$$

したがって，$i \gg 0$ に対して，

$$\chi(M, F' ; i - i_0) \leq \chi(M, F ; i) \leq \chi(M, F' ; i + i_0).$$

これは，$d' \leq d \leq d'$, $m' \leq m \leq m'$ を意味し，$d = d'$, $m = m'$, すなわち，$d, m$ は良いフィルターのとり方によらないことを示している．   □

有限生成左 $W_n(K)$ 加群 $M$ に対して，定理 30.1 の不変量 $d = d(M)$ を $M$ の

次元, $m = m(M)$ を $M$ の**重複度**という（$M = 0$ のときは, $d = -\infty$ と約束する）.

**例 30.1** $M = W_n(K)$, $F$ をベルンステイン・フィルターとする. このとき,
$$\dim_K F_i M = \binom{2n + i}{2n} = \frac{1}{(2n)!} i^{2n} + (\text{低次の項}).$$
ゆえに, $d(W_n(K)) = 2n$, $m(W_n(K)) = 1$.

**例 30.2** $M := K[X_1, X_2, \cdots, X_n] \simeq W_n(K) / \sum_{i=1}^{n} W_n(K) \partial_i$,
$$F_i M := \left\{ \sum_{|\alpha| \le i} c_\alpha X^\alpha \,\middle|\, c_\alpha \in K \right\}$$
とすると,
$$\dim_K F_i M = \binom{n + i}{n} = \frac{1}{n!} i^n + (\text{低次の項}).$$
ゆえに, $d(M) = n$, $m(M) = 1$. これは次節でいうホロノミー加群の一例である.

**定理 30.2** 　　　 $0 \longrightarrow M_1 \longrightarrow M_2 \longrightarrow M_3 \longrightarrow 0$
を有限生成左 $W_n(K)$ 加群の完全列とする. このとき,

(1) 　　$d(M_2) = \mathrm{Max}\{d(M_1), d(M_3)\}$.

(2) 　　$d(M_1) = d(M_3)$ ならば, $m(M_2) = m(M_1) + m(M_3)$.

**[証明]** $F^{(2)}$ を $M_2$ の良いフィルターとし, $F_i^{(1)} M_1 := F_i^{(2)} M_2 \cap M_1$, $F_i^{(3)} M_3 := \mathrm{Im}\, F_i^{(2)} M_2$ とおくと,
$$0 \longrightarrow F_i^{(1)} M_1 \longrightarrow F_i^{(2)} M_2 \longrightarrow F_i^{(3)} M_3 \longrightarrow 0$$
は完全列となり, したがって次数化の完全列
$$0 \longrightarrow \mathrm{gr}^{F^{(1)}} M_1 \longrightarrow \mathrm{gr}^{F^{(2)}} M_2 \longrightarrow \mathrm{gr}^{F^{(3)}} M_3 \longrightarrow 0$$
をひき起す. 定理 29.1 より, $\mathrm{gr}^{F^{(2)}} M_2$ は $\mathrm{gr}^F W_n(K)$ 上有限生成, したがって, $\mathrm{gr}^{F^{(i)}} M_i$ $(i = 1, 3)$ も有限生成（ネーター性から）. よって, $F^{(i)}$ $(i = 1, 3)$ もまた $M_i$ の良いフィルターである. $\dim_K F_i^{(2)} M_2 = \dim_K F_i^{(1)} M_1 + \dim_K F_i^{(3)} M_3$ ゆえ, ヒルベルト多項式について,

$$\chi(M_2, F^{(2)} ; T) = \chi(M_1, F^{(1)} ; T) + \chi(M_3, F^{(3)} ; T).$$

(1), (2) の主張はこの式から明らか.　□

**問 30.1**　有限生成 $W_n(K)$ 加群の次元は $2n$ 以下であることを示せ.

## ベルンステイン不等式

**定理 30.3**（ベルンステイン）　$M \neq 0$ を有限生成左 $W_n(K)$ 加群とすると, 次元について $d(M) \geq n$ が成り立つ.

ジョゼフ（Joseph）による簡明な証明を紹介する. そのため次を準備する.

**補題 30.1**　$(W_n(K), F)$ 上のフィルター加群 $(M, F)$ は, $F_i M = 0$ $(i < 0)$, $F_0 M \neq 0$ をみたすと仮定する. このとき $K$ 線型写像

$$F_i W_n(K) \longrightarrow \mathrm{Hom}_K(F_i M, F_{2i} M)$$
$$\cup \qquad\qquad\qquad \cup$$
$$P \qquad \longmapsto \qquad (x \longmapsto Px)$$

は単射である.

[**証明**]　$i \geq 0$ についての帰納法による. $i = 0$ のときは $F_0 W_n(K) = K$, $M_0 \neq 0$ より明らか. $F_i W_n(K) \ni P \neq 0$ に対して $PF_i M \neq 0$ を示せばよい.

そこで, $P = P(X, \partial)$ の最高階に $X_1$ が陽に現れているとすると, 交換関係式 $[X_1{}^m, \partial_1] = -mX_1{}^{m-1}$ を用いて, $[P, \partial_1] \neq 0$ は $F_{i-1} W_n(K)$ に属することがわかる. したがって, 帰納法の仮定から, ある $x \in F_{i-1} M$ に対して, $[P, \partial_1]x \neq 0$. しかし, $[P, \partial_1]x = P\partial_1 x - \partial_1 Px$, $\partial_1 x \in F_i M$ だから, $PF_i M = 0$ と仮定するとこれは $0$ になり矛盾である.

また, $P$ の最高階に $\partial_1$ が陽に現れているとすると, 同様の交換関係式を用いて, $F_{i-1} W_n(K) \ni [P, X_1] \neq 0$ となり同じ結論が導かれる.

他の生成元 $X_i, \partial_i$ についても同じだから補題が証明された.　□

[**定理 30.3 の証明**]　$M$ に良いフィルターを補題の如く定めておくと,

$$\dim_K F_i W_n(K) \leq \dim_K \mathrm{Hom}_K(F_i M, F_{2i} M) = (\dim_K F_i M)(\dim_K F_{2i} M).$$

したがって，定理 30.1，例 30.1 によって

$$\binom{2n+i}{2n} \leq \chi(M, F ; i)\chi(M, F ; 2i)$$

$$= \frac{m(M)^2}{(d(M)!)^2} i^{d(M)}(2i)^{d(M)} + (\text{低次の項})$$

が $i \gg 0$ で成り立ち，$2d(M) \geq 2n$，すなわち，$d(M) \geq n$ を得る． □

# §31. ホロノミー加群

有限生成左 $W_n(K)$ 加群 $M$ について，その次元 $d(M)$ が $n$ 以下のとき，$M$ を**ホロノミー加群**という．定理 30.3 によって，これは $M = 0$ か，または $d(M) = n$ の場合である．

**定理 31.1** $\qquad 0 \longrightarrow M_1 \longrightarrow M_2 \longrightarrow M_3 \longrightarrow 0$

を $W_n(K)$ 加群の完全列とする．このとき，

$$M_2 \text{ がホロノミー的} \iff M_1, M_3 \text{ がホロノミー的}.$$

［**証明**］ 定理 30.2 (1) より明らか． □

$W_n(K)$ は左ネーター環だから，その上の有限生成加群はネーター加群である．次の定理の逆は成り立たない．

**定理 31.2** ホロノミー加群は左アルチン加群である．したがって組成列をもつ．

［**証明**］ $M$ をホロノミー的とし，左加群の降鎖列

$$M \supset M^1 \supsetneqq M^2 \supsetneqq \cdots$$

を考える．定理 31.1 から，$M^i, M/M^i$ ともにホロノミー的だから，定理 30.2 (2) より重複度について，

$$m(M) \geq m(M^1) > m(M^2) > \cdots$$

を得る. ゆえに, ある $k$ について $m(M^k) = 0$. これは, $M^k = 0$ を意味する (定理 30.1).

組成列の存在は, 定理 25.2 による.    □

**命題 31.1**  $M$ を有限生成とは仮定しない左 $W_n(K)$ 加群とする. $M$ が次をみたす下に有界なフィルター $F$ をもつとする. 各 $i$ について, $i$ によらない定数 $c, c'$ があって,

$$\dim_K F_i M \leq \frac{c}{n!} i^n + c'(i+1)^{n-1}.$$

このとき, $M$ はホロノミー加群で, $m(M) \leq c$.

[**証明**]  $M \neq 0$ としてよい. まず, $M$ の任意の有限生成部分加群 $N$ はホロノミー的で $m(N) \leq c$ となることに注意しよう. 実際, $G$ を $N$ の良いフィルターとする. $F_i M \cap N$ は $N$ の 1 つのフィルターを与えるから, 命題 29.4 より, ある $i_0$ に対して

$$G_i N \subset N \cap F_{i+i_0} M \subset F_{i+i_0} M \qquad (\forall i).$$

したがって,

$$\chi(N, G : i) \leq \frac{c}{n!} i^n + c'(i+1)^{n-1} \qquad (i \gg 0).$$

よって, 次数の比較から $d(N) \leq n$ となり, 定理 30.3 より $N \neq 0$ ならば $d(N) = n$. したがってさらに, $m(N) \leq c$ も得る.

そこで, 有限生成部分群の増大列

$$0 \neq N \subsetneqq N_1 \subsetneqq N_2 \subsetneqq \cdots \subsetneqq N_i \subsetneqq \cdots \subset M$$

をとると, 各 $N_i$ はホロノミー的で $m(N_i) \leq c$. ところが, 定理 30.2 (2) を用いると,

$$m(N) < m(N_1) < m(N_2) < \cdots$$

となるから, ある $k$ に対して $N_k = M$ でなければならない. これは $M$ がホロノミー的で $m(M) \leq c$ となることを示している.    □

# §32.  $b$ 関 数

$f \in K[X_1, X_2, \cdots, X_n]$ を 0 でない多項式とする. 不定元 $s$ に対し, 記号 $f^s$ を

考え，$f^s$ に多項式環 $K[s]$ 上のワイル代数 $W_n(K[s])$ の元

$$P(s, X, \partial) = \sum_\alpha p_\alpha(s, X)\partial^\alpha$$

$$(p_\alpha(s, X) \in K[s, X_1, X_2, \cdots, X_n] = K[s] \otimes_K K[X_1, \cdots, X_n])$$

を規則

$$(*) \qquad\qquad \partial_i f^s := s(\partial_i f)f^{-1}f^s$$

で作用させることにする．この作用で，$f$ の逆元 $f^{-1}$ が出るから，いま，$K[s, X_1, \cdots, X_n]$ を積閉集合 $S_f := \{f^i \mid i \geq 0\}$ で分数化した分数環

$$K[s, X_1, \cdots, X_n, f^{-1}] = S_f^{-1}K[s, X_1, \cdots, X_n]$$

を考え，この分数環上の基底を $f^s$ とする階数 1 の自由加群を

$$M := K[s, X_1, \cdots, X_n, f^{-1}]f^s$$

とおく．$M$ の元 $p(s, X)f^{-k}f^s$ に対して，$\partial_i$ の作用 $(*)$ を拡張して，

$$(**) \qquad \partial_i(p(s, X)f^{-k}f^s)$$

$$:= (\partial_i p(s, X) + (s - k)p(s, X)(\partial_i f)f^{-1})f^{-k}f^s$$

と定義すると，この作用により，$M$ はワイル代数 $W_n(K[s])$ 上の加群になる．

以下，慣例に従って，$f^{-k}f^s = f^{s-k}$ $(k \in \mathbf{Z})$ とかくことにしよう．

このとき，ある $P(s, X, \partial) \in W_n(K[s])$ に対して，

$$(***) \qquad\qquad b(s)f^s = P(s, X, \partial)f^{s+1}$$

となるような $s$ の多項式 $b(s) \in K[s]$ 全体のなす集合 $I_f \subset K[s]$ を考えると，明らかに $I_f$ は $K[s]$ のイデアルになる．$K[s]$ は単項イデアル整域であるから，$I_f$ は 1 つの多項式 $b_f(s)$ から生成される．いい換えれば，$b_f(s)$ は $(***)$ をみたす最小次数の多項式である．この $b_f(s) \in K[s]$ を $f \in K[X_1, \cdots, X_n]$ の **b 関数**（または，**佐藤・ベルンステイン多項式**）という．

この章の目的は，次の *b* 関数の存在定理である．

**定理 32.1**（ベルンステイン）　$b_f(s) \neq 0$．すなわち $(***)$ をみたす $s$ の多項式 $b(s) \neq 0$ が存在する．

**例 32.1**　$f = \sum_{i=1}^{n} X_i^2$ とすると，計算によって容易に

$$\frac{1}{4}\Big(\sum_{i=1}^{n}\partial_i{}^2\Big)f^{s+1} = (s+1)\Big(s+\frac{n}{2}\Big)f^s$$

が得られる．したがって，この場合 $b_f(s) \mid (s+1)(s+n/2)$ であるが，$b_f(s) = (s+1)(s+n/2)$ であることが知られている．

以下，定理 32.1 の証明を目標にする．我々は専ら体上のワイル代数を考えてきたから，多項式環 $K[s]$ の商体 $K(s)$ をとり，その上のワイル代数 $W_n(K(s))$ を考える．$W_n(K[s])$ 加群を係数拡大して，

$$N := K(s) \otimes_{K[s]} M = K(s)[X_1, \cdots, X_n, f^{-1}]f^s$$

とおくと，$N$ も $\partial_i$ の作用（＊＊）によって，$W_n(K(s))$ 加群になる．このとき，次の定理が成り立つ．

**定理 32.2** $N$ はホロノミー $W_n(K(s))$ 加群である．

[証明] 命題 31.1 のホロノミー評価を用いる．すなわち，$N$ が命題 31.1 の評価式をみたすフィルター $F$ をもつことを示せばよい．$f$ の次数を $d = \deg f$ とするとき，各 $k \in \mathbf{Z}$ について，

$$F_k N := \{gf^{s-k} \in N \mid \deg g \leq (d+1)k\}$$

と定義する（$\deg g$ は不定元 $X_1, \cdots, X_n$ についての次数）．明らかに，$F_k N = 0$（$k < 0$）で $F_k N$ は $K(s)$ 上有限次元ベクトル空間である．

$F_k N \subset F_{k+1} N$，$N = \bigcup_{k=0}^{\infty} F_k N$ は容易に検証できる．あと $F$ が $N$ のフィルターになっているためには，$F_i(W_n(K(s)))F_k N \subset F_{i+k} N$ を示さねばならない．このためには，$W_n(K(s))$ の生成元 $X_i, \partial_i$（階数 1）について，

$$X_i F_k N \subset F_{k+1} N, \qquad \partial_i F_k N \subset F_{k+1} N$$

を示せばよい．これも次のように検証される．例えば，$\partial_i$ について見てみよう．$\deg g \leq (d+1)k$ とすると，

$$\partial_i(gf^{s-k}) = (\partial_i g)f^{s-k} + (s-k)g(\partial_i f)f^{s-k-1}$$
$$= ((\partial_i g)f + (s-k)g(\partial_i f))f^{s-(k+1)}.$$

ここに，$\deg((\partial_i g)f + (s-k)g(\partial_i f)) \leq \deg g + d - 1 \leq (d+1)k + d - 1 \leq (d+1)(k+1)$ が成立し，$\partial_i(gf^{s-k}) \in F_{k+1} N$ が導かれる．

さて，このフィルター $F$ に対して，

$$\dim_{K(s)} F_k N \leq \dim_{K(s)}\{g \in K(s)[X_1, \cdots, X_n] \mid \deg g \leq (d+1)k\}$$

$$= \binom{n + (d+1)k}{n}$$

$$\leq \frac{(d+1)^n}{n!}k^n + c'(k+1)^{n-1}$$

（$c'$ は $k$ によらない定数）となり，命題 31.1 より $N$ はホロノミー加群になる． □

**問 32.1**　$K[X_1, \cdots, X_n] \ni f \neq 0$ に対して，$K[X_1, \cdots, X_n, f^{-1}]$ はホロノミー $W_n(K)$ 加群である．

**［定理 32.1 の証明］**　定理 32.2 のホロノミー加群 $N$ を考える．定理 31.2 より，$N$ はアルチン加群であるから，$N$ の部分加群を

$$M^j := W_n(K(s))f^j f^s \qquad (j = 0, 1, 2, \cdots)$$

と定義すると，降鎖列

$$N \supset M^0 \supset M^1 \supset \cdots$$

は止まる．すなわち，ある $j_0$ に対して，

$$M^{j_0} = M^{j_0+1} = \cdots.$$

したがって，特に $M^{j_0}$ の生成元 $f^{s+j_0}$ について，$f^{s+j_0} \in M^{j_0+1}$ が成り立つ．このことは，ある $Q(s, X, \partial) \in W_n(K(s))$ に対して，$Q(s, X, \partial)f^{s+j_0+1} = f^{s+j_0}$ が成り立つことを意味している．したがって，$Q'(s, X, \partial) := Q(s - j_0, X, \partial)$ とおくと，

$$Q'(s, X, \partial)f^{s+1} = f^s.$$

$Q'(s, X, \partial) \in W_n(K(s))$ の $s$ に関する共通分母 $b(s) \in K[s]$ をくくり出して，

$$b(s)Q'(s, X, \partial) = P(s, X, \partial) \in W_n(K[s])$$

とおくと，

$$P(s, X, \partial)f^{s+1} = b(s)f^s$$

が成り立つ．明らかに $b(s) \in K[s]$ は 0 でない．よって定理 32.1 が証明された． □

### ∿∿∿∿∿∿∿∿∿∿∿∿ *b* 関数の偉大 ∿∿∿∿∿∿∿∿∿∿∿∿

　$b$ 関数は，概均質ベクトル空間のゼータ関数の研究のなかで，60 年代初め

ごろ佐藤幹夫によって創始された．彼は，$a$関数，$b$関数，$c$関数というもの
を順次考えたのであった．本書でとりあげたベルンステインの仕事のせいで，
一時$b$関数の$b$はBernsteinの$B$と思われたこともあったらしいが，真相は
このようである（ベルンステインの論文では$d$という文字が使われている）.

　$b$関数の偉大さは，それが関数$f(x)$のもつ特異性をたった1つの多項式
で美事に表現していることであろう．したがって，$f(x) = 0$という超曲面
の特異点の幾何学的内容も直接表している．特に，マルグランジュ（Mal-
grange）や柏原正樹によって，特異点のモノドロミー表現の固有値は$b(s)$の
根になることが証明されている．

　さらに著しい一般的結果として，柏原による次の定理がある（1976）．正則
関数の$b$関数の根はすべて負の有理数である．これには，佐藤・河合・柏原
によるホロノミー$\mathcal{D}$加群の一般論のみならず，広中平祐の特異点解消定理
が用いられている．

　本書で紹介したような多項式係数の場合だけでなく，一般の複素多様体上
での正則関数係数の偏微分作用素の環（の層）$\mathcal{D}$について，$\mathcal{D}$加群を考える
ことは，線型微分方程式系を考えることにあたり，現在単に"$\mathcal{D}$加群の理
論"とよばれている．この理論では，非可換環$\mathcal{D}$をさらに局所化した環$\mathcal{E}$が
考えられており，"超局所解析"ともいわれている．そこでは§30に紹介し
たベルンステイン不等式にあたる定理が，ずっと深化した形で得られており，
やはり理論全体を統制する基本定理として働いている．

　この代数解析的理論は，解析の各分野のみならず，代数幾何，複素解析，表
現論，数理物理 等，ますます応用される領域が拡がっている．

# §33.　解析学からの動機

$b$関数は，当然のことながら，解析学に1つの動機をもつ．その最も簡単な
例を掲げて本書を終えることにする．

$f(x) \in \boldsymbol{R}[x_1, x_2, \cdots, x_n] = \boldsymbol{R}[x]$ を 0 でない実多項式関数で，各点 $x \in \boldsymbol{R}^n$ で $f(x) \geq 0$ と仮定する．このとき，複素変数 $s \in \boldsymbol{C}$ に対して，

$$f(x)^s := \exp(s \log f(x))$$

は（$f(x) > 0$ のとき）$s$ の正則関数である．$\boldsymbol{R}^n$ 上の複素数値関数 $\phi(x)$ に対して，積分

$$I_\phi(s) := \int_{\boldsymbol{R}^n} f(x)^s \phi(x) \, dx$$

を考える．この積分が意味をもつためには，関数 $\phi(x)$ のクラスとして，例えば，任意の多項式 $g(x) \in \boldsymbol{R}[x]$ に対して，$g(x)\phi(x)$ が有界になるような可測関数を考える．このとき，

$$|f(x)^s \phi(x)| = |f(x)|^{\mathrm{Re}\, s} |\phi(x)| \qquad (\mathrm{Re}\, s \text{ は } s \text{ の実部})$$

は，$\mathrm{Re}\, s > 0$ なる $s$ を固定すると，$\boldsymbol{R}^n$ 上有界で可積分な関数でおさえられる．したがって，積分論で良く知られた定理によって，$I_\phi(s)$ は $\mathrm{Re}\, s > 0$ で絶対収束し，$s$ について正則関数になる．

I. M. ゲルファント（Gelfand）は，1954 年アムステルダムにおける国際数学者会議において，$I_\phi(s)$ は $s \in \boldsymbol{C}$ 全体で有理型な解析関数に解析接続できるであろうという予想を提出した．この予想は，1960 年代の終りになって，ゲルファント‐ベルンステインとアチヤー（Atiyah）によって独立に解かれたが，その最初の証明には有名な広中の特異点解消定理が用いられたのであった．ややあって，その 1 人，ベルンステイン自身によって，ここに紹介する $b$ 関数を用いる初等的証明が得られたのである．

この問題の動機としては，古典的なガンマ関数

$$\Gamma(s) = \int_0^\infty t^{s-1} e^{-t} dt \quad \left( = 2 \int_{-\infty}^\infty x^{2s-1} e^{-x^2} dx \right)$$

があり，$\Gamma(s)$ が $s = 0, -1, -2, \cdots$ にのみ 1 位の極をもつ有理型関数であることは，古くから良く知られていた．

試料関数 $\phi(x)$ に対する条件を少し強めて，いわゆるシュヴァルツ（Schwartz）の急減少関数とする．すなわち，$\phi(x)$ は無限階微分可能で，任意の多重指数

$\alpha, \beta \in \mathbf{N}^n$ に対し，$x^\alpha \partial^\beta \phi(x)$ が有界であるとする．

　さて，$f \in \mathbf{R}[x]$ の $b$ 関数を $b(s) \neq 0$ とする．すなわち，ある $P(s, x, \partial) \in W_n(\mathbf{C}[s])$ に対して，

$$P(s, x, \partial) f^{s+1} = b(s) f^s.$$

このとき，

$$b(s) I_\phi(s) = \int_{\mathbf{R}^n} (P(s, x, \partial) f(x)^{s+1}) \phi(x) \, dx$$

であるが，部分積分を行うことによって，$P^*$ を $P$ の形式的随伴作用素とすると，

$$b(s) I_\phi(s) = \int_{\mathbf{R}^n} f(x)^{s+1} (P^*(s, x, \partial) \phi(x)) \, dx$$
$$= I_{P^* \phi}(s + 1).$$

ただし，$P(s, x, \partial) = \sum_{\alpha, \beta} p_{\alpha, \beta}(s) x^\alpha \partial^\beta$ とするとき，

$$P^*(s, x, \partial) := \sum_{\alpha, \beta} p_{\alpha, \beta}(s) (-\partial_1)^{\beta_1} \cdots (-\partial_n)^{\beta_n} x^\alpha.$$

ここで，$P^* \phi$ も急減少になるから，右辺 $I_{P^* \phi}(s + 1)$ は $\mathrm{Re}\, s > -1$ で正則関数である．したがって，$I_\phi(s)$ は $-1 < \mathrm{Re}\, s < 0$ で，高々 $b(s) = 0$（$b(s)$ の根）のみにおいて，その重複度以下の位数の極をもつ．

　これを繰り返すことにより，$m \in \mathbf{N}$ に対して，関数等式

$$I_\phi(s) = b(s)^{-1} b(s + 1)^{-1} \cdots b(s + m)^{-1} I_{P^*(s+m) \cdots P^*(s) \phi}(s)$$

が得られ，$I_\phi(s)$ は $\mathbf{C}$ 全体で，高々

$$\{s \in \mathbf{C} \mid b(s + m) = 0 \ (m \in \mathbf{N})\}$$

に極をもつ有理型関数に解析接続されるわけである．

　**問 33.1**　　$\Gamma(s) = 2 I_\phi(s - 1/2)$　　　　$(\phi(x) = e^{-x^2}, \ f(x) = x^2)$
の場合，上の議論を確かめよ．

# 問　　　題

**1.** （i）　$(R,F)$ をフィルター環とすると，$\tilde{R} := \bigoplus_{i \in \mathbf{Z}} F_i R$ は次数環である.

　　（ii）　$(M,F)$ をフィルター環 $(R,F)$ 上のフィルター加群とすると，$\tilde{M} := \bigoplus_{i \in \mathbf{Z}} F_i M$ は次数環 $\tilde{R}$ 上の次数加群である.

　　（iii）　定理 29.1 と同じ条件の下で，$F$ が $M$ の良いフィルターであるためには，$\tilde{M}$ が $\tilde{R}$ 上有限生成であることが必要十分である.

**2.**　$M$ をワイル代数 $W_n(K)$ 上の左加群とする. $W_n(K)$ の $2n$ 個の生成元 $X_i, \partial_i$ $(1 \le i \le n)$ の $M$ の元 $u$ に対する新しい作用を
$$\partial_i \circ u := X_i u, \qquad X_i \circ u := -\partial_i u$$
と定義すると，この作用により $M$ は再び左 $W_n(K)$ 加群になる.（この新しい加群を $M^{\wedge}$ とかいて $M$ の**フーリエ変換**という.）

**3.**　$W_n(K)$ 加群について，
$$M \text{ がホロノミー加群} \iff M^{\wedge} \text{ がホロノミー加群}.$$

**4.**　$M$ を左 $W_n(K)$ 加群とする. $W_{n-1}(K)$ を $X_i, \partial_i$ $(1 \le i \le n-1)$ で生成された $W_n(K)$ の部分環と見なしたとき，$X_n, \partial_n : M \longrightarrow M$ は $W_{n-1}(K)$ 準同型であることを示せ. よって，$\operatorname{Ker} X_n$, $\operatorname{Coker} X_n := M/X_n M$, $\operatorname{Ker} \partial_n$, $\operatorname{Coker} \partial_n$ は左 $W_{n-1}(K)$ 加群になる.

**5.**　$M$ をホロノミー $W_n(K)$ 加群とすると，$\operatorname{Ker} X_n$, $\operatorname{Coker} X_n$, $\operatorname{Ker} \partial_n$, $\operatorname{Coker} \partial_n$ はホロノミー $W_{n-1}(K)$ 加群となることを，次の順序で証明せよ.

　　（i）　$M_0 := \operatorname{Ker} X_n$ とおくと，左 $W_n(K)$ 加群として
$$W_n(K)/W_n(K)X_n \otimes_{W_{n-1}(K)} M_0 \simeq K[\partial_n] \otimes_K M_0.$$
ただし，右辺への $X_n$ の作用は $X_n(\partial_n^k \otimes u) = -k\partial_n^{k-1} \otimes u$ $(u \in M_0,\ k \in \mathbf{N})$.

　　（ii）　$W_n(K)$ 準同型 $K[\partial_n] \otimes_K M_0 \longrightarrow M$ $(P \otimes u \longmapsto Pu)$ は単射である.

　　（iii）　$M$ がホロノミー $W_n(K)$ 加群ならば，$M_0$ はホロノミー $W_{n-1}(K)$ 加群である.

　　（iv）　$M$ の $X_n$ による分数化 $M_{X_n} := K[X_1, \cdots, X_n, X_n^{-1}] \otimes_{K[X_1, \cdots, X_n]} M$ を $W_n(K)$

加群と見なす．$M_0 = 0$ のとき，$M \hookrightarrow M_{X_n}$ と見なせ，

$$\mathrm{Ker}(X_n \,|\, (M_{X_n}/M)) \simeq M/X_n M =: \mathrm{Coker}\, X_n$$

$$(X_n^{-1} \otimes u \ \mathrm{mod}\, M \longmapsto u \ \mathrm{mod}\, X_n M)$$

は $W_n(K)$ 同型である．

(v)　$M$ がホロノミー的で，$\mathrm{Ker}\, X_n = 0$ ならば，$\mathrm{Coker}\, X_n$ はホロノミー $W_{n-1}(K)$ 加群になる．

(vi)　$M$ がホロノミー的ならば，$M_n := \{u \in M \,|\, \text{ある } i \in \mathbf{N} \text{ に対して } X_n{}^i u = 0\}$ とおくと，$\overline{M} := M/M_n$ もホロノミー的であり，$\mathrm{Ker}(X_n \,|\, \overline{M}) = 0$ かつ $M/X_n M \simeq \mathrm{Ker}(X_n \,|\, (\overline{M}_{X_n}/\overline{M}))$.

(vii)　$M$ がホロノミー $W_n(K)$ 加群ならば，$\mathrm{Coker}\, X_n$ はホロノミー $W_{n-1}(K)$ 加群である．

(viii)　$M$ がホロノミー $W_n(K)$ 加群ならば，$\mathrm{Ker}\, \partial_n$，$\mathrm{Coker}\, \partial_n$ はホロノミー $W_{n-1}(K)$ 加群である．

# 略 解 と ヒ ン ト

　ここでは，4章までの問と章末問題に，略解ないしヒントを与えた．5章の問と問題について意欲的な読者は，巻末文献 [25]，[26] などを参照されたい．

**問 2.2**　置換記法で $S_n$ の元は 1 から $n$ までの番号の順列と 1 対 1 に対応する．ゆえに $\#S_n = n!$．$S_3 \subset S_n$ だから $S_3$ が非可換であることをみればよい．例えば，
$$\begin{pmatrix} 1 & 2 & 3 \\ 2 & 3 & 1 \end{pmatrix}\begin{pmatrix} 1 & 2 & 3 \\ 2 & 1 & 3 \end{pmatrix} \neq \begin{pmatrix} 1 & 2 & 3 \\ 2 & 1 & 3 \end{pmatrix}\begin{pmatrix} 1 & 2 & 3 \\ 2 & 3 & 1 \end{pmatrix}.$$

**問 2.3**　(i)　$n$ に関する帰納法．$\sigma(n) = n$ ならば，$\sigma \in S_{n-1}$ と見なせるからよい．$\sigma(n) = k \neq n$ のとき，$\sigma_1 := (k, n)\sigma$ とおくと，$\sigma_1 \in S_{n-1}$．よって $\sigma_1$ は $1 \sim n-1$ の互換の積でかけ，$\sigma = (k, n)\sigma_1$ だから $\sigma$ についても正しい．

　(ii)　(i) より，互換 $(i, j)$ が $\tau_1, \cdots, \tau_{n-1}$ の積になればよい．$i < j$ とすると $(i, j) = \tau_i \tau_{i+1} \cdots \tau_{j-2} \tau_{j-1} \tau_{j-1} \cdots \tau_{i+1} \tau_i$．

**問 3.1**　部分群にならないものは，1)，3) の $Z_n$．

**問 3.2**　$\sigma = \tau_{i_1} \cdots \tau_{i_k}$（$\tau_{i_j}$：互換）とすると，$\mathrm{sgn}\,\sigma = \mathrm{sgn}\,\tau_{i_1} \cdots \mathrm{sgn}\,\tau_{i_k}$，$\mathrm{sgn}\,\tau_{i_j} = -1$．ゆえに $\mathrm{sgn}\,\sigma = (-1)^k$．

**問 4.2**　$\mathbf{Z}/n\mathbf{Z} = \mathbf{Z}/|n|\mathbf{Z}$ の元は，剰余類 $|n|\,\mathbf{Z}, 1 + |n|\,\mathbf{Z}, \cdots, |n| - 1 + |n|\,\mathbf{Z}$．

**問 4.3**　$(x, y) + H = (x', y') + H \iff (x - x',\ y - y') \in H \iff x - x' = y - y' \iff y - x = y' - x'$．よって，$y - x = a$ とおくと $(x, y) + H = L_a$．

**問 5.1**　$e_i \in \mathbf{R}^n$（$1 \leq i \leq n$）を $\mathbf{R}^n$ の自然基底とすると，$P(\sigma)e_i = e_{\sigma(i)}$．よって，$P(\sigma\sigma')e_i = e_{\sigma\sigma'(i)} = P(\sigma)P(\sigma')e_i$ から $P(\sigma\sigma') = P(\sigma)P(\sigma')$．互換 $\tau$ については，$\det P(\tau) = -1$．ゆえに $\det P(\sigma) = \mathrm{sgn}\,\sigma$．

**問 6.1**　$0 = 0x = (1 + (-1))x = x + (-1)x$ から $(-1)x = -x$.

**問 6.2**　$GL_n(R) := M_n(R)^\times$ が定義. 可換環 $R$ に対しては, $\det : M_n(R) \longrightarrow R$ について $\det AB = \det A \det B$ が成立することは, $R$ が体の場合と証明は同じ. $A \in GL_n(R)$ ならば, $AA^{-1} = 1_n$ から $\det A \det(A^{-1}) = \det 1_n = 1$. ゆえに $\det A \in R^\times$. 逆に, $\det A \in R^\times$ ならば, 公式 $AA' = (\det A)1_n$ ($A'$：余因子行列) より, $A^{-1} = (\det A)^{-1}A' \in M_n(R)$ となり $A \in GL_n(R)$.

**問 6.3**　$\alpha = a + bi + cj + dk$ に対して $\bar{\alpha} = a - bi - cj - dk$ とおくと, $N(\alpha) := \alpha\bar{\alpha} = \bar{\alpha}\alpha = a^2 + b^2 + c^2 + d^2 \in \boldsymbol{R}$. $\alpha \neq 0$ ならば $\alpha^{-1} = N(\alpha)^{-1}\bar{\alpha} \in \boldsymbol{H}$.

**問 6.5**　$(a_n X^n + a_{n-1}X^{n-1} + \cdots)(b_m X^m + b_{m-1}X^{m-1} + \cdots) = 0$ とすると, $a_n b_m X^{n+m} + (a_{n-1}b_m + a_n b_{m-1})X^{m+n-1} + \cdots = 0$. もし $b_m \neq 0$ ならば $a_n = 0$, $a_{n-1} = 0$, $\cdots$, $a_i = 0$, $\cdots$ となる.

**問 7.1**　右イデアル.

**問 7.2**　(ii)　$I, J$ を左イデアルとする. $IJ$ の元の和はまた $IJ$ に属することは明らか. $a \in R$ に対し, $ax_i \in I$ ゆえ, $a\sum_i x_i y_i = \sum_i (ax_i)y_i \in IJ$.

**問 7.3**　(ii)　$(m) + (n) = (d)$ とすると, $(d)$ は $(m), (n)$ を含む最小のイデアル ($m, n$ で生成されるイデアル) である. これは (i) より, $d$ が $d \mid m$, $d \mid n$ をみたす $|d|$ 最大の整数であることを意味し, よって $d = GCD(m, n)$. $(l) = (m) \cap (n)$ は同じく, $(l)$ が $(m), (n)$ に含まれる最大のイデアルであることを意味し, $l$ は $m \mid l$, $n \mid l$ なる $|l|$ 最小の整数.

**問 8.1**　$\bar{m} \in (\boldsymbol{Z}/\boldsymbol{Z}n)^\times$　$\Longleftrightarrow$　ある $a \in \boldsymbol{Z}$ に対して, $am \equiv 1 \bmod n$　$\Longleftrightarrow$　ある $a, b \in \boldsymbol{Z}$ に対して $am + bn = 1$　$\Longleftrightarrow$　$GCD(m, n) = 1$. $\varphi(n)$ は有限群 $(\boldsymbol{Z}/\boldsymbol{Z}n)^\times$ の位数だから, $\bar{m}^{\varphi(n)} = \bar{1}$, すなわち, $m^{\varphi(n)} \equiv 1 \bmod n$.

**問 8.2**　$R$ の $A$ 上の生成系 $\{x_i\}_{i \in I}$ をとれば, 命題 8.1 の証明と同じ.

**問 9.1**　既約元 $x$ の素元分解を $x = p_1 \cdots p_r$ とし, $r > 1$ とすると, $p_1$ か $p_2 \cdots p_r$ が単元. これは矛盾である.

**問 10.2**　$\varphi : R \ni a \longmapsto au \in M$ は左 $R$ 加群としての全準同型. $\mathrm{Ker}\, \varphi = \mathrm{Ann}\, u$ ゆえ準同型定理から明らか.

**問 11.1**　$M = \bigoplus_{i \in I} Rx_i = \bigoplus_{j \in J} Ry_j$, $\{x_i\}_{i \in I}$, $\{y_i\}_{j \in J}$ を $M$ の基底とするとき，$\#I \geq \#J$ をいえばよい（対称性からこのとき $\#J \geq \#I$ もいえる）．$i \in I$ に対して，$x_i = \sum_{j \in J(i)} a_j y_j$ $(a_i \neq 0)$ によって $J(i) \subset J$ を定義する．このとき，$J(i)$ は $J$ の空でない有限部分集合で，$J = \bigcup_{i \in I} J(i)$. ゆえに $I, J$ いずれか無限ならばともに無限で，濃度算から $\#J \leq \sum_{i \in I} \#J(i) \leq (\#I) \mathrm{Max} \#J(i) \leq (\#I)\aleph_0 = \#I$（$\aleph_0$ は無限可算濃度で，$\#I \geq \aleph_0$）．

**問 12.1**　2 次の基本行列 $F = \begin{pmatrix} \alpha & \beta \\ \gamma & \delta \end{pmatrix}$ $(\alpha\delta - \beta\gamma \in R^\times)$ が特別な基本行列 (S) の積になることを示せばよい（一般の場合はこれを自明に拡げた行列である）．このためには上の行列が，3 種類の特別な基本変形 (S) の繰り返し（S 初等変形）で単位行列に変形されることを示せばよい．$F'$ が $F$ の S 初等変形のとき $F' \approx F$ とかいて，$I := \{F'$ の成分 $\in R \mid F' \approx F\} \subset R$ とおく．$I \setminus \{0\}$ の元 $d$ で，$|d|$ が最小のものを $d_1 \in I \setminus \{0\}$ とおく．このとき，$\begin{pmatrix} d_1 & * \\ a & * \end{pmatrix} \approx F$ で，$a \neq 0$ とすると $d_1 \mid a$. なぜならば，$a = qd_1 + r$, $|r| < |d_1|$ とすると，$r \in I$ となり，$|d_1|$ の最小性から $r = 0$. よって $F \approx \begin{pmatrix} d_1 & * \\ 0 & * \end{pmatrix} \approx \begin{pmatrix} d_1 & 0 \\ 0 & d_2 \end{pmatrix}$. $F \in GL_2(R)$ から $d_1, d_2 \in R^\times$. よってさらに $F \approx \begin{pmatrix} 1 & 0 \\ 0 & 1 \end{pmatrix}$.

**問 12.2**　$(1, 3, 6), (1, 2, 6)$.

**問 12.3**　$F \in GL_n(R)$ が基本行列の積になることをいえばよい．定理 12.1 より，基本行列の積から成る行列 $A, B \in GL_n(R)$ が存在して，$D = AFB$ は対角行列となる．$F \in GL_n(R)$ ゆえ，$D \in GL_n(R)$ で $D$ の対角成分はすべて $R$ の単元．よって $D$ も基本行列の積で，$F = A^{-1}DB^{-1}$ もまたそうである．

**問 12.5**　$f\left(\begin{pmatrix} l \\ m \\ n \end{pmatrix}\right) = \begin{pmatrix} 1 & 0 & 3 \\ 1 & -3 & 3 \\ 1 & 3 & -3 \end{pmatrix}\begin{pmatrix} l \\ m \\ n \end{pmatrix}$ で，$\boldsymbol{Z}$ 加群の単準同型 $f : L := \boldsymbol{Z}^3 \longrightarrow \boldsymbol{Z}^3 =: M$ を定義すると，$N = \mathrm{Im}\, f$. 問 12.2 より，上の 3 次行列の単因子は $(1, 3, 6)$. これは，$L, M$ の基底を適当にとりかえると，その基底で $f$ は $f\left(\begin{pmatrix} a \\ b \\ c \end{pmatrix}\right) = \begin{pmatrix} 1 & 0 & 0 \\ 0 & 3 & 0 \\ 0 & 0 & 6 \end{pmatrix}\begin{pmatrix} a \\ b \\ c \end{pmatrix}$ と表示されることを意味する．よって，この基底で，$N = \mathrm{Im}\, f = \boldsymbol{Z} \oplus \boldsymbol{Z}3 \oplus \boldsymbol{Z}6 \subset \boldsymbol{Z}^3 = M$ となり，$M/N \simeq \boldsymbol{Z}/\boldsymbol{Z} \oplus \boldsymbol{Z}/\boldsymbol{Z}3 \oplus \boldsymbol{Z}/\boldsymbol{Z}6 \simeq \boldsymbol{Z}/\boldsymbol{Z}3 \oplus \boldsymbol{Z}/\boldsymbol{Z}6 \simeq \boldsymbol{Z}/\boldsymbol{Z}2 \oplus$

$(\mathbf{Z}/\mathbf{Z}3)^2$. すなわち，素因子型は $\{(2,1),(3,1),((3,1)\}$.

**問 13.1** 命題 12.1（の証明）より，$V=K^n$ は $K[T]$ 加群（$Tv=Fv$）として，$V\simeq\bigoplus_{i=1}^r K[T]/K[T]d_i(T)$. 条件 $d_1\mid d_2\mid\cdots\mid d_r$ から $p\in I_F$ ならば，$d_r\mid p$ かつ $d_r\in I_F$. すなわち $I_F=(d_r)$. よって $m_F=d_r$. $F$ の固有値は $d_i\ (1\le i\le r)$ の根であるが，これらは必ず $d_r$ の根 $(d_i\mid d_r)$. よって固有値は $m_F$ の根.

**問 13.2** $\begin{pmatrix}1&1&0\\&1&1\\&&1\end{pmatrix},\begin{pmatrix}1&1&0\\&1&0\\&&1\end{pmatrix}$.

**問 14.1** $\sigma\in\operatorname{Aut}G,\ i_g\in\operatorname{Int}G\ (g\in G)$，$x\in G$ に対して，$\sigma i_g\sigma^{-1}(x)=\sigma(g\sigma^{-1}(x)g^{-1})=(g)x\sigma(g)^{-1}=i_{\sigma(g)}(x)$. すなわち，$\sigma i_g\sigma^{-1}=i_{\sigma(g)}\in\operatorname{Int}G$.

**問 14.2** $e_1,\cdots,e_n$ を $K^n$ の自然基底とすると，$ge_1=e_2,\ ge_2=e_1,\ ge_i=e_i\ (i>2)$ なる $g\in GL_n(K)$ がある．いま，$z$ を $GL_n(K)$ の中心の元として，$ze_1=ae_1+be_2+\cdots,\ ze_2=ce_1+de_2+\cdots\ (a,b,c,d\in K)$ とする．$ae_2+be_1+\cdots=gze_1=zge_1=ze_2=ce_1+de_2+\cdots$ より $d=a,\ c=b$. 次に $h\in GL_n(K)$ を $he_1=e_1+e_2,\ he_i=e_i\ (i\ge2)$ ととると，$ae_1+(a+b)e_2+\cdots=hze_1=zhe_1=(a+b)e_1+(a+b)e_2+\cdots$ より $a=a+b$. ゆえに $b=0$. よって，$ze_1=ae_1+*e_3+\cdots,\ ze_2=ae_2+*e_3+\cdots$. $e_1,e_3,e_2,e_3,\cdots$ について繰り返し同じ論法を用いて，$ze_i=ae_i\ (1\le i\le n)$ を得る.

**問 14.3** $(1\ 2),(1\ 2\ 4)(3\ 5)$.

**問 15.1** シロー 2 部分群は互換が生成する 3 つの位数 2 の部分群，シロー 3 部分群は 3 次交代群 $A_3$.

**問 17.1** $\chi(x)=\chi(y)\ (\forall\chi\in\widehat{G})$ とすると，定理 17.2.3 より $xy^{-1}\in(\widehat{G})^\perp=(\widehat{G}/\widehat{G})^\wedge=\{e\}$. すなわち $x=y$.

**問 17.2** 自然な写像 $f:\widehat{G}\ni\chi\longmapsto\chi\mid H\in\widehat{H}$ が全射であることをいえばよい．$\operatorname{Ker}f=H^\perp$ で，定理 17.3 より $\widehat{G}/H^\perp\simeq(H^{\perp\perp})^\wedge=\widehat{H}$. よって $f$ は全射.

**問 18.1** $S_n/A_n$ は位数 2 のアーベル群だから，命題 18.3 より $D(S_n)\subset A_n$. $n\ge$

5のときは定理18.2より $A_n$ は非可換単純，よって $D(S_n) = A_n$. $n = 3, 4$ のときは，例18.1によって調べよ.

**問 18.2**　直接調べてもよいが，定理18.4を使えば，$S_3$ のシロー2部分群は正規でないから $S_3$ は巾零ではない．よって次の問18.3から $S_3$ を部分群にもつ $S_4$ も巾零ではない.

**問 18.3**　$G$ を巾零群，$H$ を $G$ の部分群とすると，定理18.3 (3) において $\Delta^i(H) \subset \Delta^i(G)$ $(i \geq 1)$ より $\Delta^m(G) \supset \Delta^m(H) = \{e\}$. 剰余群，直積については定義からいえる．$S_3$ は巾零（アーベル）群の拡大であるが巾零ではない.

**問 19.1**　$\sigma \in \mathrm{Aut}\, G$, $z \in Z(G)$, $x \in G$ とすると，
$$\sigma(z)x = \sigma(z\sigma^{-1}(x)) = \sigma(\sigma^{-1}(x)z) = x\sigma(z).$$

**問 19.2**　$S$ を $G$ のシロー $p$ 部分群で $S \lhd G$ とする．$\sigma \in \mathrm{Aut}\, G$ に対して，$\sigma(S) \lhd G$ で $\sigma(S)$ もシロー $p$ 部分群．シロー部分群の共役性から $\sigma(S) = S$.

**問 19.3**　$H$ が $G$ の極大部分群ならば $\sigma(H)$ もそう.

**問 19.4**　$G$ を巾零とすると定理18.4より $G$ の極大部分群 $H$ は正規で，$G/H$ は単純アーベル群ゆえ $H \supset D(G)$. 逆に，$FG \supset D(G)$ とする．$S$ を $G$ のシロー部分群とするとき $S \lhd G$ を示せばよい．$N_G(S) \neq G$ ならば極大部分群 $H \supset N_G(S)$ をとる．$D(G) \subset H$ ゆえ，$G/D(G)$ はアーベル群だから $H \lhd G$. ところが，命題15.1 から $N_G(H) = H \neq G$. これは矛盾.

**問 19.5**　$\Longleftarrow$ は明らか．$\Longrightarrow$ を示す．アーベル正規列 $e = G_0 \subset G_1 \subset \cdots \subset G_i \subset \cdots \subset G_n = G$ について，$G_i/G_{i+1}$ は有限アーベル群だから，アーベル群の基本定理により $G_i/G_{i+1}$ は組成因子を素数位数の巡回群とする組成列をもつ．$G_i \longrightarrow G_i/G_{i+1}$ における逆像を考えることにより主張が示される.

**問 19.6**　体 $K$ 上のベクトル空間が $K$ 単純であることと1次元であることは同値．このことから明らか.

**問 19.7**　$V_* \in F_n$ に対して，$v_i \in V_i \setminus V_{i-1}$ $(1 \leq i \leq n)$ なるベクトルをとると $v_1, \cdots, v_n$ は $V$ の $K$ 上の基底である．$V_*^{(0)} \in F_n$ を $V$ の1つの旗とするとき，$e_i \in V_i^{(0)} \setminus V_{i-1}^{(0)}$ を選ぶと，$xe_i = v_i$ $(1 \leq i \leq n)$ なる $x \in GL_n(K)$ が存在する．このとき，$xV_*^{(0)} = V_*$. よって $GL_n(K)$ は $F_n$ に推移的に働く.

$\{e_1, \cdots, e_n\}$ を自然基底とし，旗 $V_*^{(0)} : \cdots \subset V_i^{(0)} = \sum_{j \leq i} Ke_j \subset \cdots$ を考えると，$V_*^{(0)}$ の固定化群は $GL_n(K)$ の上半3角行列全体のなす部分群である.

**問 21. 1**　$R = \mathbf{Z}[\sqrt{-5}]$ に お い て, $6 = 2 \cdot 3 = (1 + \sqrt{-5})(1 - \sqrt{-5})$. $2, 3, 1 \pm \sqrt{-5}$ は $R$ の既約元で $1 \pm \sqrt{-5} \notin R^{\times}2$ となることを示せばよい. $\alpha = a + b\sqrt{-5}$ に対し $N(\alpha) = a^2 + 5b^2 \in \mathbf{Z}$ とおくと $N(\alpha\beta) = N(\alpha)N(\beta)$. $\alpha \in R^{\times}$ ならば $N(\alpha) \in \mathbf{Z}^{\times}$ ゆえ $N(\alpha) = 1$. ところが $N(1 \pm \sqrt{-5}) = 6$, $N(2) = 4$ ゆえ $1 \pm \sqrt{-5} \notin R^{\times}2$. また $N(R) = \{0, 1, 4, 5, 6, \cdots\}$ ゆえ $2, 3, 1 \pm \sqrt{-5}$ は $R$ の既約元.

**問 22. 1**　定理 22.1 より明らか.

**問 22. 2**　$M$ が入射加群で $M \hookrightarrow N$ ならば, 定義より $\mathrm{Id}_M : M \simeq M$ に対し, $i : N \longrightarrow M$, $i \,|\, M = \mathrm{Id}_M$ なる $i$ が存在する. このとき $N \simeq M \oplus \mathrm{Ker}\, i$. 逆に, $j : M \hookrightarrow N$ ならば $N = M \oplus M'$ とする. 定理 22.2 より, $N$ として入射加群をとることができる. $M_1 \hookrightarrow M_2$, $f : M_1 \longrightarrow M$ とすると, $j \circ f : M_1 \longrightarrow N$ に対して $\bar{f} : M_2 \longrightarrow N$, $\bar{f} \,|\, M_1 = j \circ f$ なる拡張がある. $p : N \longrightarrow M$ を $M$ への射影とすると, $p \circ \bar{f} : M_2 \longrightarrow M$ について $p \circ \bar{f} \,|\, M_1 = f$. よって $M$ は入射的.

**問 22. 3**　定理 22.2 より $M \hookrightarrow I^0$ なる入射加群 $I^0$ がある. さらに $I^0 \longrightarrow I^0/M \hookrightarrow I^1$ ($I^1$：入射的), $I^1 \longrightarrow I^1/\mathrm{Im}\, I^0 \hookrightarrow I^2$, … と入射加群 $I^i$ を選べ.

**問 23. 1**　$M$ は有限生成射影加群だから定理 22.1 より, $R^n = M \oplus M'$. ゆえに, $\widehat{M} \oplus \widehat{M'} = \widehat{R}^n$ となり, $\widehat{M} \otimes_R N \oplus \widehat{M'} \otimes_R N = \widehat{R}^n \otimes_R N$. ところが, 自由加群 $R^n$ に対しては $\widehat{R}^n \otimes_R N \simeq \mathrm{Hom}_R(R^n, N) \simeq \mathrm{Hom}_R(M, N) \oplus \mathrm{Hom}_R(M', N)$. これらの同型は準同型 $\varphi : \widehat{M} \otimes_R N \longrightarrow \mathrm{Hom}_R(M, N)$ と可換であるから $\varphi$ も同型.

**問 24. 1**　例 24.1 より $\mathbf{Z}/\mathbf{Z}m \otimes_{\mathbf{Z}} \mathbf{Z}/\mathbf{Z}n \simeq (\mathbf{Z}/\mathbf{Z}n)/(\mathbf{Z}m)(\mathbf{Z}/\mathbf{Z}n) \simeq \mathbf{Z}/(\mathbf{Z}m + \mathbf{Z}n) \simeq \mathbf{Z}/\mathbf{Z}d$.

**問 24. 2**　$R[X] \otimes_R R[Y]$ の生成元 $f(X) \otimes g(Y)$ に対し, $f(X)g(Y) \in R[X, Y]$ を対応させよ.

**問 24. 3**　自由加群について $R^n \otimes_R R^m \simeq R^{nm}$. この同型により $f \otimes g \in M_n(R) \otimes_R M_m(R)$ を $M_{nm}(R)$ と見なすとよい.

**問 24. 4**　$S^{-1}M \ni x/s \longmapsto (1/s) \otimes \in S^{-1}R \otimes_R M$ が定義されて, 逆写像を与える.

**問 24. 6**　$x, y \in M$ に対して, $0 = (x + y) \wedge (x + y) = x \wedge x + y \wedge x + x \wedge y + y \wedge y = x \wedge y + y \wedge x$ ゆえ $x \wedge y = -y \wedge x$. このことから, $\wedge M$ が $R$ 上間にいうような元で生成されることはわかる. よって, それらの 1 次独立性を示せばよい. $\sum\limits_{i_1 < i_2 < \cdots < i_k} a_{i_1 \cdots i_k} x_{i_1} \wedge \cdots \wedge x_{i_k} = 0$ とするとき, $k$ が最小の項 $j_1 < \cdots < j_{k_0}$ について,

$\{1, \cdots, n\} = \{j_1, \cdots, j_{k_0}, j_1', \cdots, j_{n-k_0}'\}$ とするとき, 両辺に $x_{j_1'} \wedge \cdots \wedge x_{j_{n-k_0}'}$ を乗じると, $a_{j_1 \cdots j_{k_0}} x_1 \wedge x_2 \wedge \cdots \wedge x_n = 0$ を得る. したがって,

$$(*) \qquad ax_1 \wedge x_2 \wedge \cdots \wedge x_n = 0 \quad (a \in R) \implies a = 0$$

を示せば $a_{j_1 \cdots j_{k_0}} = 0$ となり, 順にすべての係数が $0$ になることがいえる. $(*)$ を示すには, $Rx_1 \otimes \cdots \otimes x_n \cap I = 0$, $I := (y \otimes y \ (y \in M)$ が生成するイデアル$)$ を示せばよい. これは,

$$I \cap M^{\otimes n} = \sum_{y_i = y_j (i \neq j)} Ry_1 \otimes \cdots \otimes y_i \otimes \cdots \otimes y_j \otimes \cdots \otimes y_n$$

を示すことによって確かめられる.

**問 25.1**　$f : R \longrightarrow S^{-1}R$ とおく. $I$ を $S^{-1}R$ のイデアルとすると $(S^{-1}R)ff^{-1}(I) = I$. なぜなら, $a/s \in I$ $(a \in R, s \in S)$ とすると, $a/1 = s(a/s) \in I$, すなわち $a \in f^{-1}(I)$. よって $a/s \in (S^{-1}R)ff^{-1}(I)$. したがって, $I \longmapsto f^{-1}(I)$ により $S^{-1}R$ のイデアルの集合は, $R$ のイデアルの集合の部分集合と見なせ, $R$ の極大 (小) 条件は $S^{-1}R$ のそれを導く.

**問 25.2**　例えば, イデアル $(X) \supsetneqq (X^2) \supsetneqq (X^3) \supsetneqq \cdots$ は止まらない.

**問 25.3**　$R/Ra$ のイデアルは $Ra$ を含む $R$ のイデアルと対応する. ところが, 定理 9.2 より $R$ は素元分解整域ゆえ, $Ra$ を含む $R$ のイデアルは $R$ か, または $Rp_1 \cdots p_r$ ($p_i$ は $p_i \mid a$ なる素元) の形のもののみで, 結局有限個である. よって $R/Ra$ はアルチン環.

**問 25.4**　$D$ 上のベクトル空間として $M_n(D) \simeq D^{n^2}$ だから, $M_n(D)$ の左イデアルは, 特に $D$ 上の左ベクトル空間 $D^{n^2}$ の部分空間である. したがって, $D$ 上の次元を考えれば左イデアルが極小条件をみたすことは明らか.

**問 26.1**　$a \in I$ ならば, 任意の $x \in R$ に対して $xa \in I$, $(xa)^n = 0$ ゆえ, $(1 + xa + \cdots + (xa)^{n-1})(1 - xa) = 1$. よって, 命題 26.2 より $a \in \mathrm{Jac}\, R$.

**問 26.2**　$I$ を可換ネーター環 $R$ の巾零元から成るイデアルとする. $I = \sum_{i=1}^{n} Ra_i$ ($a_i^{k_i} = 0$) とすると, $\left(\sum_{i=1}^{n} x_i a_i\right)^N = \sum_{r_1 + \cdots + r_n = N} *a_1^{r_1} \cdots a_n^{r_n}$. よって, $N > n \mathrm{Max}\{k_i\}$ とすると, いずれかの $i$ について $r_i \geq k_i$ となり, この $N$ に対して $I^N = 0$.

**問 26.3**　$M \neq 0$ とすると, 中山の補題から $(\mathrm{Jac}\, R)M \subsetneqq M$. よって, $M$ が単純ならば $(\mathrm{Jac}\, R)M = 0$. $M$ が半単純のとき, 定理 26.2 より $M = \bigoplus_i M_i$ ($M_i$ : 単純).

ゆえに, $(\mathrm{Jac}\,R)M = \bigoplus_i (\mathrm{Jac}\,R)M_i = 0$.

**問 27.1** $\longrightarrow M_{i-1} \xrightarrow{f_i} M_i \xrightarrow{f_{i+1}} M_{i+1} \longrightarrow$ のところで, 短完全列 $0 \longrightarrow \mathrm{Im}\,f_i$ $\longrightarrow M_i \longrightarrow \mathrm{Im}\,f_{i+1} \longrightarrow 0$ を考えると, $\lambda(M_i) = \lambda(\mathrm{Im}\,f_i) + \lambda(\mathrm{Im}\,f_{i+1})$. $(-1)^i$ を乗じて $i$ について加えよ.

# 章 の 問 題

## 1 章

**1.** 準同型定理を使え.

**2.** $f : \boldsymbol{R} \longrightarrow \boldsymbol{T}$ $(f(x) = e^{2\pi i x})$ とすると $\mathrm{Ker}\,f = \boldsymbol{Z}$. ゆえに, $\boldsymbol{R}/\boldsymbol{Z} \simeq \boldsymbol{T}$. よって, $\boldsymbol{C}/\boldsymbol{Z}^2 = \boldsymbol{C}/\boldsymbol{Z} \oplus \boldsymbol{Z}i \simeq \boldsymbol{R}/\boldsymbol{Z} \times \boldsymbol{R}/\boldsymbol{Z} \simeq \boldsymbol{T} \times \boldsymbol{T}$. 次に, **1** より $\boldsymbol{C}^\times/\langle a \rangle \simeq (\boldsymbol{R}_+/\langle a \rangle)$ $\times \boldsymbol{T}$. $\log : \boldsymbol{R}_+ \simeq \boldsymbol{R}$ は乗法群から加法群への同型で, $c := \log a$ とおくと $\boldsymbol{R}_+/\langle c \rangle$ $\simeq \boldsymbol{R}/\boldsymbol{Z}c \simeq \boldsymbol{R}/\boldsymbol{Z} \simeq \boldsymbol{T}$.

**3.** $x$ の左逆元を $x'$ とし, $x''$ を $x'$ の左逆元とすると, $xx' = (ex)x' = x''x'xx' = x''ex' = x''x' = e$. ゆえに, $x'$ は $x$ の右逆元でもある. 左単位元 $e$ については, これを用いて, $xe = x(x'x) = (xx')x = ex = x$ となり $e$ は右単位元にもなる.

**4.** $y \in H$ について, $H \ni x \longmapsto xy \in H$ は単射で, $\sharp H < \infty$ ゆえ全射. よって, 任意の $y, z \in H$ に対し, $xy = z$ なる $x \in H$ がある. $y = z$ とすれば $e \in H$. $z = e$ とすれば $y^{-1} \in H$.

**5.** $(G : H) = 2$ なら $x \notin H$ に対し $G = H \amalg Hx = H \amalg xH$ が剰余類分解である. よって $Hx = xH$ から $xHx^{-1} = H$.

**6.** (i) $G = HK$ なら $(hk)^{-1} = k^{-1}h^{-1} \in KH$ $(h \in H,\ k \in K)$ ゆえ $G = KH$. よって明らか.

 (ii) (i) より $G = (xHx^{-1})H$ とすると, $H = x^{-1}(xHx^{-1})x = h(xHx^{-1})h^{-1}$ となる $h \in H$ がある. このとき $H = h^{-1}Hh = xHx^{-1}$ となり $H = HH = (xHx^{-1})H$ $= G$. これは矛盾.

**7.** $\sharp(G/H) < \infty$ だから, $S(G/H)$ を集合 $G/H$ からそれ自身への全単射のなす群

とすると，これは有限対称群．$l : G \longrightarrow S(G/H)$ を $l(a)(gH) = agH$ $(a, g \in G)$ と定義すると，$l$ は群準同型．$a \notin H$ ならば $l(a) \neq e \in S(G/H)$ ゆえ，$\mathrm{Ker}\, l \lhd G$ は真の正規部分群で，$G/\mathrm{Ker}\, l \subset S(G/H)$．よって $(G : \mathrm{Ker}\, l) < \infty$．

**8.** $n \geq 3$ のとき示せばよい．$S_{n-1} \subsetneqq H \subset S_n$ とすると，$\sigma \in H \setminus S_{n-1}$ について $\sigma(n) = k \neq n$．互換 $(i, k) \in S_{n-1}$ に対して，$\sigma^{-1}(i, k)\sigma = (\sigma^{-1}(i), \sigma^{-1}(k)) = (\sigma^{-1}(i), n) \in H$．すなわち，$(j, n) \in H$ $(j = \sigma^{-1}(i) \neq n)$．ゆえに，$(n-1, n) = (j, n-1)(j, n)(j, n-1) \in H$．よって，$(1, 2), (2, 3), \cdots, (n-1, n) \in H$ となり，問 2.3 (ii) より $H = S_n$．

**9.** (i) $\varphi(m)$ は $1, \cdots, m$ のうち $m$ と互いに素なものの個数．$0 < k \leq n$ について，$d = GCD(n, k)$ とおくと，$k/d$ は $m = n/d$ と互いに素．$0 < k \leq n$ をこれに従って分類せよ．

(ii) $\mathbf{Z}/\mathbf{Z}n \simeq \prod_i \mathbf{Z}/\mathbf{Z}p_i^{r_i}$ より，$(\mathbf{Z}/\mathbf{Z}n)^\times \simeq \prod_i (\mathbf{Z}/\mathbf{Z}p_i^{r_i})^\times$．

(iii) $\varphi(p^r)$ は $0 < m \leq p^r$ のうち $pk$ $(0 < k \leq p^{r-1})$ でないものの個数．

**10.** $a \neq 0$ で $a \notin R^\times$ とする．$Ra^2$ は素だから，$a^2 \in Ra^2$ は $a \in Ra^2$ を導く，よって $a = ba^2$．$R$ は整域 $(\Longleftrightarrow 0$ が $R$ の素イデアル$)$ だから $ba = 1$．これは矛盾．

**11.** $R$ を有限整域とし，$a \in R \setminus \{0\}$ とする．このとき，$R \ni x \longmapsto ax \in R$ は単射で，$R$ が有限だから全射，ゆえに $ax = 1$ となる $x$ がある．

**12.** $K[X] \ni f(X) \longmapsto f \in M(K)$ は環準同型だから核が $0$ となることをいえばよい．すなわち $f(X) \in K[X]$ に対して，$f(x) = 0$ $(x \in K) \Longrightarrow f(X) = 0$ をいえばよい．$\{x \in K \mid f(x) = 0\}$ $(f(X)$ の $K$ における根$)$ は有限集合だから，$f(X) \neq 0$ で $K$ が無限体ならば，$f(x) \neq 0$ なる $x \in K$ がある．

**13.** (i) $N$ は $N(\alpha\beta) = N(\alpha)N(\beta)$ $(\alpha, \beta \in R := \mathbf{Z}[\sqrt{-1}])$ をみたすから，$\alpha \in R^\times \Longleftrightarrow N(\alpha) \in \mathbf{Z}^\times = \{\pm 1\} \Longleftrightarrow N(\alpha) = 1$．$m^2 + n^2 = 1$ をといて，$R^\times = \{\pm 1, \pm\sqrt{-1}\}$．

(ii) $\alpha \neq 0$, $\beta$ に対し $\beta = \gamma\alpha + \delta$ なる $\gamma, \delta \in R$ で $N(\delta) < N(\alpha)$ なるものがとれればよい．$\beta/\alpha = a + b\sqrt{-1}$ $(a, b \in \mathbf{Q})$ とかけるから，$m, n \in \mathbf{Z}$ を $|m - a|$, $|n - b| \leq 1/2$ となるように選び $\gamma := m + n\sqrt{-1}$, $\delta' := (a - m) + (b - n)\sqrt{-1}$ とおくと，$\beta = \gamma\alpha + \delta'\alpha$ で，$\delta := \delta'\alpha = \beta - \gamma\alpha \in R$．$N(\delta') = (a - m)^2 + (b - n)^2 < 1$ ゆえ，$N(\delta) = N(\delta')N(\alpha) < N(\alpha)$．

(iii) (ii) より $R$ は素元分解整域である．$\alpha = p_1 \cdots p_r$ を素元分解とすると $N(\alpha) = N(p_1) \cdots N(p_r) \in \mathbf{N}$．よって，$N(\alpha)$ が素数ならば $\alpha$ は $R$ の素元．ゆえに $1 +$

$\sqrt{-1}, 2+\sqrt{-1}$ は素元. $3 = p_1 \cdots p_r$ とすると, $9 = N(3) = N(p_1) \cdots N(p_r)$. よって $p_1 \neq 3$ とすると $N(p_1) = 3$. ところが $m^2 + n^2 = 3$ は解がないから矛盾. すなわち 3 も素元. 次に, $p_{\pm} = 1 \pm \sqrt{-1}$ とおくと, $2 = p_+ p_-$. 中国式剰余定理から, $R/R2 \simeq R/Rp_+ \times R/Rp_-$. $\#R/R2 = 4$ ゆえ, $\#R/Rp_{\pm} = 2$. 同様に, $2 + \sqrt{-1}$ の剰余体の元数は 5. また $\#R/R3 = 9$.

**14.** 可約, $f = gh$, $\deg g, \deg h > 0$ として矛盾を導く. $g(X) = X^k + b_1 X^{k-1} + \cdots + b_k$, $h(X) = X^r + c_1 X^{r-1} + \cdots + c_r$ と仮定してよい. $p \mid a_n = b_k c_r$, $p^2 \nmid a_n$ より, $p \nmid b_k$ または $p \nmid c_r$. $p \nmid b_k$ とすると $p \mid c_r$. 次に, $X$ の係数について, $a_{n-1} = b_k c_{r-1} + b_{k-1} c_r \equiv 0 \bmod p$ より, $c_{r-1} \equiv 0 \bmod p$. 以下同様にして $c_{r-2} \equiv \cdots \equiv c_1 \equiv 0 \bmod p$ が導かれる. 最後に $X^r$ の係数について $a_{n-r} = b_k + b_{k-1} c_1 + \cdots + b_{k-r} c_r \equiv b_k \not\equiv 0 \bmod p$ より, $r \geq 1$ ならば $p \mid a_{n-r}$ に矛盾.

## 2 章

**1.** $n$ の分割数 $p(n)$ 個.

**2.** $360 = 2^3 3^2 5$. 素因子型 $\{(2,3), (3,2), (5,1)\}$, $\{(2,2), (2,1), (3,2), (5,1)\}$, $\cdots$ 合計 6 個.

**3.** $(p^n - 1)/(p - 1)$.

**4.** $(\boldsymbol{Z}^2 : H) = p$ とすると $(\boldsymbol{Z}p)^2 \subset H$ で, $H/(\boldsymbol{Z}p)^2$ は $\boldsymbol{Z}^2/(\boldsymbol{Z}p)^2 = (\boldsymbol{Z}/\boldsymbol{Z}p)^2$ の位数 $p$ の部分群. よって, このような $H$ の個数は $(\boldsymbol{Z}/\boldsymbol{Z}p)^2$ の位数 $p$ の部分群の個数に等しく $p + 1$ 個.

**7.** $\boldsymbol{Z}/\boldsymbol{Z}2 \times (\boldsymbol{Z}/\boldsymbol{Z}3)^2 \times \boldsymbol{Z}/\boldsymbol{Z}4$.

## 3 章

**1.** $p$ 群の中心は自明ではないから, $\#G = p^2$ とすると $G$ の中心 $Z$ について $\#Z = p$ または $p^2$. $\#Z = p^2$ ならよいから, $\#Z = p$ とする. $Z = \langle a \rangle$, $b \in G \backslash Z$ とすると, $G/Z = \langle bZ \rangle$ ゆえ, $G = \langle a, b \rangle$. $ab = ba$ ゆえ, $G$ は可換で $G = Z$. これは矛盾.

**2.** $\#G = 2p$ とし, $P$ をシロー $p$ 部分群, $H$ をシロー 2 部分群とする. $N_G(P) \neq G$ とすると $N_G(P) = P$ ゆえ, $P$ に共役な部分群は 2 $(= \#(G/P))$ 個あることになる. ところが, これは, $p > 2$ ゆえ, シロー $p$ 部分群の個数 $\equiv 1 \bmod p$ に矛盾. よって $P \triangleleft G$. $G = PH$, $P \cap H = \{e\}$ ゆえ, $G = P \rtimes H$ (半直積). $G$ が巡回群でなけれ

ば, $H$ の生成元の $P$ への作用が自明でないから, これは $D_p$ に同型.

**3.** シロー $p$ 部分群を $P$ とすると, 問題 1 より $P$ はアーベル群ゆえ, $P \lhd G$ ならよい. $N_G(P) \neq G$ とすると, $q$ は素だから $N_G(P) = P$. よってシロー $p$ 部分群は $q$ 個あり, $q \equiv 1 \bmod p$ より $q > p$. このとき, シロー $q$ 部分群 $Q$ について, $Q \lhd G$ を示せばよい. $N_G(Q) \neq G$ とすると, $Q$ に共役なものの個数は $p$ または $p^2$. これが $\equiv 1 \bmod q$ であるためには $p^2$ でなければならない. このとき, $\#\left(\bigcup_{x \in G} xQx^{-1}\right) = (q-1)p^2 + 1 = p^2 q - (p^2 - 1)$. ($xQx^{-1} \neq yQy^{-1}$ なら素数位数だから, $xQz^{-1} \cap yQy^{-1} = \{e\}$.) したがって, $\#P = p^2$, $P \cap xQx^{-1} = \{e\}$ ゆえ, $G = P \cup \left(\bigcup_{x \in G} xQx^{-1}\right)$ となる. これは $P$ の共役が 2 つ以上あることに反する. よって, $Q \lhd G$.

**5.** $665 = 5 \cdot 7 \cdot 19$. シロー 5, 7, 19 部分群を $S_5, S_7, S_{19}$ とすると, 定理 15.1, 4) をつかってこれらはすべて正規であることがわかる. よって, $G = S_5 S_7 S_{19}$ で, 命題 16.2 をつかって $G = S_5 \times S_7 \times S_{19}$ となり, 各 $S_i$ は素数位数ゆえ, $G$ は巡回群になる.

**6.** $H$ が正規でなければ, $K = xHx^{-1} \neq H$ なる $x \in G$ がある. $G/H$ での $K$ 軌道を考えると, $K/K \cap H \subset G/H$, $\#K/K \cap H > 1$ は $\#K$ の約数であるから, $\#K \geq p$. $\#G/H = p$ より, $K/K \cap H = G/H$. すなわち, $G = KH$. 1 章末問題 6 よりこれは矛盾.

**7.** アーベル群の基本定理より, 巡回群の場合に帰着できる. $G$ が位数 $n$ の巡回群のとき, $x$ を $G$ の生成元, $\zeta \in \boldsymbol{C}^\times$ を 1 の原始 $n$ 重根とすると, $\widehat{G}$ の元は $\chi_i$ $(\chi_i(x^k) = \zeta^{ik})$ $(0 \leq i < n)$ で尽される. よって, $i \neq 0$ ならば, $\sum_{g \in G} \chi_i(g) = \sum_{k=0}^{n-1} \zeta^{ik} = (\zeta^{in} - 1)/(\zeta^i - 1) = 0$. 他も同様.

**8.** $A_5$ の共役類では, $S_5$ の共役類のうち 5 次巡回置換のみが 2 つに分れて, 類等式は $60 = 5!/2 = 1 + 15 + 50 + 12 + 12$. この部分和 $1 + \cdots$ で 60 の約数になるものは 1 のみ.

**9.** $A \in SO(3)$ の回転軸を考え, それを $z$ 軸に写せ.

**10.** 次の順に考えよ. 1) 平面 $\boldsymbol{R}^2$ での回転 $\in SO(2)$ は 2 つの軸反転 (固有値 1, $-1$) の積である. 2) 問題 9 の形の元を $A(\theta) \in SO(3)$ ($z$ 軸に関して回転 $\theta$) とおく. $A(\pi)$ は $z$ 軸に関する軸反転 (固有値 $-1, -1, 1$) である. 1) より, $SO(3)$ の元は 2 つの軸反転の積になる. 3) $SO(3)$ は軸反転で生成させる. 4) $\{e\} \neq H \lhd SO(3)$ とすると, $H$ は少なくとも 1 つの, したがって, すべての軸反転を含む. なぜなら, $e \neq A \in H$ をある軸に関する $\theta$ 回転 ($A(\theta)$ に共役) ($0 < \theta \leq \pi$) とすると

き，$\theta = \pi$ なら軸反転．$\theta < \pi$ とすると，ある $n \in \mathbf{N}$ に対して $\pi/2 \le n\theta < \pi$．このとき，軸（直線）$L$ で $L$ と $A^n L$ が直交するようなものがとれる．$B$ を軸 $L$ に関する反転とし，$C := A^n(BA^nB^{-1}) \in H$ とおくと，$C \mid A^n L = -1$ となり，$C$ はある軸に関する反転である．

**12.** (i) $\mathbf{F}_p := \mathbf{Z}/\mathbf{Z}p \subset \mathbf{F}_q$ だから，$\mathbf{F}_q$ は $\mathbf{F}_p$ 上の有限次ベクトル空間である．$m := \dim_{\mathbf{F}_p} \mathbf{F}_q$ とおくと，$q := \#\mathbf{F}_q = p^m$．

(ii) $GL_n(\mathbf{F}_q)$ の元の各列を $n$ 次元縦ベクトルとみると，$GL_n(\mathbf{F}_q)$ の元は，順序を込めた $n$ 個の $1$ 次独立なベクトルの組である．第 $1$ 列目になりうるベクトルは $q^n - 1$ 個，第 $2$ 列目になりうるものは第 $1$ 列が張る直線上にないベクトルだから $q^n - q$ 個，…と思うと問の式が得られる．

(iii) $\#U_n = q^{n(n-1)/2}$ より明らか．

**13.** $n$ に関する帰納法．$n = 2$ のときは明らか．$n \ge 3$ のとき，帰納法の仮定から $\pi(H) = G_1 \times \cdots \times G_{n-1}$ （$\pi$ は射影）だから，$x, y \in G_n$ に対して，$a = (u, e, \cdots, e, x)$, $b = (e, v, \cdots, e, y) \in H$ がある．よって，$[a, b] = (e, e, \cdots, e, [x, y]) \in H$ となり，$[G_n, G_n] = G_n$ から $H \supset e \times \cdots \times G_n$．同様に $H \supset e \times \cdots \times G_i \times \cdots \times e$ となり主張がいえる．

**14.** 語の長さに関する帰納法を用いよ．

**16.** $D_n = \langle a, b \rangle$, $a^n = b^2 = e$, $bab^{-1} = a^{-1}$ とする．$f : G \longrightarrow D_n$ を $f(x) = ab$, $f(y) = b$ で定義すると，$f$ は全準同型である．一方，$G$ で，$xy$ が生成する巡回群 $H := \langle xy \rangle$ は正規であることが関係式から確かめられる．また簡約表示を考えると，$G$ の $H$ に関する剰余類は $H$ と $Hy$ の高々 $2$ つ．よって $\#H \le n$ より，$\#G \le 2n$．$\#D_n = 2$ より $f$ は単射．

**17.** $S_n \ni \tau_i := (i, i+1)$ $(1 \le i \le n-1)$ とすると，$\tau_i$ は $s_i$ と同じ関係式をみたすゆえ，全準同型 $f : G \longrightarrow S_n$ $(f(s_i) = \tau_i)$ が存在する．よって位数について $\#G \le n!$ を示せばよい．$n$ に関する帰納法による．$H := \langle s_1, \cdots, s_{n-2} \rangle$ とおくと，帰納法より $\#H \le (n-1)!$．いま，$K = H \cup Hs_{n-1} \cup Hs_{n-1}s_{n-2} \cup \cdots \cup Hs_{n-1} \cdots s_1$ とおくと，各剰余類に対して，$(Hs_{n-1} \cdots s_i)s_k \subset K$ $(1 \le k \le n-1)$ がいえる．よって $Ks_k \subset K$．ゆえに，$K$ は $G$ の部分群で $s_{n-1} \in K$，すなわち $G = K$．これから，$\#G = \#K \le n \#H \le n!$．

## 4 章

**1.** (i) $S^{-1}(M \otimes_R N) \simeq S^{-1}R \otimes_R (M \otimes_R N) \simeq (S^{-1}R \otimes_R M) \otimes_{S^{-1}R} (S^{-1}R \otimes_R N) \simeq$
$S^{-1}M \otimes_{S^{-1}R} S^{-1}N$.

(ii)

$$
\begin{array}{ccccc}
0 \longrightarrow \mathrm{Hom}_R(M, N) \otimes_R S^{-1}R & \longrightarrow & \mathrm{Hom}_R(R^n, N) \otimes_R S^{-1}R & \longrightarrow & \mathrm{Hom}_R(R^m, N) \otimes_R S^{-1}R \\
\downarrow f & & \downarrow f_1 & & \downarrow f_2 \\
0 \longrightarrow \quad \mathrm{Hom}_R(M, S^{-1}N) & \longrightarrow & \mathrm{Hom}_R(R^n, S^{-1}N) & \longrightarrow & \mathrm{Hom}_R(R^m, S^{-1}N)
\end{array}
$$

において $(N \otimes_R S^{-1}R \simeq S^{-1}N)$, $S^{-1}R$ は $R$ 平坦だから横列は完全. $\mathrm{Hom}_R(R^n, N)$
$\otimes_R S^{-1}R \simeq N^n \otimes_R S^{-1}R \simeq (S^{-1}N)^n \simeq \mathrm{Hom}_R(R^n, S^{-1}N)$ より, $f_1, f_2$ は同型. これ
から $f$ も同型. ところが, $\mathrm{Hom}_R(M, S^{-1}N) \simeq \mathrm{Hom}_{S^{-1}R}(S^{-1}M, S^{-1}N)$ より主張を得
る.

**2.** $K = R/\mathfrak{m}$ を剰余体とすると, $0 = K \otimes_R (M \otimes_R N) = (K \otimes_R M) \otimes_K (K \otimes_R N)$.
よって, $K \otimes_R M$ か $K \otimes_R N$ は $0$. あと, $K \otimes_R M \simeq M/\mathfrak{m}M$ に注意して中山の補題
を用いよ.

**3.** $\mathbf{Z}/\mathbf{Z}p \otimes_{\mathbf{Z}} \mathbf{Z}_{(l)} = \mathbf{Z}_{(l)}/\mathbf{Z}_{(l)}p$ で, $p \neq l$ のとき $p \in \mathbf{Z}_{(l)}^{\times}$, $p = l$ のとき $\mathbf{Z}_{(l)}l$ は局所
環 $\mathbf{Z}_{(l)}$ の極大イデアル.

**4.** (i), (iii) は明らか.

(ii) $V(I) \cup V(J) \subset V(I \cap J) \subset V(IJ)$ は明らかだから, $V(IJ) \subset V(I) \cup V(J)$
を示せばよい. $P \in \mathrm{Spec}\, R$, $IJ \subset P$ とする. $I \not\subset P$ ならば, $x \in I \setminus P$ をとる. こ
のとき $xy \in IJ \subset P$ $(\forall y \in J)$ より $y \in P$, すなわち $J \subset P$.

**5.** $M_P = 0 \iff x \in M$ に対して $sx = 0$ なる $s \notin P$ がある $\iff sM = 0$ な
る $s \notin P$ がある $(M : 有限生成) \iff \mathrm{Ann}\, M \not\subset P$.

**6.** $xa \in \sqrt{I}$ $(a \in \sqrt{I}, x \in R)$ は明らか. $a, b \in \sqrt{I}$ なら, ある $n \in \mathbf{N}$ に対して
$a^n = b^n = 0$. $(a + b)^N = \sum_i \binom{N}{i} a^i b^{N-i}$ ゆえ, $N > 2n$ ととると $(a + b)^N = 0$. よ
って $a + b \in \sqrt{I}$.

**7.** $I \subset P \in \mathrm{Spec}\, R$ ならば, 任意の $a \in \sqrt{I}$ に対して $a^n \in I \subset P$. ゆえに $a \in P$,
すなわち $\sqrt{I} \subset$ 右辺. $a \notin \sqrt{I}$ とすると, $a^n \in I$ $(\forall n \in \mathbf{N})$. 剰余環 $\bar{R} := R/I \ni$
$\bar{a} = a + I$ について $\bar{a}^n \neq 0$ ゆえ, 積閉集合 $\{\bar{a}^n\}_{n \in N}$ に対する分数環 $\bar{R}_{\bar{a}} \neq 0$. $\bar{R}_{\bar{a}}$ の
極大イデアルを $R \longrightarrow \bar{R} \longrightarrow \bar{R}_{\bar{a}}$ で戻した $R$ の素イデアルを $P_0$ とすると, $I \subset P_0$
$\not\ni a$. よって $a \notin$ 右辺, すなわち, 右辺 $\subset \sqrt{I}$. 残りの主張については, $\mathrm{Jac}\, R$ はす

べての極大イデアルの共通部分ゆえ, $\sqrt{0} = \bigcap_{P \in \mathrm{Spec}\,R} P$ を含む. $V(I) = V(\sqrt{I})$ も最初の等式から明らか.

**8.** $M$ を $R$ 平坦加群とする. 完全列 $0 \longrightarrow K \longrightarrow R^n \overset{\varphi}{\longrightarrow} R$ を, $\varphi((a_i)) = \sum_{i=1}^{n} a_i \alpha_i$, $K = \mathrm{Ker}\,\varphi$ で定義すると, 平坦性から,

$$0 \longrightarrow K \otimes M \longrightarrow M^n \overset{\varphi'}{\longrightarrow} M, \qquad \varphi'((x_i)) = \sum_i a_i x_i$$

も完全. よって, $\sum_i a_i x_i = 0$ ならば, ある $\beta_j \in K$, $y_j \in M$ に対して $(x_i)_{1 \le i \le n} = \sum_{j=1}^{m} \beta_j \otimes y_j$. $\beta_j = (b_{ij})$ $(b_{ij} \in R,\ 1 \le i \le n)$ とおくと主張をみたす.

**9.** "平坦 $\Longrightarrow$ 自由" を示せばよい. $K = R/\mathfrak{m}$ を $R$ の剰余体とし, $x_1, \cdots, x_n \in M$ を $\{\bar{x}_i = 1 \otimes x_i \mid 1 \le i \le n\}$ が $K$ ベクトル空間 $K \otimes_R M$ の基底になるものとする. 中山の補題から, このとき $\{x_i \mid 1 \le i \le n\}$ は $M$ の $R$ 上の生成系になる. よって, これが $R$ 上 1 次独立になることをいえばよい. $n$ に関する帰納法を用いる. $n = 1$ のとき, $a_1 x_1 = 0$ とすると, 問題 8 によって, $y_j \in M$, $b_j \in R$ で $a_1 b_j = 0$, $x_1 = \sum_j b_j y_j$ なるものがある. $\bar{x}_1 \ne 0$ ゆえ $b_j \notin \mathfrak{m}$ なる $j$ が 1 つはある. このとき $b_j \in R^\times$ だから $a_1 = 0$. $n > 1$ のとき, $\sum_i a_i x_i = 0$ とすると問題 8 によって, $x_i = \sum_j b_{ij} y_j$, $\sum_i a_i b_{ij} = 0$ なる $b_{ij} \in R$, $y_j \in M$ $(1 \le j \le m)$ がある. $\bar{x}_n \ne 0$ より, $b_{nj_0} \notin \mathfrak{m}$ なる $j_0$ が 1 つはあり, $a_n = \sum_{i=1}^{n-1} c_i a_i$ $(c_i := -b_{ij_0}/b_{nj_0} \in R)$. これより $\sum_{i=1}^{n-1} a_i (x_i + c_i x_n) = \sum_{i=1}^{n} a_i x_i = 0$. ところで, $\overline{\{x_i + c_i x_n} \in K \otimes_R M \mid 1 \le i \le n-1\}$ は 1 次独立だから, 帰納法の仮定から $a_i = 0$ $(1 \le i \le n-1)$, $a_n = \sum_{i=1}^{n-1} c_i a_i = 0$.

**10.** $C = A[x_1, \cdots, x_m] = \sum_{j=1}^{n} B y_j$ とする. $x_i = \sum_j b_{ij} y_j$, $y_i y_j = \sum_k b_{ijk} y_k$ $(b_{ij}, b_{ijk} \in B)$ とするとき, $B_0$ を $A$ 上 $b_{ij}, b_{ijk}$ らで生成される代数とおくと, $B_0$ は $A$ 上有限生成だから, ヒルベルトの基底定理よりネーター環である. このとき, $C$ は $\{y_j \mid 1 \le j \le n\}$ を生成系とする $B_0$ 加群である. よって, $B_0$ のネーター性から, $B_0$ 部分加群 $B$ も $B_0$ 上有限生成で, $B_0$ は $A$ 上有限生成代数であったから $B$ も $A$ 上有限生成代数となる.

**11.** (i) $K[G]$ 加群 $V$ があれば, $\pi(x)v := xv$ $(x \in G,\ v \in V)$ と $\pi(x) \in GL(V)$ を定義すればよい.

(iii)　$A \in \mathrm{End}_K V$, $B \in GL(V)$ に対し, $\mathrm{Trace}\, A = \mathrm{Trace}\, BAB^{-1}$ となること
を用いよ.

**12.**　(i)　$z = \sum_{x \in G} a_x x \in R[G]$ を中心の元, すなわち $zw = wz$ $(w \in R[G])$ とする.
このとき, 任意の $y \in G$ に対して, $yzy^{-1} = z$ だから $a_x = a_{yxy^{-1}}$ $(y \in G)$. よって $z$
は $[\mathcal{O}]$ の 1 次結合になる.

　　(ii)　問題 11 より, $G$ の $K$ 上の既約表現の同値類の個数は, 単純 $K[G]$ 加群の同
型類の個数 $r$ に等しい. 系 26.2 より, $K[G]$ は $r$ 個の $K$ 上の完全行列環の直積に
同型であり, シュアーの補題から, 各完全行列環の中心は $K$ 上 1 次元ベクトル空間
だから, $K[G]$ の中心は $K$ 上 $r$ 次元. よって, (i) から, $r$ は $G$ の共役類の個数に等
しい.

**13.**　命題 26.6 の証明を参考にせよ.

**14.**　$M$ の直和因子になる $0$ でない部分加群のなす集合の極小元は直既約である.
その 1 つを $M_1$ とすると, $M = M_1 \oplus M'$. $M'$ について同様に $M' = M_2 \oplus M'', \cdots$
降鎖条件から $M' \supset M'' \supset M''' \supset \cdots$ は止まり, $M = M_1 \oplus M_2 \oplus \cdots \oplus M_n$ と有限個
の直既約部分加群の直和になる.

# お わ り に

　教える方の側からいえば，代数系については，群，環，体という風に，公理の数が少ない方から順に出来得るところまで議論を展開して行った方が，時間も短くてすみ，やり易いと思うし，実際そのような構成をとった書物も多い．しかし，歴史的発生の順序も考慮すると，個々人の性格の違いもあろうが，必ずしもそのような"論理的順序"に従うのが学ぶ側に受け入れ易いとは限らない．近頃，そのような教育的配慮のなされた教科書も多く見られる．本書では，筆者の所属する大学のカリキュラムからの要請と，筆者個人の単因子論偏愛趣味もあって，ここにあるような構成をとってみた．読者の批判を待つ次第である．筆者は，学生のころ，今は手に入り難いと思うが，

　　［ 1 ］　秋月康夫：抽象代数学，1956，共立出版

を読んで爽やかな感銘を受けた記憶がある．幾らかでも，このような本の現代版をと思って，本書の執筆にとり掛った．

　勿論，他にも数多くの，強い影響を受けたり，参考にした書物があり，読者の今後の学習の参考のためにも，その一部を掲げておこう．

　まず，代数学の基礎課程全般にわたった本格的入門書として，次を掲げる．

　　［ 2 ］　B. L. van der Waerden：Algebra（全 2 巻），1967，Springer（現代代数学（全 3
　　　　　　巻）銀林訳，東京図書）
　　［ 3 ］　O. Zariski, P. Samuel：Commutative Algebra（全 2 巻），1975，Springer
　　［ 4 ］　S. Lang：Algebra, 1965, Addison-Wesley
　　［ 5 ］　服部　昭：現代代数学，1968，朝倉書店
　　［ 6 ］　永田雅宜：可換体論，1967，裳華房
　　［ 7 ］　永尾　汎：代数学，1983，朝倉書店
　　［ 8 ］　森田康夫：代数概論，1987，裳華房

他に，代数学の今日の形を造り上げた強い要因になった，いわば思想書ともいうべき

技術大系の書物として，N. Bourbaki（ブルバキ，東京図書から訳出）のシリーズがある．好みに応じて，何分冊かに取り組んで見られることをすすめたい．

なお，本書の続巻として，

[9] 山本芳彦：数論と環・体，裳華房

が予定されている*）．整数論関係の参考書は，そちらの紹介を待ちたい．また，本書と直接の関係はないが，本書を手に取られた理工系学生に是非すすめたい本に次がある．

[10] 草場公邦：行列特論，1979，裳華房

少ない予備知識で，数学的美学を味うに恰好の著作である．

本書で一応予備知識とした集合論については，

[11] 内田伏一：集合と位相，1986，裳華房

を掲げておく．

代数幾何学を学ぶための可換環論については，入門書，本格書とも良書が多く，[3]，[6] もその一つであるが，

[12] M. F. Atiyah, I. G. Macdonald：Introduction to Commutative Algebra, 1969, Addison-Wesley

[13] M. Nagata：Local Rings, 1962, Interscience

[14] H. Matsumura：Commutative Algebra, 1970, Benjamin

が良いと思う．その他，永田，松村氏らの日本語の本も定評がある．

現代的な，Grothendieck 流の代数幾何学は，本格書としては依然として，J. Dieudonné との共著 EGA，および，尖端の問題にとり組んだ SGA のシリーズが第一であろうが（いずれも，Springer および I. H. E. S. 出版物），入門書としては，次を掲げておく．

[15] 永田雅宜，宮西正宜，丸山正樹：抽象代数幾何学，1972，共立出版

[16] R. Hartshorne：Algebraic Geometry, 1977, Springer

[17] S. Iitaka：Algebraic Geometry, 1982, Springer

代数幾何，代数解析のみならず，数理科学全般に広く浸透してきたホモロジー代数

---

*） 2021 年 3 月時点で未刊.

については，次の 2 冊は今や古典的である．

[18]　H. Cartan, S. Eilenberg：Homological Algebra, 1956, Princeton Univ. Press

[19]　R. Godement：Topologie Algébrique et Théorie des Faisceaux, 1958, Hermann

初学者には，[19] の方が層の入門も兼ねて，近づき易く実用的であろう．

　群論をさらに深く勉強されたい方には，多くの良書があるが，本格書を 1 つだけ掲げておく．

[20]　鈴木通夫：群論（上，下），1977，岩波書店

有限群の表現論も良書が多く，ここでは次の 2 つを掲げるに留める．

[21]　J.-P. Serre：Représentations Linéares des Groupes Finis, 1971, Hermann（有限群の線型表現（岩堀，横沼 訳），1974，岩波書店）

[22]　永尾汎，津島行男：有限群の表現，1987，裳華房

本書第 5 章の内容の原論文は，

[23]　I. N. Bernshtein：Modules over a ring of differential operators, Functional Analysis and its Applications, 5（1971）89-101

　　　―― : The analytic continuation of generalized functions with respect to a parameter, 同上，6（1972）273-285

であるが，後述の [25] の中の F. Ehlers の解説も簡潔で役に立った．代数解析全般についての組織的な書物はまだないが，一冊だけ，創始者達による次の本格的入門書を掲げておく．

[24]　柏原正樹，河合隆裕，木村達雄：代数解析学の基礎，1980，紀伊國屋書店（英訳，Foundations of Algebraic Analysis, 1986, Princeton Univ. Press）

　代数解析の極く一部であるが，幾何学的応用を目論んだ代数的 $\mathcal{D}$ 加群については，最近次の講義録が出た．これらを読むには一通りの代数幾何学とホモロジー代数の知識が必要である．

[25]　A. Borel 他：Algebraic D-modules, 1987, Academic Press

[26]　R. Hotta：Introduction to $\mathcal{D}$-modules, 1987, Lecture Notes in Mathematics, Institute of Mathematical Sciences, Madras, India

# 人　名　表

| | |
|---|---|
| ユークリッド　（Euclid） | （330 ?～275 ? B.C.） |
| フェルマー　（Fermat, Pierre de） | （1601～1665） |
| オイラー　（Euler, Leonhard） | （1707～1783） |
| ガウス　（Gauss, Carl Friedrich） | （1777～1855） |
| アーベル　（Abel, Niels Henrik） | （1802～1829） |
| ディリクレ　（Dirichlet, Peter Gustav Lejeune） | （1805～1859） |
| ハミルトン　（Hamilton, William Rowan） | （1805～1865） |
| グラスマン　（Grassmann, Hermann Günther） | （1809～1877） |
| クンマー　（Kummer, Ernst Eduard） | （1810～1893） |
| ガロア　（Galois, Évariste） | （1811～1832） |
| アイゼンシュタイン　（Eisenstein, Ferdinand Gotthold Max） | （1823～1852） |
| デデキント　（Dedekind, Julius Wilhelm Richard） | （1831～1916） |
| シロー　（Sylow, Peter Ludvig Mejdell） | （1832～1918） |
| マチウ　（Mathieu, Émile Léonard） | （1835～1890） |
| ジョルダン　（Jordan, Camille） | （1838～1922） |
| リー　（Lie, Marius Sophus） | （1842～1899） |
| クリフォード　（Clifford, William Kingdon） | （1845～1879） |
| フロベニウス　（Frobenius, Ferdinand Georg） | （1849～1917） |
| マシュケ　（Maschke, Heinrich） | （1853～1908） |
| ポアンカレ　（Poincaré, Henri） | （1854～1912） |
| ヘルダー　（Hölder, Otto） | （1859～1937） |
| ヒルベルト　（Hilbert, David） | （1862～1943） |
| シュアー　（Schur, Issai） | （1875～1941） |
| ネター　（Noether, Emmy） | （1882～1935） |
| ウェダバーン　（Wedderburn, Joseph Henry Maclagan） | （1882～1948） |
| ワイル　（Weyl, Hermann） | （1885～1955） |
| レマク　（Remak, Robert） | （1888～1942） |
| シュミット　（Schmidt, Otto Yulevich） | （1891～1956） |
| アルチン　（Artin, Emil） | （1898～1962） |
| クルル　（Krull, Wolfgang） | （1899～1970） |

ザリスキ （Zariski, Oscar）                                                    (1899〜1986)

シュライアー （Schreier, Otto）                                                (1901〜1929)

ハイゼンベルク （Heisenberg, Werner Karl）                                      (1901〜1976)

ヴェイユ （Weil, André）                                                       (1906〜1998)

ツォルン （Zorn, Max A.）                                                      (1906〜1993)

ポントリャーギン （Pontrjagin, Lev Semënovich）                                (1908〜1988)

淡中忠郎 （Tannaka, Tadao）                                                    (1908〜1986)

シュヴァレー （Chevalley, Claude）                                             (1909〜1984)

ジェイコブソン （Jacobson, Nathan）                                            (1910〜1999)

ツァッセンハウス （Zassenhaus, Hans J.）                                       (1912〜1991)

中山 正 （Nakayama, Tadasi）                                                   (1912〜1964)

ゲルファント （Gelfand, Izrael Moiseevich）                                    (1913〜2009)

シュヴァルツ （Schwartz, Laurent）                                             (1915〜2002)

東屋五郎 （Azumaya, Goro）                                                     (1920〜2010)

ディクスミエ （Dixmier, Jacques）                                             (1924〜    )

グリーン （Green, James Alexander）                                            (1926〜2014)

鈴木通夫 （Suzuki, Michio）                                                    (1926〜1998)

佐藤幹夫 （Sato, Mikio）                                                       (1928〜    )

マルグランジュ （Malgrange, Bernard）                                          (1928〜    )

アチヤー （Atiyah, Michael Francis）                                          (1929〜2019)

広中平祐 （Hironaka, Heisuke）                                                 (1931〜    )

ヤンコ （Janko, Zvonimir）                                                     (1932〜    )

フィッシャー （Fischer, Bernd）                                                (1936〜2020)

ベイカー（Baker, Alan）                                                        (1939〜2018)

スターク （Stark, Harold Mead）                                                (1939〜    )

原田耕一郎 （Harada, Koichiro）                                                (1941〜    )

ビョルク （Björk, Jan-Erik）                                                   (1942〜2019)

ジョゼフ （Joseph, Anthony）                                                   (1942〜    )

グライス （Griess, Robert Louis, Jr.）                                         (1945〜    )

河合隆裕 （Kawai, Takahiro）                                                   (1945〜    )

ベルンステイン （Berns(h)tein, (I.N.) Joseph）                                 (1945〜    )

ルスチック （Lusztig, George）                                                 (1946〜    )

柏原正樹 （Kashiwara, Masaki）                                                 (1947〜    )

# 索　引

**著 者 略 歴**

堀田　良之（ほった　りょうし）

　1941 年福岡県豊前市生まれ．1965 年東京大学理学部数学科卒業．大阪
大学理学部助手，広島大学理学部助教授，東北大学理学部助教授，教授，
岡山理科大学教授を経て，現在東北大学名誉教授．理学博士．

　著書：『加群十話』（朝倉書店），Introduction to D-modules（Institute of
Mathematical Sciences, Madras），『D 加群と代数群』（共著，シュプリンガ
ー・フェアラーク東京），『可換環と体』（岩波書店），『代数学百科 I 群論の
進化』（共著，朝倉書店），D-modules, Perverse Sheaves, and Representa-
tion Theory（共著，PM236, Birkhäuser），『線型代数群の基礎（朝倉数学体
系 12)』（朝倉書店），『対称空間今昔譚』（数学書房）．

数学シリーズ　**代数入門** — 群と加群 —（新装版）

| | |
|---|---|
| 1987 年 9 月 20 日 | 第 1 版 発 行 |
| 2008 年 3 月 25 日 | 第 19 版 発 行 |
| 2017 年 6 月 25 日 | 第 19 版 6 刷 発行 |
| 2021 年 3 月 15 日 | 新装第 1 版 1 刷発行 |
| 2023 年 3 月 30 日 | 新装第 1 版 2 刷発行 |

検印
省略

定価はカバーに表
示してあります．

| | |
|---|---|
| 著作者 | 堀 田 良 之 |
| 発行者 | 吉 野 和 浩 |
| 発行所 | 東京都千代田区四番町 8-1<br>電 話 03-3262-9166 （代）<br>郵便番号　102-0081<br>株式会社　裳 華 房 |
| 印刷所 | 株式会社　精 興 社 |
| 製本所 | 株式会社　松 岳 社 |